# 温室大棚种菜技术正误精解

裴孝伯　编著

化学工业出版社
·北京·

随着我国温室和大棚种菜的快速发展，对于温室大棚蔬菜栽培和管理技术的需求日益迫切。本书围绕温室大棚蔬菜生产的优质、高产、高效，从温室大棚的环境管理、品种选择、栽培管理、平衡施肥、科学施药和节水节能等方面提出了80个容易出错的做法，进行直观、通俗简明的解答。

本书针对性强，突出实用性和可操作性。对普及和提高蔬菜生产的科技水平，提高蔬菜设施生产的经济效益，具有重要的指导作用。适合广大菜农、蔬菜生产企业和基层农业科技人员阅读。

**图书在版编目（CIP）数据**

温室大棚种菜技术正误精解/裴孝伯编著．—北京：化学工业出版社，2010.7（2024.1重印）
ISBN 978-7-122-08555-9

Ⅰ．温…　Ⅱ．裴…　Ⅲ．蔬菜-温室栽培　Ⅳ．S626.5

中国版本图书馆CIP数据核字（2010）第088426号

责任编辑：邵桂林　　文字编辑：李锦侠
责任校对：边　涛　　装帧设计：关　飞

出版发行：化学工业出版社（北京市东城区青年湖南街13号　邮政编码100011）
印　　装：北京盛通数码印刷有限公司
850mm×1168mm　1/32　印张8　字数251千字
2024年1月北京第1版第20次印刷

购书咨询：010-64518888
售后服务：010-64518899
网　　址：http://www.cip.com.cn
凡购买本书，如有缺损质量问题，本社销售中心负责调换。

**定　　价：30.00元**

# 前　言

随着我国温室和大棚蔬菜的快速发展，围绕温室大棚蔬菜的优质、高产、高效生产，结合生产实际，本书针对生产上在温室大棚的环境管理、品种选择、栽培管理、平衡施肥、科学施药和节水节能等方面存在的突出问题，从加强针对性、突出实用性和提高可操作性，在全面收集和整理国内外有关棚室蔬菜生产资料的基础上，对温室大棚蔬菜生产过程中出现的上述主要问题，以正误对比形式提出了80个专题直观、通俗简明的解答。

本书共分四章。第一章温室大棚蔬菜生产的生态环境及其管理技术，针对温室大棚的温度、光照、水分、气体、土壤等环境，系统阐述棚室蔬菜栽培的环境管理，并就植株本身的营养平衡问题，介绍了常见的棚室蔬菜生产的植株调整管理措施；第二章温室大棚蔬菜高效生产技术，以黄瓜、茄子、辣椒、番茄、西葫芦、甜瓜等主要果菜和茭白、香菇、甘蓝、韭菜、芦笋、菜豆等蔬菜棚室生产为例，指出棚室生产过程中的常见错误，并就其高效生产技术要点进行了阐述；第三章温室大棚蔬菜营养运筹技术，重点就棚室蔬菜生产平衡施肥，氮磷钾等大量元素和铁钼锌等微量元素在蔬菜繁育中的作用及其使用，有机质、秸秆和微生物在棚室蔬菜生产中的应用等进行了系统介绍；第四章棚室蔬菜栽培疑难与关键技术，就温室大棚建造与应用、塑料膜的选择、棚室高温低温防治、有害气体防治、嫁接育苗、棚室蔬菜生产的病虫害及其防治等疑难问题和关键技术，进行了专题介绍。本书内容全面，重点突出，为广大棚室蔬菜生产者和基层科技人员提供了重要的技术支持和参考。

由于编写时间仓促，书中可能存在疏漏和不足之处，敬请读者提出宝贵意见。

**编者**

**2010年3月**

# 目录

# 第一章

# 温室大棚蔬菜生产的生态环境及其管理技术

## 1. 温度环境

### 1.1 错误做法 ×

不了解蔬菜生长发育对环境温度的要求。很多人认为高温管理蔬菜光合能力强，长得快，产量高，结果造成闪秧、灼叶和小果。其实，不同类型蔬菜对温度要求不同，即使是棚室栽培的常见喜温果菜，其对温度也有上限要求，一般为 25～32℃。如温度过高，会抑制幼果，会出现果实断层；同时，温度过高，作物呼吸作用大，机体运行、生理活动紊乱，株体徒长，株蔓和生殖生长不平衡，产量反而会下降。

不了解蔬菜不同生育阶段对温度要求的变化。不清楚我们可以通过棚室内温度的调控，达到蔬菜生育调控和促进蔬菜产品品质形成的目的。认为棚室蔬菜的温度管理只要适于蔬菜生长即可，不能区分棚室蔬菜不同生育阶段的温度需求，以进行温度的分段科学管理，结果是产量和品质不高，效益欠佳。

在温度环境的管理上，重视棚室的通风或者保温，不注意小的细节，例如建筑材料的裂隙、覆盖物的破损、门窗缝隙等，会导致设施内的热量流失。造成棚室内热能不必要的损失，影响蔬菜的正常生长。

### 1.2 正确做法 ✓

**1.2.1** 按不同类型蔬菜生长发育对温度条件的要求不同，进行温度的分类管理。

作物的生长发育和维持生命都需要有一定的温度范围。在这个温度范围内存在最低界限温度、最高界限温度和最适温度，即“温度三基点”。

根据蔬菜生长对温度条件的要求，通常可分为5类：一是耐寒多年生类，二是耐寒类，三是半耐寒类，四是喜温类，五是耐热类。耐寒多年生宿根类包括黄花菜、芦笋、香椿、百合、茭白等种类，耐寒性强，适应性广，生长发育的最适宜温度为17～20℃，最高温度20～30℃，最低温度－10～0℃。耐寒类包括菠菜、大葱、大蒜以及白菜中的某些耐寒品种等，耐寒性比较强，生长发育的最适宜温度为15～20℃，最高温度20～30℃，最低温度－10～－5℃。半耐寒类包括白菜、萝卜、甘蓝、豌豆、蚕豆、马铃薯、莴苣、芥菜、芹菜等种类，喜冷凉气候，生长发育的最适宜温度为17～20℃，最高温度20～30℃，最低温度－2～－1℃。喜温类蔬菜包括黄瓜、茄子、番茄、西葫芦、甜椒、菜豆、生姜等种类，喜温暖气候，生长发育的最适宜温度为20～30℃，最高温度30～40℃，最低温度10～15℃，但在15℃以下开花授粉不良。耐热类蔬菜包括南瓜、冬瓜、丝瓜、苦瓜、蛇豆、西瓜、苋菜等种类，耐热性强，生长发育的最适宜温度为25～30℃，最高温度40℃以上，最低温度15℃左右。

常见棚室栽培的果菜类蔬菜对气温、地温的要求，可参照表1-1。

**表 1-1　9种常见果菜类蔬菜栽培的适宜气温、地温及界限温度**

单位：℃

| 蔬菜种类 | 白天气温 | | 夜间气温 | | 地温 | | |
|---|---|---|---|---|---|---|---|
| | 最高 | 最适 | 最适 | 最低 | 最高 | 最适 | 最低 |
| 番茄 | 35 | 25～20 | 13～8 | 5 | 25 | 18～15 | 13 |
| 茄子 | 35 | 28～23 | 18～13 | 10 | 25 | 20～18 | 13 |
| 青椒 | 35 | 30～25 | 20～15 | 12 | 25 | 20～18 | 13 |
| 黄瓜 | 35 | 28～23 | 15～10 | 8 | 25 | 20～18 | 13 |
| 西瓜 | 35 | 28～23 | 18～13 | 10 | 25 | 20～18 | 13 |
| 温室甜瓜 | 35 | 30～25 | 23～18 | 15 | 25 | 20～18 | 13 |
| 普通甜瓜 | 35 | 25～20 | 15～10 | 8 | 25 | 18～15 | 13 |
| 南瓜 | 35 | 25～20 | 15～10 | 8 | 25 | 18～15 | 13 |
| 草莓 | 30 | 23～18 | 15～10 | 3 | 25 | 18～15 | 13 |

常见棚室栽培的其他蔬菜对气温的要求，可参照表1-2。

各种蔬菜只能在适宜的温度条件下，才能正常地生长发育。高温

表 1-2 几种叶菜、根菜、花菜的栽培适温及界限温度

单位：℃

| 蔬菜种类 | 气温 | | |
| --- | --- | --- | --- |
| | 最高 | 最适 | 最低 |
| 菠菜 | 25 | 20～15 | 8 |
| 萝卜 | 25 | 20～15 | 8 |
| 白菜 | 23 | 18～13 | 5 |
| 芹菜 | 23 | 18～13 | 5 |
| 茼蒿 | 25 | 20～15 | 8 |
| 莴苣 | 25 | 20～15 | 8 |
| 甘蓝 | 20 | 17～7 | 2 |
| 花椰菜 | 22 | 20～10 | 2 |
| 韭菜 | 30 | 24～12 | 2 |
| 温室韭菜 | 30 | 27～17 | 10 |

会加强植物蒸腾，造成植物体失水，原生质中的蛋白质凝固。当平均气温在30℃左右，短期达35～40℃，近土表温度高达50～60℃时，不仅一般叶菜类和根菜类不适宜生长，就是茄、瓜、豆类也生长不好，常引起落花落果。低温会使果菜类发生落花或根部停止生长，形成僵果，降低品质。种植棚室蔬菜时，要根据具体蔬菜类型和品种进行温度管理，遇到强降温天气，就要及时保温防冻，确保蔬菜生长安全。

**1.2.2** 根据蔬菜不同生育阶段特点，进行温度科学管理

以喜温蔬菜番茄为例，其生育适温为20～25℃，低于11℃生长缓慢，较长时间处于3～5℃会发生冷害，出现僵秧僵果。温度高于35℃时，花器生长受损。定植缓苗后，温度宜高些，白天保持20～25℃，下半夜不低于8℃，地温保持在15～18℃，缓苗后温度要降下来；果实始收前，晴天上午宜保持25℃左右，下午23℃左右，前半夜16～18℃，后半夜12℃左右，果实采收期，上午保持25℃左右，下午20～24℃，前半夜15～17℃，后半夜10～13℃；阴天时，白天保持20℃左右，夜间5℃，低于下限温度，会出现僵果。

常见几种棚室蔬菜变温管理的夜温设定可参照表1-3。

棚室蔬菜生产，在冬季低温弱光期，一般保低不放高，即白天气温不低于18℃，地温争取保持在18℃。例如，进行茄子生产，棚膜不能用聚氯乙烯绿色膜，以防止长出阴阳僵化果；采用聚乙烯紫光膜，

**表 1-3 几种常见蔬菜棚室生产变温管理的夜温设定值**

单位：℃

| 作物 | 前半夜 | 后半夜 | 作物 | 前半夜 | 后半夜 |
|---|---|---|---|---|---|
| 番茄 | 13～11 | 8 | 黑刺黄瓜 | 15～13 | 10 |
| 茄子 | 18～16 | 13 | 白刺黄瓜 | 16～14 | 12 |
| 甜椒 | 20～15 | 15 | 甜瓜 | 24～22 | 16 |

增产效果显著。冬季气温一般不会超过35℃，光照弱，没有必要把气温调得很高，否则养分消耗多，产量低，对在低温寡照期安全生长不利。春季到来，光照度逐渐加大，日照期加长，应尽可能按上述温度指标进行管理。谨防温度高、水多、氮肥多而引起植株徒长。结果盛期光合适温为25～32℃；前半夜适温为20～15℃，使白天制造的养分顺利转到根部，重新分配给生长果实和叶茎，达到生殖生长和营养生长、根系生长和地上部生长的平衡；后半夜保持13℃，可短时间为10℃，使植株整体降温休息，降低营养消耗量，提高产量和质量。但长期低温不易授粉受精，会出现僵果和畸形果。

### 1.2.3 根据蔬菜不同生育需要，进行棚室温度的变温管理

自然界的温度有昼夜周期性变化。一般，作物在夜间生长比白天快（原因：白天光合作用制造的养分积累后供给夜间细胞伸长和新细胞形成），这种因昼夜变化影响到蔬菜作物生长反应的情况，即温周期现象。

温度的节律性变化对设施蔬菜作物生长发育是必不可少的，对其发芽、生长、开花、结果、产量及品质的形成均起着重要作用。衡量指标一般采用差温这一指标。差温不同于温度日较差，差温用来表述大棚温室等设施中白天平均温度和夜晚平均温度的差值。研究表明，差温影响作物的株高及叶面积、花器官分化等。一些蔬菜对差温反应敏感。差温与作物株高存在着正相关关系。正差（昼温高于夜温）环境中作物雌花多于雄花，反之，则是雄花多于雌花。

### 1.2.4 根据季节茬口变化，进行棚室蔬菜生产的温度管理

寒冷季节，棚室蔬菜生产，结合温度管理，需进行合理通风。正常情况下，棚室密闭条件下的设施内外气体交换，参照表1-4进行计算。进行棚室保温的时候，要特别重视棚室结构和覆盖材料的完整性，不起眼的建筑材料的细小裂隙、覆盖物的破损、门窗缝隙等，都会导致设施内外换气次数增加，设施内的热量大量流失。有条件的情

况下，可以采用多层覆盖、增大棚室透光和设置防寒沟等措施，防止设施内热量散失。

**表 1-4　棚室密闭条件下的每小时换气次数**

| 类型 | 覆盖方式 | R/(次/小时) | 类型 | 覆盖方式 | R/(次/小时) |
|---|---|---|---|---|---|
| 玻璃温室 | 单层 | 1.5 | 塑料大棚 | 单层 | 2.0 |
| 玻璃温室 | 双层 | 1.0 | 塑料大棚 | 双层 | 1.1 |

夏季由于强烈的太阳辐射和温室效应，棚室内的气温达到 40℃，甚至 50℃，远远超出温室园艺作物生育适温，必须降温。降温管理可以采取三方面措施进行：①遮阳降温，减少进入温室的太阳辐射能；②蒸发冷却降温，增加温室的潜热消耗；③利用棚室门窗自然通风和利用风扇强制通风，增大温室的通风换气量。

在棚室蔬菜生产上，温度的管理上要特别注意以下几点：①将白天最高棚室温度控制在适宜温度范围；②注意气温的季节变化、日变化，关注大棚等设施内“逆温”的现象；③遇到高温，要先遮阳降温，勿强通风；④干旱、高温时勿熏烟；⑤对于可能遇到高温天气的情况，要在 25℃左右时及早通风；为防止产生热害，可在植株叶片上喷水防脱水萎秧；⑥高温期不施或少施氮素化肥。

## 2. 光照环境

光环境对温室、大棚和日光温室等设施作物（包括蔬菜）的生长发育产生光效应、热效应和形态效应，直接影响光合作用、光周期反应和器官形态的建成，因此，对设施蔬菜生产的高产优质栽培具有决定性的影响。

首先，在一定的光照度范围内，蔬菜作物的光合速率随着光照度的增加而增加，当光照度增加到某一定值时，光合速率不再增加，这时的光照度称为光饱和点。光照度超过光饱和点时，会引起光抑制作用，并使作物叶绿素分解，引起生理障碍。不同作物的光饱和点差异较大；光饱和点还随环境中二氧化碳浓度的增加而升高。当光照度降到某一值时，作物光合作用制造的有机物与呼吸作用分解的有机物大体持平，这时的光照度叫光补偿点。如果作物得到的光照度长时间在补偿点以下，有机物的消耗多于积累，则作物生长迟缓，严重时植株枯死。

按照蔬菜对光照度的要求，可将蔬菜分为 3 种类型。

第一种类型是喜光型蔬菜。包括大部分茄果类、瓜类及豇豆，它们的光饱和点在 40000 勒克斯以上，要求有较强的光照才能良好地生长。

第二种类型是耐弱光型蔬菜。包括生菜、菠菜、茼蒿、芫荽、茴香、水萝卜等速生性蔬菜，其光饱和点在 20000 勒克斯左右，在较弱的光照下就能良好地生长，光太强反而不利于生长，品质也差。

第三种类型是喜中光型蔬菜。包括白菜类、甘蓝类、韭菜、芹菜、菜豆、豌豆等蔬菜，其光饱和点为 30000～40000 勒克斯，要求有中等光强的光照就能良好地生长。蔬菜进行工厂化栽培时，可根据蔬菜种类选择人工照明或自然光照。

在蔬菜栽培中光照度随栽培密度、行向、株形及间作、套作等而不同。光照度影响光合作用、植株形态、叶片大小等，关系到幼苗的素质及产量形成。

其次，不仅光照度（俗称光强）影响蔬菜作物的生长，光照时间的长短也会影响蔬菜的生长发育。通常，光照时间对蔬菜作物的影响表现在三个方面：一是影响光合作用时间，一般以 12～16 小时为宜；二是影响塑料大棚和温室、日光温室内热量的积累；三是对开花结果的影响，即光周期效应。其中，光照时间指从日出到日落的理论时数，而不是实际上有阳光的时数。如春分、秋分两日，不论晴天还是阴天，日照时间都是 12 小时。通常，产生光周期效应要求的光照度不很强，有些菜只需几十勒克斯。

根据蔬菜作物对光照时间的要求和反应，可分为长日照蔬菜、短日照蔬菜和中光性蔬菜三种类型。光照长短对蔬菜发育有重要影响，它不仅影响到花芽分化、抽薹开花、结实、分枝习性，甚至一些地下贮藏器官如块茎、块根、球茎、鳞茎等的形成也有影响。对长日照蔬菜来说，光照是重要的，暗期则不重要，甚至可以在连续光照下开花。而对于短日照蔬菜来说，并不一定要求短的光照时间，但暗期长短很重要，如大豆的晚熟品种，只要在每个周期中有 10 小时黑暗，不论光照时间是几小时，都能诱导花原基的产生。中光性蔬菜花芽分化与光照时间关系不大，而主要与自身的营养关系密切。另外，蔬菜作物对光照长短的反应只在特定阶段比较敏感，如有些蔬菜只在幼苗期要求严格的短日照，长大后日照长短只会影响生长量，对发育影响较小。光照时间对一些作物发育的影响还受温度的制约，如草莓形成花芽时要求短日照，温度越高要求的日照越短。

另外，光质对蔬菜的生长发育也有影响。一般来说光质对蔬菜品质有影响，如花青苷形成要求强红光。紫外线可使果皮中维生素C增多，所以在玻璃温室中生长的番茄与黄瓜的维生素C的含量不如露地高。

## 2.1 错误做法 ×

不少菜农对蔬菜高产的一个片面认识是，光照强，产量高。不了解光照强度呈季节性变化，不能随季节进行光照环境的调控，限制了设施内蔬菜作物产量潜力的发挥，达不到预期的产量和效益。

棚室蔬菜光环境的特点和其变化规律不清楚，进行补光或者遮光调节，不能根据天气情况进行及时调整，导致棚室蔬菜生育不良，影响蔬菜产量和品质。

## 2.2 正确做法 ✓

首先，随一年当中季节变化，在强光季节（通常伴随着高温），例如夏季，利用大棚温室等设施进行蔬菜生产，不少菜农对蔬菜高产的一个片面认识是光照强，产量高。例如，茄子果实生长和形成阶段，对光照度的上限要求为 $(5\sim7)\times10^4$ 勒克斯，$(8\sim9)\times10^4$ 勒克斯也能生长，但产量和品质下降。如果不清楚光强的季节性变化，就很难做到随季节进行光照环境的调控。

以长江流域的太阳辐射强度（光强）季节变化为例，根据作者的研究结果（见表1-5），7月的平均光强为12月的平均光强的2.2倍。相应地，棚室内光强变化表现出相同的变化趋势。

**表1-5　玻璃温室外的太阳辐射累积情况**（2003年）

| 光强(太阳辐射累积能量)/(焦耳/厘米²) | | | | 超过500焦耳/厘米²天数所占比例/% | 超过800焦耳/厘米²天数所占比例/% |
|---|---|---|---|---|---|
| 月份 | 月平均 | 最高 | 最低 | | |
| 1 | 856.2 | 1441 | 73 | 70.6 | 64.5 |
| 2 | 868.8 | 1652 | 116 | 64.3 | 53.6 |
| 3 | 1132.4 | 3154 | 133 | 64.5 | 61.3 |
| 4 | 1199.6 | 2441 | 179 | 76.7 | 56.7 |
| 5 | 1361.5 | 2646 | 301 | 96.8 | 77.4 |
| 6 | 1473.3 | 2357 | 312 | 93.3 | 83.3 |
| 7 | 1623.3 | 2425 | 724 | 100.0 | 96.8 |
| 8 | 1642.3 | 2456 | 730 | 100.0 | 97.2 |
| 9 | 1336.5 | 2213 | 188 | 93.3 | 83.3 |
| 10 | 1059.6 | 1718 | 143 | 80.6 | 71.0 |
| 11 | 772.9 | 1329 | 90 | 73.3 | 56.7 |
| 12 | 731.0 | 1130 | 163 | 71.0 | 51.6 |

由于不同种类蔬菜，在其产品器官形成阶段，对光照度的要求不同，在棚室蔬菜光照管理上，应根据蔬菜种类不同而做出相应调整。根据蔬菜上限光强要求，常见的蔬菜光强管理可参照以下指标：韭菜对光照度的上限要求为 $2.5\times10^4$ 勒克斯左右，辣椒为 $3\times10^4$ 勒克斯左右，甘蓝、西葫芦为 $5\times10^4$ 勒克斯左右，黄瓜为 $6\times10^4$ 勒克斯左右，茄子、番茄为 $7\times10^4$ 勒克斯左右，西瓜幼苗期为 $8\times10^4$ 勒克斯左右，西瓜结果期光强可以高些，其光饱和点为 $10\times10^4$ 勒克斯左右。

棚室设施内的光环境特征表现为总辐射量低，光强弱。一般为室外的50%～80%。冬季往往成为主要限制因子。设施内的辐射波长组成与室外有很大差异。长波辐射增多。设施内的光照分布在时间、空间上极不均匀。不同地区、一天中的不同时间、设施内的不同部位、棚室的不同方位，棚室内的光照差异很大，需要及时了解和加以调整。

棚室蔬菜冬、春季节进行生产，光环境要求为设施透光率高、受光面积大、光照分布均匀。需要从限制透光率的主要因素入手，进行棚室光环境的调节控制，影响棚室透光率的主要因素有四个方面，即：①室外太阳辐射能；②覆盖材料的光学性能；③温室大棚的结构；④作物的群体结构。室外太阳辐射，因不同时间、地区和季节变化，且不受人为控制，只能在了解其变化规律的基础上，从其他方面进行光环境调控；覆盖材料的光学性能，由所选择的材料的光学性能决定，玻璃的透光率高，塑料薄膜的透光率一般为60%～80%，且随着使用时间的延长而不断下降，灰尘等也会对其产生影响；温室大棚的结构，请参照问题47和问题48；作物的群体结构，请参照问题7。

在华北地区，利用温室种植黄瓜、豇豆、西葫芦等蔬菜，于12月份至翌年3月份为光弱期，可用电灯、反光幕补光，到4月份即可撤掉，不然菜秧会受到热害。黄瓜光照度掌握在 $(1\sim4)\times10^4$ 勒克斯，超过要遮光，温度控制在25℃左右。早上迟揭，下午早盖，中午适当遮荫降温，创造低温、弱光、短日照的生长环境，诱生雌瓜。

夏秋季节棚室蔬菜生产，光热资源相对丰富甚至过剩，需要进行遮光处理，以降低光强，抑制气温、地温和叶温的升高，可以改善品质，保证设施蔬菜的稳定生产。常见用于遮阳处理的材料及其性能见表1-6，可以结合实际生产选用。

**表 1-6　棚室蔬菜生产常用遮光资材特性**

| 种类 | 颜色 | 用途 | | 一般特性 | | | | | | |
|---|---|---|---|---|---|---|---|---|---|---|
| | | 降温 | 日长处理 | 遮光率/% | 通气 | 展张 | 开闭 | 伸缩 | 强度 | 耐候 |
| 遮阳网（凉爽纱） | 白 | 良 | 劣 | 18～20 | 良 | 良 | 良 | 差 | 优 | 优 |
| | 黑 | 良 | 劣 | 35～70 | 良 | 良 | 良 | 差 | 优 | 优 |
| | 灰 | 良 | 劣 | 66 | 良 | 良 | 良 | 差 | 优 | 优 |
| | 银灰 | 良 | 劣 | 40～50 | 良 | 良 | 差 | 差 | 优 | 优 |
| PE 网 | 黑 | 良 | 劣 | 45～95 | 良 | 良 | 差 | 良 | 优 | 优 |
| | 银灰 | 良 | 劣 | 40～80 | 良 | 良 | 差 | 良 | 优 | 优 |
| PVA 纤维网 | 黑 | 良 | 劣 | 50～70 | 良 | 良 | 良 | 差 | 良 | 良 |
| | 银灰 | 良 | 劣 | 30～50 | 良 | 良 | 良 | 差 | 良 | 良 |
| 无纺布（不织布） | 白 | 良 | 劣 | 20～50 | 差 | 优 | 优 | 良 | 良 | 良 |
| | 黑 | 良 | 劣 | 75～90 | 差 | 优 | 优 | 良 | 良 | 良 |
| PVC 膜 | 黑 | 劣 | 良 | 100 | 劣 | 优 | 优 | 良 | 良 | 优 |
| | 银灰 | 差 | 良 | 100 | 劣 | 优 | 优 | 良 | 良 | 良 |
| | 半透光银灰 | 良 | 劣 | 30～50 | 劣 | 优 | 优 | 良 | 良 | 良 |
| PE 膜 | 银灰 | 差 | 良 | 100 | 劣 | 优 | 优 | 良 | 差 | 劣 |
| | 半透光银灰 | 良 | 劣 | 30 | 劣 | 优 | 优 | 良 | 差 | 劣 |
| PP 膜 | 铝箔 | 良 | 劣 | 55～92 | 劣 | 优 | 优 | 良 | 良 | 差 |
| 苇帘 | | 良 | 劣 | 70～90 | 良 | 差 | 差 | 良 | 优 | 差 |

棚室蔬菜生产，进行遮光处理，依据遮光材料不同分为外遮光覆盖和内遮光覆盖。玻璃温室还可进行屋面涂白处理进行遮光降温。特别是芽菜和软弱蔬菜等进行设施栽培或育苗时，往往需要进行遮光处理。

常见几种棚室蔬菜的遮光处理参照标准如下。

芹菜、韭菜，遮光处理时光照以不超过 $4\times10^4$ 勒克斯为宜，否则其产品纤维粗，易老化，叶窄而短，产量低；辣椒，遮光处理时光照以不超过 $5\times10^4$ 勒克斯为宜，因为强光也会引起辣椒落花、落果、落叶严重，且易死秧；番茄，遮光处理时光照以不超过 $10\times10^4$ 勒克斯为宜，光强超过 $10\times10^4$ 勒克斯，番茄果实长不大，早熟，产量低，品质差；黄瓜，遮光处理时光照以不超过 $6\times10^4$ 勒克斯为宜，光照过强，也会引起黄瓜严重化瓜，畸形瓜发生增多，秧蔓老化，导致产量大幅度下降。因此，在 5～8 月份炎热季节，温室大棚的覆盖材料（包括玻璃和塑料薄膜）不必再清扫尘埃，可通过覆盖草苫或苇席、遮阳网、PE网等途径遮阳，可提高产量30%左右。在设施内张挂的反光幕，4月份要及时撤掉，遮光处理要注意结合天气的变化，及时进行。

## 3. 水分环境

棚室蔬菜栽培条件下设施内的水分环境，包括空气水分和土壤水分。空气水分环境，主要是指空气湿度，可用空气中的水汽含量（即绝对湿度）表述，通常以相对湿度表示。所谓相对湿度（relative humidity，简略为RH），是指在一定温度条件下空气中水汽压与该温度下饱和水汽压之比，用百分号表示。干燥空气的RH为0，饱和水汽下RH为100%。当空气温度上升时，饱和水汽压增大，相对湿度下降。

空气中的水汽来源有两方面：一是土壤蒸发，二是植株叶片蒸腾。由于棚室蔬菜生长过程中，植株所处环境相对密闭，水分环境的管理显得尤为重要。

土壤中的水分，其来源主要是灌溉。一般来说，设施内土壤含水量比露地大。

土壤水分能直接被植物根系所吸收，不仅是土壤中各种营养元素的良好溶剂，还能起到调节土壤温度和影响土壤肥力的作用。

目前，设施栽培的土壤水分调控大多依然靠经验来确定灌水时间和灌水量，很少根据作物生育期需水量和土壤水分状况进行科学合理的调控。

### 3.1 错误做法 ×

不了解蔬菜本身的水分要求，盲目进行水分管理或根据经验管理，导致棚室蔬菜生长不良或病害严重。

不能根据棚室蔬菜生育阶段对水分的要求特点，创造相应适宜的水分环境。管理上的问题主要有：苗期，浇水多而频繁，不利于囤苗，秧苗抗逆性差；定植后，不控水蹲苗，根浅、不发达；冬前错误地认为浇水地寒，盲目控水，导致茄子、黄瓜等喜湿性蔬菜因缺水而受冻枯死和减产。

不采用节水灌溉，棚室蔬菜栽培水分管理不仅费工费力，而且效果不好。

## 3.2 正确做法

蔬菜在生长发育的各个时期对水分的要求是不同的。种子发芽时需水量大，一般种子发芽时，需要吸收相当于种子质量50%～150%的水分。

在幼苗期，蔬菜植株的叶面积小，蒸腾量少，需水量较少，但幼苗根系弱，吸水能力差。因此，在栽培上应注意保持土壤湿度，但水量又不能过多，以防幼苗徒长。在保护地育苗时，应采用“蹲苗养根”的方法来促使“根强苗壮”。

在营养器官大量贮藏养分、产品器官开始旺盛生长后，蔬菜需要的水分逐渐增多。但在形成柔嫩多汁的叶片、叶球、肥根或肥茎的初期，水分不能过多，应适当控制，以免茎叶徒长，影响产品的正常形成。产品器官进入旺盛生长后需水量最多，应该供给充足的水分，这是高产优质的关键。

开花期对水分的要求比较严格。缺水时，花不能正常发育而脱落；水分过多时，又会使茎、叶徒长，导致落花。因此，果菜类在开花初期应适当控制水分。在进入盛果期后需水量最大，不能缺水。在贮藏菜产品将要收获或以种子为产品的蔬菜即将成熟时，水分要减少，以提高贮藏能力和种子成熟度。

不同蔬菜作物都要求有一个适宜的空气湿度和土壤水分范围，过高或不足都会对植株生理代谢过程发生影响，导致产量和品质的下降。常见蔬菜对设施内空气相对湿度的要求见表1-7，可参照进行管理。

**表1-7 常见蔬菜对空气湿度的基本要求**

| 类型 | 蔬菜种类 | 适宜湿度范围/% |
|---|---|---|
| 高湿型 | 黄瓜、白菜类、绿叶菜类、水生菜 | 85～90 |
| 中湿型 | 马铃薯、豌豆、蚕豆、根菜类(胡萝卜除外) | 70～80 |
| 低湿型 | 茄果类、豆类(豌豆、蚕豆除外) | 55～65 |
| 干型 | 西瓜、甜瓜、胡萝卜、葱蒜类、南瓜 | 45～55 |

棚室蔬菜设施条件下进行高效生产，由于栽植密度高，生长旺盛，消耗水分比露地多。

很多蔬菜的含水量在90%以上，进行棚室蔬菜生产，水分管理，特别是土壤水分管理的技术要求高。缺水则可能引起蔬菜生长慢、质量差。但是灌水量大、土壤长期缺氧，又可能造成作物沤根，并且引起设施内空气湿度过大，特别是夜晚温度下降以后，设施内的相对湿度可达 100%，引起植株易染多种病虫害（几种常见因设施内相对湿度过大，引起的病虫害参照表 1-8)，或植株徒长而难以控制。

因此，对于棚室蔬菜生产的水分管理，应特别注意：苗期应控水促长根，中后期小水勤浇以提高产量。水分均衡供应，保证蔬菜的产量和品质。土壤持水量一般应控制在 65%左右，根系透气性达 20%左右。建议棚室蔬菜生产采用节水灌溉技术，如防堵型渗头灌溉、滴灌加地面覆盖等。不仅能保持和改善土壤的物理性状，还能起到有效控制棚室设施内空气相对湿度的作用，并且省工省力，大大提高生产效率。棚室蔬菜生产设施内相对湿度一般以控制在 80%～85%为宜。

**表 1-8　几种蔬菜主要病虫害与湿度关系**

| 蔬菜种类 | 病虫害种类 | 要求 RH/% |
|---|---|---|
| 黄瓜 | 炭疽、疫病、细菌性病害 | >95 |
| | 枯萎、黑星、灰霉、细菌性角斑病等 | >90 |
| | 霜霉病 | >85 |
| | 白粉病 | 25～85 |
| | 病毒性花叶病 | 干燥(旱) |
| | 瓜蚜 | 干燥(旱) |
| 番茄 | 绵疫病、软腐病等 | >95 |
| | 炭疽、灰霉 | >90 |
| | 晚疫病 | >85 |
| | 叶霉病 | >80 |
| | 早疫病 | >60 |
| 番茄 | 枯萎病 | 土壤潮湿 |
| | 病毒性花叶病、病毒性蕨叶病 | 干燥(旱) |
| 茄子 | 褐纹病 | >80 |
| | 枯萎病、黄萎病 | 土壤潮湿 |
| | 红蜘蛛 | 干燥(旱) |
| 辣椒 | 疫病、炭疽病 | >95 |
| | 细菌性疮痂病 | >95 |
| | 病毒病 | 干燥(旱) |
| 韭菜 | 疫病 | >95 |
| | 灰霉病 | >90 |
| 芹菜 | 斑点病、斑枯病 | 高温 |

棚室蔬菜生产的水分调控，处理科学，合理灌溉，空气湿度的调控，主要有加湿和除湿。可采用喷雾、湿帘加湿、喷灌等方法，采用

一些材料或操作管理除湿，防止植株沾湿（见表1-9），以抑制病虫害发生，调整植株生理状态。

**表 1-9　棚室蔬菜生产防止蔬菜植株沾湿的除湿方法**

| 资材防湿 | 效果 | 除湿操作 | 效果 |
|---|---|---|---|
| 地膜覆盖 | 防止土壤水分蒸发 | 控制灌水 | 减少蒸发、蒸腾 |
| 秸秆覆盖 | 防止土壤水分蒸发、吸湿 | 通风换气 | 降低相对湿度 |
| 提高透光率 | 室内保持干燥 | 加温供暖 | 降低 RH，促除去覆盖面结露 |
| 内覆盖透湿保温幕 | 防屋顶水滴落下 | 室内空气流动 | 促作物植株表面干燥 |
| 防雾滴膜使用 | 通过薄膜内面结露除湿 | 冷冻机、热泵 | 冷却部结雾除湿 |
| 围护部用隔热性强资材 | 防止作物直接结露 | 吸湿材料的利用 | 吸湿(可再生利用) |

## 4. 气体环境

棚室蔬菜栽培条件下，设施内的气体环境，从内容上看，主要包括空气中的水汽（请参照问题3）、$CO_2$ 和有害气体（请参照问题68）三个方面。

此节，主要针对设施内的 $CO_2$ 气体环境及其调控管理。

由于 $CO_2$ 是绿色植物光合作用的原料，其 $CO_2$ 浓度高低直接影响光合速率。包括蔬菜在内的各种作物对 $CO_2$ 的吸收存在补偿点和饱和点之分。在一定条件下，作物对 $CO_2$ 的同化吸收量等于呼吸释放量，表观光合速率为0，此时的 $CO_2$ 浓度称为 $CO_2$ 补偿点。在 $CO_2$ 浓度补偿点之下，植物无干物质积累。随着 $CO_2$ 浓度的升高，光合作用逐渐增强，当升高到一定程度，光合速率不再增加时的 $CO_2$ 浓度，称为 $CO_2$ 饱和点。超过 $CO_2$ 浓度饱和点，易造成 $CO_2$ 浪费，也不利于植物的生长发育。

正常光强下，$C_3$ 植物的 $CO_2$ 补偿点一般为 30～90 微升/升，$C_3$ 植物的 $CO_2$ 饱和点一般为 1000～1500 微升/升范围内。

设施内的 $CO_2$ 气体环境受到外界大气中 $CO_2$ 浓度的影响。大气中 $CO_2$ 浓度因季节地区而不同，其含量约为 330～350 微升/升。设施内 $CO_2$ 浓度变化，不同季节也有差别。

据测定，在冬春季节密闭条件下棚室内 $CO_2$ 浓度的日变化，表现为典型的“单谷”型变化，即随着白天太阳出来，植物光合作用不断消耗 $CO_2$，$CO_2$ 浓度急剧下降，上午 10:00 至下午 15:00 之间的大部分时间里，$CO_2$ 浓度很低，仅为 200 微升/升左右。植物处于 $CO_2$ 浓度“准饥饿”状态。随着光照减弱和夜晚到来，植物呼吸作用占主导，$CO_2$ 浓度不断上升。不同棚室，管理不同，$CO_2$ 浓度的峰值高低有差别，根据测定，$CO_2$ 浓度可高达 800 微升/升左右。

相对密闭条件下，棚室内气流速度低，为促进温室内气温、$CO_2$ 均匀分布，缓解植物群体低浓度 $CO_2$ 和高相对湿度，必须促进设施内空气流动，实现棚室蔬菜生产优质高产。

一般要求为微风条件，风速为 0.5～1 米/秒，利用通风、环流风机等实现。

## 4.1 错误做法 ×

设施生产过程中，不了解设施内 $CO_2$ 气体浓度变化，对设施内 $CO_2$ 施肥技术掌握不到位、管理粗糙，不能达到预期效果或造成危害。例如棚室蔬菜生产过程中施用的鸡粪未腐熟，或氮肥和人粪尿一次施用量过大，常常引起作物受到氨害。不了解一些长效缓释的 $CO_2$ 气体补充途径，不懂得利用土壤中的微生物分解有机物，不仅分解释放出 $CO_2$ 气体，还能起到解钾、固氮、释磷等作用，供植物长期均衡吸收利用。

## 4.2 正确做法 ✓

设施内 $CO_2$ 施肥，是设施栽培中的一项重要管理措施。弥补设施内 $CO_2$ 亏缺，一般可增产 20%～30%，提高品质。设施内 $CO_2$ 施肥浓度，通常，800～1500 微升/升作为多数作物的推荐施肥浓度。适宜的浓度范围为 600～900 微升/升。

设施内 $CO_2$ 施肥时间，理论上讲，设施内 $CO_2$ 施肥应在作物一生中光合作用最旺盛的时期和一日中光照条件最好的时间进行。实际操作时，在我国棚室蔬菜生产过程中，通常在日出或日出后0.5～1小时开始，通风换气前结束。

设施内 $CO_2$ 施肥过程中，要特别注意光温水肥等多因素的环境综合调控。如增加水分和养分的供给；当光为非限制因子时，高 $CO_2$ 浓度下的光合适温升高，适当提高温度；设施内 $CO_2$ 施肥，可提高光能利用率，弥补弱光的损失。

设施内 $CO_2$ 施肥，除加强通风换气外，人工补充 $CO_2$ 肥源主要有以下 5 种。

**(1) 液态 $CO_2$**　来源有二：酿造工业、化肥工业副产品；地贮 $CO_2$。我国分别于 20 世纪 70 年代和 80 年代在广东佛山和江苏泰兴发现了地贮 $CO_2$ 资源，纯度高达 99.6% 和 98.75%，但均未得到很好的开发应用。液体 $CO_2$ 纯度高，使用安全方便，但成本较高，换气不便。

**(2) 燃料燃烧**　将燃煤炉具进一步改造，增加燃气净化装置，除去其中的 $NO_x$、$SO_2$、CO 等有害成分后，输入设施内。此装置以焦炭、木炭、煤球、煤块等为燃料，在农村发展前景较好。只是一次性投资较高，对吸收过滤装置要求严格。此外，以沼气、酒精为燃料的炉或灯也可用于 $CO_2$ 施肥。

**(3) $CO_2$ 颗粒气肥**　例如山东省农科院研制的 $CO_2$ 颗粒肥以 $CaCO_3$ 为原料，与无机酸载体、工业调理剂按科学配比组合加工而成。颗粒平均直径 1 厘米左右，施入土壤可缓慢释放 $CO_2$。据报道，每 667 $米^2$❶ 一次性施入 40～50 千克可持续放气 40 天左右。这种颗粒肥释放 $CO_2$ 速度受温度、湿度显著影响，对贮藏条件要求严格。另据报道，河南农业大学开发的 $CO_2$ 固体颗粒肥，使用时只需放入装水的桶内搅拌即可产生 $CO_2$，每天每 667 $米^2$ 用量 8 千克，可保证环境 $CO_2$ 浓度 1000 微升/升左右。

**(4) 化学反应**　利用硫酸-碳酸铵反应进行 $CO_2$ 施肥，是目前生产上应用最多的一种形式。简易的施肥方法是在温室内分点放置塑料桶，人工放入硫酸和碳铵后产生 $CO_2$，操作不便，可控性差。近几年，在山东、辽宁等地相继开发出多种成套 $CO_2$ 施肥装置，实现硫酸、碳铵分装，产气可以控制，在生产中应用效果较好。由于硫酸来源有限，该法成本相对较高，有时操作不当会产生有害气体危害作物。

**(5) 增施有机肥，增加土壤有机质**　在设施内栽培蔬菜，每 667 $米^2$ 一次施用人粪尿不超过 500 千克，用牛粪、鸡粪作基肥不超过 3000 千克，作追肥为 300 千克。由于上述肥料均会挥发出氨气，如氨气量过大，通风不及时会造成氨中毒和伤叶伤根而大幅度减产。

以棚室栽培黄瓜、番茄为例，其 $CO_2$ 施肥技术，可参照表 1-10 进行。

---

❶ 667 $米^2$ = 1 亩。

表 1-10　棚室黄瓜、番茄生产 $CO_2$ 施肥技术

| | |
|---|---|
| 时期 | 越冬茬始于保温期开始后，促成栽培在定植 30 天时开始，均在结果后期，育苗期不使用 |
| 时间 | 日出后 30 分钟开始，至换气前 2～3 小时，不换气，施放 3～4 小时结束 |
| 浓度 | 晴天 1000～1500 微升/升，阴天 500～1000 微升/升，雨天不施用 |
| 温度条件 | 日温：与不施用一样，达 28～30℃时就要换气；<br>夜温：变温管理时，设有流转时间带(4～5 小时)；<br>晴天：黄瓜 15℃，番茄 13℃；<br>阴天：比晴天低一些，抑制呼吸，黄瓜 10℃，番茄 8℃ |
| 湿度条件 | 为施用 $CO_2$ 施肥，密闭时间长，要注意避免高湿 |
| 施肥条件 | 不必多施肥料 |
| 浇水条件 | 适当控水，防止茎叶过于繁茂 |

## 5. 土壤环境

土壤是岩石圈表面的疏松表层，是陆生植物生活的基质。它提供了植物生活必需的营养和水分，是生态系统中物质与能量交换的重要场所。由于植物根系与土壤之间具有极大的接触面，在土壤和植物之间进行频繁的物质交换，彼此强烈影响，因而土壤是植物的一个重要生态因子，通过控制土壤因素就可影响植物的生长和产量。土壤及时满足植物对水、肥、气、热要求的能力，称为土壤肥力。肥沃的土壤同时能满足植物对水、肥、气、热的要求，是植物正常生长发育的基础。

土壤是由固体、液体和气体组成的三相系统，其中固体颗粒是组成土壤的物质基础，约占土壤总重量的 85% 以上。根据固体颗粒的大小，可以把土粒分为以下几级：粗砂（直径 2.0～0.2 毫米）、细砂(0.2～0.02 毫米)、粉砂（0.02～0.002 毫米）和黏粒（0.002 毫米以下）。这些大小不同的固体颗粒的组合百分比称为土壤质地。土壤质地可分为砂土、壤土和黏土三大类。砂土类土壤以粗砂和细砂为主、粉砂和黏粒密度小，土壤黏性小、孔隙多，通气透水性强，蓄水和保肥性能差，易干旱。黏土类土壤以粉砂和黏粒为主，质地黏重，结构致密，保水保肥能力强，但孔隙小，通气透水性能差，湿时黏、干时硬。壤土类土壤质地比较均匀，其中砂粒、粉砂和黏粒所占比重

大致相等，既不松又不黏，通气透水性能好，并具一定的保水保肥能力，是比较理想的农作土壤。土壤结构是指固体颗粒的排列方式、孔隙和团聚体的数量、大小及其稳定度。它可分为微团粒结构（直径小于 0.25 毫米）、团粒结构（0.25～10 毫米）和比团粒结构更大的各种结构。团粒结构是土壤中的腐殖质把矿质土粒黏结成 0.25～10 毫米直径的小团块，具有泡水不散的水稳性特点。具有团粒结构的土壤是结构良好的土壤，它能协调土壤中水分、空气和营养物质之间的关系，统一保肥和供肥的矛盾，有利于根系活动及吸取水分和养分，为植物的生长发育提供良好的条件。无结构或结构不良的土壤，土体坚实，通气透水性差，土壤中微生物和动物的活动受抑制，土壤肥力差，不利于植物根系扎根和生长。土壤质地和结构与土壤的水分、空气和温度状况有密切的关系。

土壤水分能直接被植物根系所吸收。土壤水分的适量增加有利于各种营养物质溶解和移动，有利于磷酸盐的水解和有机态磷的矿化，这些都能改善植物的营养状况。土壤水分还能调节土壤温度，但水分过多或过少都会影响植物的生长。水分过少时，植物会受干旱的威胁及缺养；水分过多会使土壤中空气流通不畅并使营养物质流失，从而降低土壤肥力，或使有机质分解不完全而产生一些对植物有害的还原物质。

土壤中空气成分与大气是不同的，且不如大气中稳定。土壤空气中的含氧量一般只有 10%～12%，在土壤板结或积水、透气性不良的情况下，可降到 10%以下，此时会抑制植物根系的呼吸，从而影响植物的生理功能。土壤空气中 $CO_2$ 含量比大气高几十至几百倍，在排水良好的土壤中为 0.1%左右，其中一部分可扩散到近地面的大气中被植物叶子光合作用时吸收，一部分可直接被根系吸收。但在通气不良的土壤中，$CO_2$ 的浓度常可达 10%～15%，这不利于植物根系的发育和种子萌发，$CO_2$ 的进一步增加会对植物产生毒害作用，破坏根系的呼吸功能，甚至导致植物窒息死亡。土壤通气不良会抑制好气性微生物，减缓有机物的分解活动，使植物可利用的营养物质减少；但若过分通气又会使有机物的分解速率太快，使土壤中腐殖质数量减少，不利于养分的长期供应。

在设施栽培（特别是温室和塑料大棚）中，由于比露地温度高、湿度大，雨水浇不到地面；周年内栽培茬次多、利用时间长，施肥量大，轮作困难，因而形成了与露地不同的土壤特性。

棚室土壤环境主要包括土壤温度、土壤水分、土壤通气、土壤盐分含量和土壤酸碱度等。

土壤温度、土壤水分，请参照相应问题。一般作物生长适宜的根温为15～25℃，临界最低和最高允许值大致为12～13℃和28～30℃。

施用化学肥料，是提高包括棚室设施蔬菜生产在内的农业生产产量的重要措施。但如果不考虑具体的土壤、气候条件以及农作物的营养特点，而长期过量地使用化肥，就会破坏土壤环境，造成污染，对人类健康构成威胁。

本节重点阐述土壤盐分含量、土壤通气与土壤酸碱度。

## 5.1 错误做法 ×

不了解设施土壤环境，或者不重视土壤培肥与土壤利用，盲目过量施肥、用药，导致土壤环境恶化，土壤中盐离子聚集，浓度超过蔬菜作物的耐受范围，形成减产、产品污染，甚至绝收。随着种植年限的增加，蔬菜植株会逐渐地体现出不良症状：植株矮小，叶色变浓，有时叶片表面覆盖一层蜡质，严重时，从叶缘开始干枯、翻卷，根系粗短、根毛少；另外病虫害也逐年加剧，致使设施内的产量逐年下降、品质变劣。究其原因，有很多方面，但主要来自于设施内的土壤。

不了解土壤的性质，盲目控制灌溉或大水浇灌，影响土壤中植物对营养的吸收或者沤根。

未掌握不同蔬菜作物根系对土壤的酸碱度（土壤pH值）要求，造成直接伤害作物的根系，或者影响营养元素的有效性，造成植株营养失衡、减产、品质下降。

## 5.2 正确做法 ✓

科学合理施肥，避免土壤中盐离子浓度过高对作物产生危害。

据测定：露地条件下，土壤中盐离子浓度一般在3000毫克/千克以下，而设施内的土壤，尤其是连作多年的温室、大棚，浓度高达7000～8000毫克/千克，甚至超过10000毫克/千克。

盐离子浓度过高对作物产生的危害，表现在：①影响作物对水分的吸收，由于土壤溶液中盐离子浓度过高，会使作物根系吸水困难，甚至可使根细胞失水而枯死，表现出“烧根”现象；②影响作物对钙、镁等元素的吸收，土壤中盐离子浓度的升高，会影响微生物将铵态氮向硝态氮转化的过程，使铵离子在土壤中积累，最终导致钙、镁等阳离子吸收受阻，产生一系列生理性病害；③加剧连作障碍，造成病虫害加剧，打破了土壤养分供应平衡，使作物产生生理性病害，阻碍作物的生长发育，进而使产量降低、品质变劣。

土壤中盐离子浓度升高（积累）的原因，主要如下。①相对密闭环境缺少雨水淋溶，盐离子向耕作层聚集。设施蔬菜生产是在密闭或半密闭条件下进行的，缺少自然降雨的淋洗，土壤表层的盐离子无法淋溶到土壤深层，但土壤深层的盐分可通过土壤毛管作用，随毛管水的上升被带到土壤表层引起耕作层盐分积累。设施栽培中虽然灌水次数多，但灌水量少，使耕作层中的盐离子无法淋溶到土壤深层。②超量施肥和化肥中的副成分在土壤中积累。目前设施栽培中普遍存在超量施肥的现象，有的施肥量超过理论值的3～5倍。特别大量地施用化肥后，许多化肥易溶于水，且不易被土壤吸附，会使土壤溶液浓度升高。有些化肥副成分如：硫酸铵、硫酸钾、氯化钾等肥料的硫酸根离子不能完全被作物吸收利用，又缺乏淋洗条件，会长期保留在耕作层中。③土壤质地类型与盐离子的积累有密切的关系。砂质土缓冲性能低，土壤溶液浓度容易升高；黏质土缓冲性能强，土壤溶液浓度升高慢。另外，设施栽培年限越长，则土壤中盐离子浓度越高。

因此，科学施肥是降低土壤中盐离子浓度升高和积累的主要措施。施肥要求是：首先，进行土壤分析，根据土壤中养分盈缺和种植作物的种类来确定施肥的种类、比例、用量；其次，要增施有机肥料，全面供给土壤养分；另外，在施用化肥时要多次、少量；要避免施用同一种化肥，特别是含氯或硫化物等副成分的肥料。

土壤水分是土壤中的各种营养元素的溶剂。土壤水分适量，有利于各种营养物质的溶解和移动，改善植物的营养状况。土壤水分过多或过少都会影响植物的生长。水分过少时，植物会受干旱的威胁及缺养；水分过多会使土壤中空气流通不畅并使营养物质流失，从而降低土壤肥力，或使有机质分解不完全而产生一些对植物有害的还原物质。

土壤中空气成分与大气是不同的，且不如大气中稳定。土壤空气中的含氧量一般只有10%～12%，在土壤板结或积水、透气性不良的情况下，可降到10%以下，此时会抑制植物根系的呼吸，从而影响植物的生理功能。土壤空气中$CO_2$含量比大气高几十至几百倍，排水良好的土壤中在0.1%左右，其中一部分可扩散到近地面的大气中被植物叶子在光合作用时吸收，一部分可直接被根系吸收。但在通气不良的土壤中，$CO_2$ 的浓度常可达 10%～15%（甚至达到 3000 毫克/升），这不利于植物根系的发育和种子萌发，$CO_2$ 的进一步增加会对植物产生毒害作用，破坏根系的呼吸功能，甚至导致植物窒息死亡。土壤通气不良会抑制好气性微生物，减缓有机物的分解活动，使植物可利用的营养物质减少；但若过分通气又会使有机物的分解速率太快，使土壤中腐殖质数量减少，不利于养分的长期供应。

因此，土壤根际气体环境中 $O_2$ 浓度过低、$CO_2$ 浓度过高，会使作物根系的生育受到抑制。如，黄瓜根际 $O_2$ 浓度在 15%以上时，对植株光合作用影响较小；$CO_2$ 浓度 1%～3%时，生长即受到抑制。

在棚室蔬菜栽培管理过程中，要注意增施有机肥，及时中耕，加大气体交换，创造条件，使土壤形成良好的团粒结构，加大根际与外界的气体交换。在设施基质栽培和水培中，可强制通风加大气体交换。

土壤酸碱环境，即土壤的酸碱度（以土壤 pH 值表示）。土壤 pH 值高低，对作物影响有直接影响和间接影响两方面。直接影响在于根际环境中 pH 值过高或过低会伤害作物的根系，作物有最适宜的 pH 值范围。间接影响表现在影响营养元素的有效性，可能会使营养元素的有效性降低乃至失效。常见蔬菜作物的适宜土壤酸碱度范围，参照表 1-11。

**表 1-11　常见蔬菜作物适宜的土壤酸碱度范围**

| 蔬菜名称 | pH 值 | 蔬菜名称 | pH 值 |
|---|---|---|---|
| 黄瓜 | 5.5～6.7 | 菠菜 | 6.0～7.3 |
| 南瓜 | 5.0～6.8 | 大葱 | 5.9～7.4 |
| 西瓜 | 5.0～6.8 | 洋葱 | 6.0～6.5 |
| 甜瓜 | 6.0～6.7 | 韭菜 | 6.0～6.8 |
| 番茄 | 5.2～6.7 | 大蒜 | 6.0～7.0 |
| 茄子 | 6.8～7.3 | 萝卜 | 5.2～6.9 |
| 辣椒 | 6.0～6.6 | 芜菁 | 5.2～6.7 |
| 马铃薯 | 4.8～6.0 | 胡萝卜 | 5.5～6.8 |
| 白菜 | 6.0～6.8 | 牛蒡 | 6.5～7.5 |
| 甘蓝 | 5.5～6.7 | 防风 | 6.0～7.0 |
| 花椰菜 | 6.0～6.7 | 芋头 | 4.1～6.1 |
| 荠菜 | 5.5～6.8 | 芦笋 | 6.0～6.8 |
| 苤蓝 | 5.0～6.8 | 菜豆 | 6.0～7.0 |
| 莴苣 | 5.5～6.7 | 红豆 | 6.2～7.0 |
| 芹菜 | 5.5～6.8 | 豌豆 | 6.2～7.2 |

## 6. 土壤的营养与平衡

土壤是植物生长的介质，植物吸收的营养物质绝大部分来自土壤。植物生长发育必需的营养元素包括碳（C）、氢（H）、氧（O）、氮（N）、磷（P）、钾（K）、钙（Ca）、镁（Mg）、硫（S）、铁（Fe）、锰（Mn）、铜（Cu）、锌（Zn）、硼（B）、钼（Mo）、氯（Cl）等元素，其中，碳、氢、氧主要来源于空气和水，其他13种主要由根系从土壤中吸收获得。因此，为满足植物生长对养分的需求，必须首先了解土壤的营养状况。

**(1)** 营养类型　土壤中含有植物生长所需的各种养分，按照养分来源、溶解难易程度及其对植物的有效性，土壤养分大体上可以分为以下5种类型。

① 水溶性养分　水活性养分是土壤溶液中的养分，对植物是高度有效的，很容易被植物吸收利用。水溶性养分大部分是矿质盐类，实际上是呈离子态的养分，如阳离子中的 $K^+$、$NH_4^+$、$Mg^{2+}$、$Ca^{2+}$ 等和阴离子中的 $NO_3^-$，$H_2PO_4^-$ 和 $SO_4^{2-}$ 所组成的盐类。这些水溶性养分来源于土壤矿物质或有机质的分解产物。也有一些水活性养分是简单的可活性有机物质，这种类型的养分呈分子态，如有机物质分解所形成的有机酸类和糖类物质等。

② 代换性养分　代换性养分是土壤胶体上吸附的养分，主要是阳离子 $K^+$、$NH_4^+$、$Mg^{2+}$ 等养分。在一些阳性胶体上也有吸附态的磷酸根离子态养分。代换性养分可以看作是水溶性养分的直接补充来源。实际上，土壤中的代换性养分和水溶性养分之间是不断互相转化的，处于动态平衡之中。也就是说，土壤胶体吸附的养分是一种代换性离子，它经常与土境溶液中的离子发生代换反应。因此，从土壤本身来看，这种吸附性养分是否易被植物吸收，取决于吸附量的多少、离子饱和度以及溶液中离子的种类和浓度等一系列因素。习惯上把代换性养分和水溶性养分合起来称为速效性养分。

③ 缓效性养分　缓效性养分是指某些土壤矿物中较易分解释放出来的养分。例如缓效性钾就包括易风化矿物水云母（伊利石）中的钾和一部分原生矿物黑云母中的钾，以及黏粒层状矿物所固定的钾离子。缓效性钾通常占土境全钾量的2%以下，高的可达6%。土壤中的缓效性钾是速效性钾的贮备。

④ 难溶性养分　难溶性养分主要是土壤原生矿物（如磷灰石、白云母和正长石）中所含的养分，一般很难溶解，不易被植物吸收利用。但难活性养分在养分总量中所占的比重很大，是植物养分的重要贮备和基本来源。此外，土壤中的可溶性养分也可形成新的沉淀，如磷酸钙等，转化为难活性养分。但这部分养分在新沉淀时要比土壤原生矿物中的养分易于分解。

⑤ 土境有机质和微生物体中的养分　土壤有机质中的养分大部分需经微生物分解之后才能被植物吸收利用。土壤微生物在其生命活动过程中吸收一些土壤中的有效养分，这些养分暂时不能被植物利用，但随着微生物的死亡分解，养分很快释放出来。所以大体上可把微生物体内所含的养分看作是有效性的，而土壤有机质中所含的养分，只有少部分是有效性的。但总的来说，有机质中的养分比难活性矿物质中的养分容易释放。

上述几种类型的土境养分之间并没有明显的界限，而是处于一种动态平衡之中。也就是说，不同类型的养分是可以相互转化的。怎样才能使土境中的养分发生转化，来满足植物优质高产的营养要求呢?这就需要采取有效措施，使土壤中的营养有效，满足植物对营养的需要。

**(2)** 影响土壤养分有效性的因素　土壤中各种类型的养分是可以相互转化的，其中有效性养分与植物生长关系最为密切，其含量多少受多种土壤条件的影响。特别要注意土壤的酸碱度、氧化还原反应和土壤水分含量对土壤养分有效性的影响。

首先，土壤的酸碱反应对养分的有效性的影响。大多数土壤的pH值在4.0～9.0之间。土壤pH值对养分有效性的影响是多方面的。pH值既直接影响土壤中养分的溶解或沉淀，又影响土壤微生物的活动，从而影响养分的有效性。以氮和磷为例，土壤中的氮多半是有机态的，需经微生物分解才能形成植物易于吸收的$NH_4$-N和$NO_3$-N。而微生物的活性受土壤pH值的影响，在pH值6.0～8.0的范围内，参与有机态氮分解的微生物活性最强，所以此时土壤中有效氮含量较多。土壤中的磷一般在pH值6.0～7.5时有效性较高。当pH值大于7.5，且土壤中又有大量碳酸钙存在时，可使土壤中的磷转变成难溶状态，降低磷的有效性。在pH值小于6.0的酸性土中，磷易与土壤中的铁、铝化合生成难溶性磷酸铁、铝盐，也降低了磷的有效性。另外，土壤pH值对土壤微生物类群及其生命活动有明显影响，因而间接影响养分的有效性。

其次，土壤的氧化还原反应（Eh值）对养分有效性的影响。土壤氧化还原条件是土壤通气状况的标志，它直接影响植物根部和微生物的呼吸过程，同时也影响到土壤营养的存在状态及其有效性。一般来说，土壤通气良好，氧化还原电位高，能加速土壤中养分的分解过程，使有效养分增多；而通气不良时，氧化还原电位低，有些土壤养分被还原，或在嫌气条件下分解的有机质产生一些有毒物质，对植物生长不利。土壤的氧化还原状况，对一些具有氧化态和还原态的养分离子是非常重要的。土壤中除了钾、钙、镁、锌等少数金属离子外，大多数的养分离子能在不同程度上进行氧化或还原，尤其是氮、硫、铁、锰的氧化还原反应正好在土壤的Eh值范围内，因此，反应进行十分频繁，对于这些养分的有效性有很大影响。例如氮在氧化条件下形成$NO_3$-N，而在还原条件下则形成$NH_4$-N。土壤中氧化还原状况对磷的有效性影响与对氮的影响不同，氮不论是氧化态还是还原态都能被植物吸收利用，而磷一般是在氧化态（$H_2PO_4^-$、$HPO_4^{2-}$、$PO_4^{3-}$）被植物吸收利用，还原态磷一般是不能被植物吸收利用的。元素在进行氧化还原反应时，不仅其本身的有效性发生变化，而且还影响与其形成沉淀的其他养分。例如，磷常被铁、锰所固定，而硫在还原状态下则影响根系对养分的吸收。

再次，土壤水分状况对养分有效性的影响。植物吸收的养分是呈溶解状态的，所以水分是土壤养分有效化的溶剂。只有溶解在土壤溶液中的养分才能通过扩散和质流到达根表。在实际生产中，土壤水分不足时，施肥效果很差。土壤水分对养分的转化虽有良好作用，但只有在适宜的土壤含水量范围内，植物才能正常地吸收水分和养分。土壤水分过多时，设施生产条件下虽然不会造成有效养分的流失，但是易使土壤通气不良，造成某些还原态养分的增加，而不利于植物吸收。土壤水分过少，有效态养分也随之减少。如果土壤干湿交替频繁，又容易引起钾的固定，使土壤溶液中钾的浓度大为降低。

### 6.1 错误做法 ✕

土地是聚宝盆，不能只知使用，不知养护。不注意土壤的可持续利用，在肥料和药物施用上不讲科学，乱施和滥施，必将造成土壤内部结构失衡，土壤营养不均衡，设施土壤缺素普遍，土壤板结，土壤理化性状恶化，有益菌减少，棚室蔬菜越种越难种，引起高成本低收入，重污染。

## 6.2 正确做法 ✓

蔬菜棚室生产的土壤，不仅要求符合国家有关蔬菜产地土壤标准的规定，未受到污染，而且要求土壤中含有植物生长所需的各种养分，同时要求各种营养含量充足、有效。

合理加强有机肥的投入。保证棚室蔬菜生产的土壤理化性能良好，各种营养平衡。主要包括：土壤中大量元素和微量元素的含量、比例和有效性均符合蔬菜生产对营养的要求。例如，土壤中有机质含量较高，含量在2%～3.5%，土壤团粒结构良好，固、液、气三相比例适宜，有效保水量为16%～20%，耕作层土壤厚度达到40厘米深，土壤电导率（EC值）在适宜范围内，土壤pH值适宜，土壤微生物群类为有益菌占优势且含量高，有害气体浓度包括氨气和亚硝酸等，对植物不会产生危害。

要达到上述土壤营养的要求，保证土壤营养均衡、有效，必须做到科学合理施肥。

科学合理施肥包括肥料种类的选用、施肥量的计算和科学的施肥技术。

施肥量计算，可通过公式Q=(A-B)/C进行计算。(式中，Q为所需增施肥料用量；A为作物达到某一产量所需总养分量；B为计划用肥料所能提供的养分量；C为所需增施肥料的利用率)

请参照本书第三章问题20。

例如，计划黄瓜每亩（667米$^2$）产6000千克，计划每亩施用堆肥10000千克（含N 0.45%，当季利用率为20%），假如生产单位质量的黄瓜所需的标准养分量为4.0克/千克，N素化肥的当季利用率为0.4。计算每亩所需增施速效肥的用量。

解：达到计划产量需纯N量为：A = 6000 × 4.0 ÷ 1000 = 24（千克）；

有机肥可提供的纯N量为：B=10000×0.45%×20%=9（千克）；

纯N的施用量为Q，Q=(A-B)/C=(24-9)÷0.4=37.5（千克）

若施用尿素（含量46%），则需施用的尿素量为37.5÷0.46=81.5（千克）

比较经济有效、防止土壤盐分积累的施肥量的确定，应在施肥前测定土壤肥力状况，结合各种肥料的利用率来确定施肥量。

利用下式计算肥料用量。肥料用量＝(需要量－土壤含量－有机肥用量×元素含量×其利用率)÷(化肥元素含量×其利用率)

通过上述计算，一般而言，每 667 米$^2$ 一次性投入鸡粪以不超过 3000 千克为宜。这样，各种营养比例齐全。

可通过一些措施改善土壤理化性状。例如土壤过黏增施碳素有机肥，掺沙；土壤过沙，增施有机质类；酸性土壤和呈酸性水常施石灰粉，碱性土壤常施石膏粉，掺黏土；pH 6.5～8 可栽培多数蔬菜，且以中性增产明显。再如，通过使用固体生物菌肥或液体生物菌肥，以活化土壤和平衡植物营养，增加土壤有益生物群落和含量等。盐碱地与土壤浓度大的地块种蔬菜，要注重加大有机肥（包括鸡粪、牛粪和腐殖酸肥）的施用，以增加土壤碳素，平衡土壤营养。

## 7. 植株的营养平衡与植株调整

为了调节棚室蔬菜作物的生长发育，提高产量和品质，必须进行植株的营养平衡和植株调整。所起到的作用有：①平衡蔬菜植株地上部与地下部的生长发育；②平衡营养器官和生殖器官的生长发育；③改善棚室蔬菜生产植株群体通风透光，提高光能利用率，减少病虫，提高品质；④增加单位面积的株数，提高单位面积的产量。每一株蔬菜都是一个整体，植株上任何器官的消长，都会影响其他器官的消长。这是植物生长相关性所决定的。植物生长过程中的地上部与地下部、营养生长和生殖生长的关系，同化器官和贮藏器官之间的关系，都是与植物体内营养物质运输与转化分不开的，这是正确进行植株调整的生理基础。

棚室蔬菜生产，植株调整常见的主要措施如下。

**(1)** 摘心、打杈　摘除无用的侧芽叫打杈；摘除顶芽叫摘心。番茄、茄子和瓜类等蔬菜，放任生长则枝蔓繁生，结果不良。为了控制生长，促进果实发育，使每一植株形成最适的结果数目（如单干或双干）的整枝方法，即是摘心、打杈。通过摘心和打杈，调整了植株的同化器官和果实器官的比例，可提高单位面积的光合作用效率。因此可以缩小单株的营养面积，增加密度，提高产量。

**(2)** 摘叶、束叶　摘叶就是摘掉下部老叶；束叶就是将外叶扶起捆缚，使之向中心直立或包住叶球。在植株上不同叶龄的叶子，其光合强度也是不同的。刚展开的叶子不仅不能积累同化作用的产物，而且还得借助于植株其他部分的营养物质来生长。生长在植株下部各层的老叶子，同化作用微弱，以致同化物质的形成低于本身的呼吸消耗，叶子逐渐衰老。在栽培上，番茄、茄子、菜豆、黄瓜等蔬菜作物在生长的中后期，将下部老叶子摘掉，有利于减少营养消耗及植株下部空气流通，减少病虫害蔓延。束叶适用于十字花科的大白菜和花椰菜，主要目的是促进叶球和花球的软化，同时可以防寒，有利于株间通风、透光。这种措施多在生长后期进行。

**(3)** 疏花疏果　大蒜、马铃薯、莲藕、百合等蔬菜，摘除花蕾有利于地下产品器官的肥大。番茄、黄瓜、西瓜等蔬菜作物，去掉过多的花蕾和畸形、有病的果实，可促进留存果实正常长大。茄果类、瓜类、豆类等蔬菜，及时采摘果实，有利于维持植株的营养生长，延长果实的采收期，增加产量。

**(4)** 压蔓、支架　蔓性蔬菜，如南瓜、冬瓜、西瓜等爬地生长，经压蔓后，可使植株排列整齐，受光良好，管理方便，促进果实发育，增进品质，同时可促进发生不定根，有防风和增加营养吸收的能力。黄瓜、番茄、菜豆、南瓜、冬瓜、山药等蔬菜支架栽培，可以增加叶面积指数，更好地利用阳光并使通风良好，减少病虫害，增加密植度，促使结果良好。

**(5)** 保花保果　在高温或低温等不良环境影响到果菜类蔬菜开花授粉受精的情况下，采用人工辅助授粉或植物生长调节剂进行保花保果，促使开花授粉受精正常，结果良好，保证形成产量。

## 7.1 错误做法 ✕

有些农民认为，只要蔬菜植株地上部枝叶生长旺盛，就能获得高产，因而千方百计加大水肥促其快长，这种做法即使对于以营养器官作为产品的叶菜类，也存在不足。对于以花果为产品器官的蔬菜，这种认识就是一个误区。不能保持蔬菜植株地上部与地下部生长之间的平衡、营养生长与生殖生长之间的平衡，将不利于果实生长，叶旺根浅，调节能力差，易染病害，也就不能获得优质高产。

## 7.2 正确做法 ✓

在棚室蔬菜栽培管理过程中，应该做到以下几点。

**(1)** 地上部与地下部生长平衡　地上部即叶、茎、花、果，地下部即根系。通过栽培管理，达到蔬菜植株形成适当的茎叶与发达的根系是蔬菜高产优质的关键。

棚室蔬菜栽培，苗期和定植期促根。

从幼苗开始，就应该围绕控水、控湿、控温、分苗、喷洒植物诱导剂，“蹲”苗和“囤”苗进行促根控秧管理。

蔬菜种子发芽后，最先长出来的是胚根。幼苗生长初期，以消耗种子内物质而先长出根尖，抽出根茎，然后根系吸收水分、养分，最后叶、秆从种子壳中脱出，进行光合作用。同化面积及叶片不断增加，生长速度加快，光合产物碳水化合物才能随之增加。

通过浸种催芽，促进种子萌发。生产上常用55℃温水浸种，置25～30℃环境中催芽，在昼夜温差较小的条件下，促种子发芽出土。或用赤霉素或植物诱导剂泡籽，均是为了促根生长，提早栽培和收获。

蹲苗控苗，促根发育。生产上切方移位“囤”苗，控水喷肥“蹲”苗，在蔬菜高产抗病育苗上显得尤其重要。初期控秧促根，定植后保持地上部和地下部生长平衡。在整个育苗管理中，在保证幼苗不老化的前提下，应以控制地上部生长，促进地下部生长为主。

蔬菜根系易老化，苗期和定植期促根生长，是决定产量的关键时期，蔬菜根主要分布在5～25厘米深、40～60厘米宽的土壤中，具有趋温性、趋湿性、趋肥性和趋气性。气温为12℃有利于氮的吸收，地上部生长停止，叶厚僵化；18℃有利于氮、磷、钾平衡吸收；27℃有利于磷的吸收以及花芽分化和根群生长，但不利于长茎秆。20～25℃的土温，4000毫克/千克的土壤浓度，36%的土壤持水量，土壤含氧量为7%，极有利于幼苗长根。

结果期控氮、控水、控夜温，控地上部，有利于长果实。结果期蔬菜根系以更新复壮为主，特别在中后期，迅速减慢了扩展和延伸度，随后逐渐枯死、再生。当其一层蔬菜采收或叶子老黄摘掉后，便有相应的一部分根系枯死。盛果期遇连阴雨天，或天晴时深耕，便会有大量根系死去。生产上在中后期应注重增施腐殖酸有机肥和生物菌肥，分解、分化和平衡营养，可诱生新根。根系分布决定地上部的生长状况。地上部茎壮叶宽，光合强度又决定根系更新代谢状况，即叶旺根壮。

特别注意加强果菜类蔬菜营养生长向生殖生长的过渡期的管理。果菜类蔬菜地上部发育与叶类菜和根茎菜的不同点是，要通过发育阶段形成果实，通过春化和光照阶段，才能开花结果。茎变粗、果膨大是光合产物即细胞体积积累的现象。叶子每天要消耗1/4的光合产物，夜温低、温差大，光合产物消耗少。叶子上有网状叶脉，在蒸腾作用下，将根从土中吸收的水分和养分在压力作用下输送到叶内，植株通过韧皮部输导组织又将形成的同化物转移到茎根处，重新分配到生长点和根处，并将多余的碳水化合物积累到果实。为此，地下部和地上部始终是相应生长，所以管理上以壮根为主。

不同地区，棚室蔬菜秋延后栽培，在7月中旬至8月下旬进行育苗，这时正值梅雨季节，土壤和空气湿度大，温度适中，直播出苗齐。做1.3米宽的畦，垄背踩实，备6份园土、1份腐殖酸磷肥、3份6～7成腐熟的牛粪，透气性好，有利于根系发达；添加少许磷酸二氢钾壮秆。拌匀过筛整平，浇透水（4厘米左右），水渗后撒一层细土，将低凹处用土填平。种子均匀撒播，用1厘米左右土层覆盖（可用菌虫杀50克拌土30千克防治地下病虫害，或用苗菌敌20克拌土20千克）。经40天左右。幼苗具2叶1心时分苗。床土配制同上，按株行8～10厘米刨沟、播苗，浇硫酸锌水1000倍液，促进根系深扎。对徒长苗可浇施EM生物菌液，以平衡植物和土壤营养。分苗畦营养面积过小，不利于控秧促根。定植前用硫酸铜配碳铵500倍液喷洒2次，防止土传病害，提高植株抗逆性。定植时，每667米$^2$穴施硫酸铜2千克，拌碳铵9千克，用以护根防止黄萎病。

结果期，室内后半夜温度高是引起植株徒长和减产的主要原因。生长中，对矮化植株浇EM生物菌肥，提高夜温，使地上部和地下部调节平衡。待蔬菜叶大而薄、茎秆长时，控制水分、氮肥和夜间温度，以达到控秧促果，提高产量的目的。

**(2)** 营养生长与生殖生长平衡　根据蔬菜不同生长发育阶段，控制协调植株营养生长与生殖生长。

一般而言，在幼苗期，应掌握弱株深根。植株生长发育的中后期，要控制叶蔓，使生殖生长占光合产物的60%～70%，营养生长占光合产物的30%～40%，保持合理的同化叶面积，以避免叶蔓过多的营养消耗。

营养生长是营养制造和运输的器官。生殖生长是营养贮藏积累的器官。蔬菜生育始终贯穿着营养生长和生殖生长，5～6叶花芽分化时，营养生长过旺，植株徒长，花芽分化弱，花蕾小，发育不全，易因营养不良而蔫花。幼苗期营养生长过旺，果小易烂果；中后期狂长秧，营养生长旺，结果不丰满，色泽暗、膨大慢，减产30%左右。

在蔬菜管理上，通过加强环境管理和进行植株调整，协调植株营养生长和生殖生长平衡。

例如，授粉受精期将夜温控制在13～14℃，到膨果期温度应再低些，是高产的关键。合理稀植，在结果期注重冲施钾、硼、碳肥，是促进生殖生长，抑制营养生长的有效办法。经试验，蔬菜在出苗后2～3天去掉两片子叶，孕蕾丰满度和开花膨果速度提高20%左右。

叶面积大小决定植株光合能力，光合强度决定蔬菜膨大速度和重量。保持合理的营养面积，以协调营养生长与生殖生长之间的矛盾。根据试验测定，棚室黄瓜冬春季节单株叶片数保持在25～30叶，即可满足植株均衡生长发育的需要。在棚室茄子生产管理过程中，前期应围绕控秧促根，中后期围绕控蔓促果进行。在其结果期以保持地面不见直射光为度，因散射光产生热能和光合强度，功能叶片保持13～14片，叶片直径20～25厘米，节长15～16厘米，粗2厘米，适当的叶面积能保障碳水化合物充足合成，并降低营养物质的消耗。叶面积过多过大而薄，光合产物积累少；面积过小而僵化的叶，浪费阳光和空间，茄子长得慢而且小。

没有较大的营养面积，蔬菜果实就长不大，但是营养生长过旺必然抑制果实的膨大，总产量也不一定高。因此，人为地利用水、肥、气、光、温、药进行环境调控和植株调整，调整营养生殖二者的生育关系，显得尤其重要。

例如，光周期长短控制不同，对茄子的生长发育花芽分化不同。孕蕾期在中性（10～12小时）日照下，茄果表现生长快，早熟品种12～14小时日照开花较快，晚熟品种10小时光照下开花快，在氖光、日光、红光照射下蕾和果生长快。孕育期氮、碳、磷的吸收加快，果实膨果期碳、钾用量大，老熟期磷的吸收多。低温期（夜间最低温度低于13℃）、干旱期（空气湿度低于60%）和弱光期（光照强度低于3000勒克斯），为保障果菜授粉受精正常，可在叶面上喷锰制剂壮花蕾，喷硫酸锌促进柱头伸长，喷硼砂促进花粉粒饱满和成熟，避免发生未受精的僵果。当蕾器花冠呈现紫色时，用30毫克/千克2,4-D涂抹花萼和果柄，并喷少许速克灵，及时摘花冠，防止发生灰霉病烂果。注重施牛粪、硫酸钾和EM生物菌促进膨果，谨防营养生长过旺使生殖生长受到抑制而减产。

另外，温室大棚越冬栽培茄子、番茄、辣椒，宜用聚乙烯紫光膜，可控蔓抑苗，促根促果。

**(3)** 维持合理群体结构，提高光能利用效率　蔬菜作物的产量是以单位土地面积来衡量的，在一块土地上有许多植株，这就构成了一个“群体”，或称“群落”。这个群体虽然由单株所组成，但群体的产量并不是由单株（即个体）的产量简单相加。因为群体的结构，也不是个体结构的相加，光能利用的方式及利用率，也不是简单的相加。因此，要获得高额的群体产量，还必须有良好的群体结构。

由个体组成群体之后，最大的特点是对光强度的改变。作为群体中构成单位的个体，不同于孤立的个体，群体发展以后，叶层相互遮荫，就会使群体下面的光强逐渐减弱。因而在一个群体中不同层次的叶子，它们所接受的光强不同，对产量所起的作用也不同，叶面积愈大，遮荫的程度也愈大，一个群体的不同叶层光强的垂直分布，与叶面积指数（LAI，即单位土地面积上的叶面积的大小）有关。

当密植度较小时，应适当增加密植度，对于个体的生长，没有明显的影响，因此可以明显增加群体的产量。但如果进一步增加密植度，由于群体的遮光过多，群体基层的光照不足，空气也不流通，会大大降低基层叶片的光合效率，群体产量反而下降，所以密植度的作用是有限度的。

例如，根菜类蔬菜，当密植程度小的时候，单个肉质根的重量会大些，而单位面积产量会低些，当密植程度增加以后，单位面积的产量会高些，但个体肉质根的重量会小些。又如茄果类蔬菜，当密植程度小的时候，单株的结果数会多些，但单位面积产量会低些。如果增加密植度，单位面积的株数增加了，而单株的结果数反而会减少，甚至单果重也会减轻。如果密植度继续增加，以致所增加的株数的产量不及单株所减少的产量，则单位面积的产量就会下降。

一个群体是在生长过程中不断发展的，因此当我们了解个体产量与群体产量的关系时，不但要了解一个群体结构的最后状态，而且要了解其发展的过程。因为决定总产量的不仅是最后的结构，而且与前期结构及其发展过程有密切关系。

由于各种蔬菜的生长习性和栽培技术差异很大，因而各种蔬菜的群体结构也差异很大。一个优良的群体结构，叶面积要适宜。按照蔬菜植物的生长习性及栽培方式的不同，大体上可以把这种关系分为4类。

① 蔓性而搭架的种类。如黄瓜、番茄等，因支架栽培后，可以适当增加叶面积及叶面积指数，增加群体产量。

② 直立的菜类。如茄子、辣椒等它们的叶面积指数大都在3～4。

③ 丛生叶状态的根菜类和叶菜类。如白菜、甘蓝、萝卜等，作为食用栽培时，有矮的丛生叶。LAI较小。

④ 蔓性而爬地生长的瓜类。如甜瓜、西瓜、南瓜及部分冬瓜品种，生产上大都爬地栽培，它们的LAI较小，一般不过2左右。

在生产上必须了解不同种类间的蔬菜生长习性及其群体结构的发展过程，才能决定合适的密植程度及栽培措施，达到高产的目的。适当密植是近年来增产的一个措施。精细的田间管理，可以增加栽培密植度，例如番茄用搭架栽培的可以比无支架栽培的密些，而单干整枝的比双干整枝的密些。

棚室蔬菜生产，也可采用间作、套种技术，可以在较小的面积上截取更多的太阳能，提高单位面积产量。高秆与矮秆的间作，直立与爬地的间作，深根与浅根的间作，可以构成一个复合群体。如番茄与冬瓜的间作，丝瓜与辣椒的间作，黄瓜与芹菜的间作，不但改善了群体的光照条件，而且影响到空气流通，从而影响到$CO_2$浓度，水气及热的传导。在同一时期增加总的LAI，因而比单作可以生产更多的干物质。

除了间作套种以外，还可以利用植株调整，包括整枝、压蔓、摘叶等，可以使植株向空间发展，摘除过多的不必要的分枝及老叶，改善通风透光条件，减少不必要的养分消耗，同时也是人为地控制营养生长与生殖生长的关系。

一般来讲，水气（湿度）在一个叶层中，越近地表面而越大，越到叶层的上部越逐渐减少，而到了群体叶层以上，则变动不大。

至于$CO_2$浓度，是影响光合作用的重要条件之一，增加温室大棚中的$CO_2$浓度，可以增加光合作用强度，因而增加产量，这是保护地蔬菜栽培的主要增产措施之一。但在作物叶层以内的空气中，由于光合作用的不同，叶层的不同部位的$CO_2$含量也不同。叶层的近上部往往相当于最大LAI层的地方，由于光合作用的需要，$CO_2$的含量在整个群体中数值最低，在近地面处会高些，而在叶层最上部又逐渐增高。但在夜间$CO_2$浓度则以近土表面的高些，群体上部低些。

群体叶层内热的分布，则与$CO_2$的分布相反，叶层内的温度比叶层外的要高。但在夜间，群体内部温度的梯度较为平缓，群体内比周围温度稍低。

所有这些温度、$CO_2$及湿度的含量，都受风的影响。如果风速小，空气不流通，则群体中的湿度大，温度高，而$CO_2$的含量相对稀少，这对作物的光合作用及物质积累不利。如果有一定的风速，叶层中的湿度可以适当的降低，温度也会低些。这对于夏季果菜，尤其是搭架栽培的番茄、黄瓜等，更为重要。同时，因为新鲜空气中的$CO_2$含量比群体叶层内部的要高些，适当通风可以增加叶层中$CO_2$的含量，有利于光合作用，有一定的风速，还可以加大$CO_2$从叶层空间向气孔的扩散。一般风速以0.5～2.0米/秒为宜。

因此，通过植株调整，平衡营养生长和生殖生长，合理密植，可有效提高棚室蔬菜栽培作物群体的生产效率。

棚室蔬菜生产，植株调整常见的主要措施如下。

**(1)** 摘心、打杈　摘除无用的侧芽叫打杈；摘除顶芽叫摘心。番茄、茄子和瓜类等蔬菜，放任生长则枝蔓繁生，结果不良。为了控制生长，促进果实发育，使每一植株形成最适的结果数目（如单干或双干）的整枝方法，即是摘心、打杈。通过摘心和打杈，调整了植株的同化器官和果实器官的比例，可提高单位面积的光合作用效率。因此可以缩小单株的营养面积，增加密度，提高产量。

以棚室番茄为例，每株留果穗数要根据各地气候条件、生长期的长短以及棚室茬口的安排而定。大架栽培，无限生长类型品种可留4～6穗果，一茬到底可留9～11穗果，早熟栽培可留2～3穗果摘心，摘心时应在最上层果穗上面留2片叶。棚室番茄生产上衍生出单干连续两层摘心整枝和先单干后双干整枝等多种整枝方式。

番茄单干连续两层摘心整枝，即单株保留3～4个基本枝，6～8个花序，做到高产而又产果期较集中的良好效果。具体做法是：保留基本枝，当第一花序和第二花序相继开花时，在第二花序上边留2片叶，首次摘去番茄的生长点，以着生第一花序和第二花序的这一枝为第一基本枝。此时从各节长出的侧枝已长得很大，其中从紧靠第一花序、第二花序下的节位长出的侧枝尤为旺盛。在这些侧枝中，从紧靠第一花序下的节位长出的一个侧枝，要促其生长，以这一侧枝为第二基本枝，待长出第三花序和第四花序后，上边留两片叶，将其生长点尽早摘去。同样，选择从紧靠第三花序下、第五花序下、第七花序下……长出的侧枝。以着生第三、四花序的侧枝为第二基本枝，着生第五、六花序的侧枝为第三基本枝，着生第七、八花序的侧枝为第四基本枝。如果要保留5个基本枝，收10层果，需利用第七花序下发出的侧枝为第五基本枝，结第九穗和第十穗果。留足所需的基本枝数后，如果不继续修整株形，任基本枝、主茎、侧枝生长，则会造成果实的透光条件不良。

番茄先单干后双干整枝，在日光温室、温室等保护地对植株无限生长类型番茄高产品种进行越冬茬和冬春茬高产栽培中，宜采用。具体整枝方法是：每株留一主蔓，及时抹掉主蔓上的叶芽，并对主蔓实行“S”形吊架。当主蔓长220～240厘米、已着生8穗花序、吊架高度150～170厘米时，在顶部花序之上保留2片叶，打去顶心，并及时抹去顶部花序之下所有叶腋间的叶芽，使植株集中营养进行坐果和促进果实发育膨大。在果实膨大成熟过程期间，要保护顶端第1、2片叶的叶腋间抽出的腋芽。当植株第8穗果（顶心抹去后顶部第一穗果）的果实膨大定型（定个）时，植株由下至上第1～6穗果已成熟被采收，第7穗果已开始着色。这时植株顶部保护着的两个腋芽已发育成30～40厘米长的两条侧蔓，每条侧蔓上已发出1～2个花序。

把这两条侧蔓保留下来，并将植株（主蔓）降蔓、重新绑蔓，并抹去叶芽。当每条侧蔓上抽生出4个花序时，将此侧蔓于顶花序之上留2片叶打去顶心，即所谓留双干。在山东寿光，每667米$^2$定植2000株，采用此法整枝，每株留16穗果，平均穗果数4.2个，穗果重700克，产量高达23000千克。

**(2)** 摘叶、束叶　摘叶就是摘掉下部老叶；束叶就是将外叶扶起捆缚，使之向中心直立或包住叶球。在植株上不同叶龄的叶子，其光合强度也是不同的。刚开展的叶子不仅不能积累同化作用的产物，而且还得借助于植株其他部分营养物质来生长。生长在植株下部各层的老叶子，同化作用微弱，以致同化物质的形成低于本身的呼吸消耗，叶子逐渐衰老。在栽培上，番茄、茄子、菜豆、黄瓜等蔬菜作物在生长的中后期，将下部老叶子摘掉，有利于减少营养消耗及植株下部空气流通，减少病虫害蔓延。束叶适用于十字花科的大白菜和花椰菜，主要目的是促进叶球和花球的软化，同时可以防寒，有利于株间通风、透光。这种措施多在生长后期进行。

**(3)** 疏花疏果　大蒜、马铃薯、莲藕、百合等蔬菜，摘除花蕾有利于地下产品器官的肥大。番茄、黄瓜、西瓜等蔬菜作物，去掉过多的花蕾和畸形、有病的果实，可促进留存果实正常长大。茄果类、瓜类、豆类等蔬菜，及时采摘果实，有利于维持植株的营养生长，延长果实的采收期，增加产量。

**(4)** 压蔓、支架　蔓性蔬菜，如南瓜、冬瓜、西瓜等爬地生长，经压蔓后，可使植株排列整齐，受光良好，管理方便，促进果实发育，增进品质，同时可促进发生不定根，有防风和增加营养吸收的能力。黄瓜、番茄、菜豆、南瓜、冬瓜、山药等蔬菜支架栽培，可以增加叶面积指数，更好地利用阳光并使通风良好，减少病虫害，增加密植度，促使结果良好。

(5) 保花保果　在高温或低温等不良环境影响到果菜类蔬菜开花授粉受精的情况下，采用人工辅助授粉或植物生长调节剂进行保花保果，促使开花授粉受精正常，结果良好，保证形成产量。

# 第二章

# 温室大棚蔬菜高效生产技术

蔬菜温室大棚栽培的特点

目前，中国设施园艺总面积中，绝大部分是蔬菜的设施栽培。蔬菜设施栽培是一种高科技的高效集约型农业技术，要求运用现代化的栽培管理和经营管理技术，才能实现高投入、高产出的目标。

主要特点：①除防雨棚外，一般都能实现半封闭或封闭式的环境调控，有利于创造蔬菜作物地上部和地下部最适的环境条件，实现优质高产；②由于常年避雨和冬季长期保温或加温，设施的土壤水分管理、通风换气、冬季加温保温、夏季防止热蓄积等都要求精细集约的管理技术；③在封闭式环境调控条件下，可利用天敌等生物技术防治病虫，实行无农药或少农药栽培；④设施蔬菜栽培季节长，复种指数高，对于长季节栽培的果菜，如番茄、黄瓜等，如何保持营养生长与生殖生长的平衡，成为栽培技术的关键；⑤设施蔬菜周年四季均可生产，不同季节要选用适宜的生态品种以适应不同气候环境，防止生长障碍的发生；⑥设施果菜栽培低温期授粉受精困难，为防止落花落果，应尽量避免应用激素，而利用熊蜂等昆虫授粉或选用单性结实性强的品种等省工省力、环保型的农业技术；⑦设施蔬菜栽培的环境调控、产期调节、反季节栽培，都需要大量劳力，要尽量采用省工省力技术。

蔬菜温室大棚栽培的方式

**(1)** 促成栽培，也称越冬栽培、深冬栽培、冬春长季节栽培　是指冬季严寒季节利用温室等设施进行长期加温或保温的栽培方式。如9月至翌年6月、10月至翌年6月等。

**(2)** 半促成栽培，早熟栽培　是指在设施条件下定植，生育前期短期加温，后期不加温，只是进行保温或改为露地继续生长或采收的春季提早上市的栽培方式。

**(3)** 抑制栽培（延迟栽培），秋延后栽培　一般指喜温性蔬菜的延迟栽培，秋季前期在未覆盖的棚室或在露地生长，晚秋早霜到来之前扣薄膜防止霜冻，使其在保护地设施内继续生长，延长采收时间，一般比露地延迟供应期1～2个月。

**(4)** 越夏栽培　是长江以南广大地区夏季利用遮阳网、防虫网、防雨棚等设施栽培的主要类型。一般，在大棚骨架上覆盖遮阳网或将大棚的裙膜掀掉，只保留顶膜并覆盖遮阳网，以遮阳降温、防暴雨和台风为主的夏季设施栽培技术。

我国温室大棚蔬菜栽培的区划与主要茬口形式

我国温室大棚等设施蔬菜划分为以下4个气候区。

**(1)** 东北、蒙新北温带气候区　位于长城以北，全年最冷候气温－10℃等温线以北，黑龙江、吉林和辽宁、内蒙古、新疆等地。该区冬季光照充足，但日照时数少；1月的月均日照时数180～200小时，日照百分率60%～70%，1月平均气温低于－10℃，北部最低达到－20～－30℃，是我国最寒冷的气候区。

设施生产，冬季以日光温室为主，设临时加温设备。在极端低温地区（松花江以北），冬季只能以耐寒叶菜生产为主。春秋蔬菜生产可利用各种类型的塑料棚，但要注意防寒防风。

棚室设施栽培形式和茬口主要有：日光温室秋冬茬栽培，7月～8月播种，9月初定植，10月中旬至11月上旬开始采收。日光温室早春茬栽培，采用温床或加温育苗，2月中旬至3月上旬定植，7月下旬拉秧。塑料大棚一大茬栽培，温床或加温育苗，4月上旬至5月上旬定植，6月上旬开始采收。

**(2)** 华北温暖带气候区　包括秦岭、淮河以北、长城以南，最冷候气温－10℃等温线以南、0℃等温线以北，北京、天津、河北、山东、河南、山西、陕西的长城以南至渭河平原以北地区，以及甘肃、青海、西藏和江苏、安徽的北部，辽东半岛。该区冬春季光照充足，是我国日光温室蔬菜生产的适宜气候区。1月日照时数均在160小时以上，1月平均最低气温0～－10℃。冬季利用节能型日光温室在不加温条件下可安全进行冬春茬喜温果菜的生产，但北部地区日光温室要注意保温，冷冬年份应有临时辅助加温设备，南部地区要注意雨雪和夏季暴雨的影响。该区春提早、秋延后蔬菜生产设施仍以各种类型塑料棚为主，大中城市郊区作为都市型农业可适当发展现代加温温室，用来生产菜、花、果等高附加值园艺产品。

棚室设施栽培形式和茬口主要有：日光温室或现代温室早春茬、秋冬茬、冬春茬；塑料拱棚（大棚、中棚）春提早、秋延后栽培。

**(3)** 长江流域亚热带气候区　包括秦岭淮河以南、南岭至武夷山以北，四川西部至云贵高原以东的长江流域各地，亚热带季风气候区，大体上相当于最冷候气温0℃等温线以南、5℃以北地区，主要包括江苏、安徽南部、浙江、江西、湖南、湖北、四川、贵州和陕西渭河平原等。该区1月日照百分率在45%以下，其中四川盆地、贵州大部以及湘西、鄂西南地区是全国1月日照百分率最低的地区，均在20%以下，局部低于15%。本区属于亚热带气候，1月平均最低气温0～8℃。冬春季多阴雨，寡日照，但这里冬半年温度条件优越，因此，蔬菜生产设施以塑料大棚、中棚为主，在有寒流侵入时，搞好多重覆盖，即可进行冬季果菜生产，夏季以遮阳网、防雨棚等为主要蔬菜生产设施。进行高附加值的菜、花、果、药等园艺作物的生产，或进行工厂化穴盘育苗以及在都市型农业中可适当发展高科技的现代温室。

棚室设施栽培形式和茬口主要有：设施栽培方式以大棚为主，夏季以遮阳网、防虫网覆盖为主，有现代温室、日光温室。大棚春提早栽培、秋延后栽培、多重覆盖越冬栽培；遮阳网、防雨棚越夏栽培。

**(4)** 华南热带气候区　本区主要包括最冷候气温5℃等温线以南的福建、广东、海南、台湾及广西、云南、贵州、西藏南部。1月平均温度在12℃以上，周年无霜冻，可全年露地栽培蔬菜，可利用优越的温度资源，作为天然温室进行南菜北运蔬菜生产。但该区夏季多台风、暴雨和高温，故遮阳网、防雨棚，开放型玻璃温室是该区夏季蔬菜生产主要设施，冬季则有中小型塑料棚覆盖增温。

棚室设施栽培形式和茬口主要有：遮阳网、防虫网、防雨棚，开放型玻璃温室是该区夏季蔬菜生产主要设施，冬季则有中小型塑料棚覆盖增温。

# 8. 黄瓜栽培

## 8.1 错误做法 ×

棚室栽培不分类型品种，导致栽培品质不好，效益差。

不了解黄瓜花芽分化条件，不懂生态防病，过量施用化肥，造成产量低、病害重、效益差。

病害缺素症误诊而导致严重减产，由于缺硼引起的弯瓜现象比较普通。

## 8.2 正确做法

**【茬口与品种】** 越冬茬选用津优 31 号等产量高、抗性强、宜嫁接、耐低温弱光的品种。延秋茬和早春茬温室和拱棚栽培的，选用津优 1 号、津优 2 号等形状好、耐高温、品质好的品种。越冬茬 9 月份播种育苗，延秋茬 7 月下旬直播，早春茬 12 月下旬播种。根据茬口和用途选择品种，若是出口鲜食或加工，还应注意目的地国家的消费需求。

黄瓜鲜食主要有华南型黄瓜、小黄瓜、华北型密刺型黄瓜、加工型乳黄瓜等。其中，无刺短黄瓜：包括华南型黄瓜、日本黄瓜，主要分布在中国长江以南地区、东南亚、日本。该类型黄瓜果实长度中等，无棱，刺瘤稀，黑、白刺或无瘤、无刺，表面光滑。嫩果绿、绿白、黄白色，味淡。茎叶繁茂，要求温暖湿润气候，耐湿热，不耐干燥，对温度和日照长度比较敏感。是出口鲜食黄瓜的主要类型。无刺长黄瓜：主要为欧型温室黄瓜，果形长，瓜长大于 30 厘米，横径 3 厘米左右。瓜色亮绿，果皮光滑少刺，瓜把短，成瓜性好，腔小肉厚，适于切片生食或做色拉凉菜。植株生长势强，茎叶繁茂，叶色深绿，分枝多，叶大，以主蔓结瓜为主，第一雌花着生节位低，雌花节率高，瓜码密，单性结实性强，耐低温弱光，适于温室栽培。小型黄瓜：植株长势较强，多分枝，多花多果，早熟。瓜长 10～15 厘米，果面光滑，无瘤无刺，有微棱，皮色亮绿。不耐低温，不耐空气干燥，对叶部病害抗性较低。有刺黄瓜：包括华北型黄瓜，主要分布于长江以北各省。嫩果棒状，大而细长，绿色，棱瘤明显，刺密，多白刺，皮薄。植株长势中等，抗病能力强，较能适应低温和高温，对日照长短反应不敏感。根系弱，不耐干旱，不耐移植。绝大多数刺瓜品种属此类型。

鲜食出口的黄瓜品种多为进口品种，主要有壮瓜、戴多星、康德、萨格瑞等。

**(1)** 壮瓜　荷兰无刺黄瓜，高产，抗寒，是出口创汇的新品种，由诺华种子集团在荷兰最新培育生产。生长势强，全雌株，主蔓结瓜为主，每节均可坐果。果实光滑，果色中绿，圆柱形，平均瓜长 15 厘米。品质极佳，耐低温和耐弱光能力强。产量高，每 667 米$^2$ 产量可达 10000 千克。

**(2)** 戴多星　荷兰瑞克斯旺原装进口小黄瓜品种，适合在晚秋和早春种植，生产期较长，开展度大。果实呈墨绿色，微有棱，长16～18厘米，果实味道好。该品种可在露地、大棚和温室里生长，抗黄瓜花叶病毒病、黄脉纹病毒病、霜霉病、白粉病。

**(3)** 康德　荷兰瑞克斯旺公司引进，长势旺盛，耐寒性好，适合于早春、秋延迟、越冬日光温室栽培，孤雌生殖，单性花，每节1～2个果。果实采收长度12～18厘米，表面光滑，味道鲜美，果皮较厚，耐贮耐运，适合出口。高抗白粉病和结痂病，耐霜霉病，产量高，周年生产一般每667米$^2$产量可达20000千克。

**(4)** 萨格瑞　以色列进口品种，为全雌性无刺黄瓜品种，适于保护地栽培，单性结实、连续坐果能力强，耐低温，结果期较集中，采收期可达5个月。瓜条长14～16厘米，暗绿色，抗白粉病。产量高，经济效益好。

国内黄瓜优良品种很多，主要如下。

**(5)** 中农6号　中国农业科学院蔬菜花卉研究所选育。生长势强，主侧蔓结瓜为主，第一雌花始于主蔓第3～6节，每隔3～5片叶出现一雌花。瓜棍棒形，瓜色深绿，有光泽，无花纹，瘤小，刺密，白刺，无棱。瓜长30～35厘米，横径约3厘米，单瓜重150～200克，瓜把短，心腔小，质脆味甜，商品性好。抗霜霉病、白粉病、黄瓜花叶病毒病。耐热，每667米$^2$产量4500～5000千克。

**(6)** 中农8号　生长势强，株高2.2米以上，主侧蔓结瓜，第一雌花始于主蔓4～7节，每隔3～5片叶出现一雌花。瓜长棒形，瓜色深绿，有光泽，无花纹，瘤小，刺密，白刺，无棱。瓜长35～40厘米，横径3～3.5厘米，单瓜重150～200克。瓜把短，质脆，味甜，品质佳，商品性极好。抗霜霉病、白粉病、枯萎病、病毒病等多种病害。每667米$^2$产量5000千克以上。鲜食加工腌渍品种。

**(7)** 中农9号　生长势强，第一雌花始于主蔓3～5节，每隔2～4节出现一雌花，前期主蔓结果，中后期以侧枝结瓜为主，雌花节多为双瓜。瓜短筒形，瓜色深绿一致，有光泽，无花纹，瓜把短，刺瘤稀，白刺，无棱。瓜长15～20厘米，单瓜重100克左右。丰产，每667米$^2$产量7000千克以上，周年生产产量可达到30千克/米$^2$。抗枯萎病、黑星病、角斑病等。耐低温弱光能力较强。

**(8)** 中农10号　植株生长势及分枝性强，叶色深绿，主侧蔓结瓜，瓜码密，丰产性好。抗霜霉病、白粉病、枯萎病等多种病害。瓜色深绿，略有条纹，瓜长30厘米左右，瓜粗3厘米，单瓜重150～

200 克。刺瘤密，白刺，无棱，瓜把极短，肉质脆甜，品质好。耐热，抗逆性强，在夏秋季高温长日照条件下，表现为强雌性，瓜码比一般品种密。每 667 米$^2$ 产量，春季 5000～6000 千克，秋季 3000～4000 千克。

**(9)** 中农 12 号　生长势强，主蔓结瓜为主，第一雌花始于主蔓 2～4 节，每隔 1～3 节出现一雌花，瓜码较密。瓜条商品性极佳，瓜长棒形，长度为 30 厘米左右。瓜色深绿一致，有光泽，无花纹，瓜把约 2 厘米，单瓜重 150～200 克。具刺瘤，但瘤小，易于洗涤，且农药的残留量小，白刺，质脆，味甜。早熟，从播种到第一次采收需 50 天左右。前期产量高，丰产性好，每 667 米$^2$ 产量 5000 千克以上。抗霜霉病、白粉病、黑星病、枯萎病、病毒病等多种病害，适于保护地和露地栽培。

**(10)** 中农 13 号　生长势强，主蔓结瓜为主，侧枝短，回头瓜多。第一雌花始于主蔓 2～4 节，雌株率 50%～80%。单性结实能力强，连续结果性好，可多条瓜同时生长。耐低温性强，在夜间 10～12℃下，植株能正常生长发育。早熟，从播种到始收 62～70 天。瓜长棒形，瓜色深绿，有光泽，无花纹，瘤小刺密，白刺，无棱。瓜长 25～35 厘米，瓜粗 3.2 厘米左右，单瓜重 100～150 克。肉厚，质脆，味甜，品质佳，商品性好。高抗黑星病，抗枯萎病、疫病及细菌性角斑病，耐霜霉病。每 667 米$^2$ 产量 6000～7000 千克，高产达 9000 千克以上。

**(11)** 中农 14 号　植株生长势强，叶色深绿，主侧蔓结瓜，第一雌花始于主蔓 5～7 节，每隔 3～5 节出现一雌花。瓜色绿，有光泽，瓜条长棒形，瓜长 35 厘米左右，瓜粗约 3 厘米，心腔小，单瓜重约 200 克，瓜把较短，瓜面基本无黄色条纹，刺较密，瘤小，肉质脆甜。抗霜霉病、细菌性角斑病、白粉病和黄瓜花叶病毒病。中熟，从播种到始收 55～60 天。丰产性好，亩产 5000 千克以上。

**(12)** 中农 15 号　长势强，主蔓结果为主，第一雌花始于主蔓 3～4 节，瓜码密。瓜色深绿一致，有光泽，无花纹，瓜把短，刺瘤稀，白刺。瓜长 20 厘米左右，单瓜重约 100 克。质地脆嫩，味甜。丰产，每 667 米$^2$ 产量可达 7000 千克以上。抗枯萎病、黑星病、霜霉病和白粉病等，耐低温弱光能力较强。

**(13)** 中农 16 号　中早熟，植株生长速度快，结瓜集中，主蔓结瓜为主，第一雌花始于主蔓第 3～4 节，每隔 2～3 片叶出现 1～3 节雌花，瓜码较密。瓜条商品性及品质极佳，瓜条长棒形，瓜长 30 厘米左右，瓜把短，瓜色深绿，有光泽，白刺较密，瘤小，单瓜重 150～200 克，口感脆甜。熟性早，从播种到始收为 52 天左右，前期产量高，丰产性好，每 667 米$^2$ 产量，秋棚 4000 千克以上。抗霜霉病、白粉病、黑星病、枯萎病等多种病害。

**(14)** 中农 19 号　长势和分枝性极强，顶端优势突出，节间短粗。第一雌花始于主蔓 1～2 节，其后节节为雌花，连续坐果能力强。瓜短筒形，瓜色亮绿一致，无花纹，果面光滑，易清洗。瓜长 15～20 厘米，单瓜重约 100 克，口感脆甜，不含苦味素，富含维生素和矿物质。丰产，每 667 米$^2$ 产量最高可达 10000 千克以上。抗枯萎病、黑星病、霜霉病和白粉病等。耐低温弱光。

**(15)** 中农 21 号　生长势强，主蔓结瓜为主，第一雌花始于主蔓第 4～6 节。早熟性好，从播种到始收为 55 天左右。瓜长棒形，瓜色深绿，瘤小，白刺密，瓜长 35 厘米左右，瓜粗 3 厘米左右，单瓜重约 200 克，商品瓜率高。抗枯萎病、黑星病、细菌性角斑病、白粉病等病害。耐低温弱光能力强，在夜间 10～12℃以下，植株能正常生长发育。适宜长季节栽培，周年生产每 667 米$^2$ 产量达 10000 千克以上。

**(16)** 津春 2 号　天津科润黄瓜研究所选育。早熟，单性结实能力强；抗霜霉、白粉能力强；植株生长势众中等，株型紧凑，以主蔓结瓜为主，叶色深绿，叶片较大厚实，每 667 米$^2$ 产量可达 5000 千克以上。瓜条棍棒形，深绿色，白刺较密，棱瘤较明显，瓜条长 32 厘米左右。单瓜重 200 克左右，把短，肉厚，商品性好。适宜早春大棚栽培。

**(17)** 津春 3 号　植株生长势强，茎粗壮，叶片中等，深绿色，分枝性中等，较适宜密植。瓜长 30 厘米左右，棒状、单瓜重 200 克左右，瓜色绿，刺瘤适中，白刺，有棱，瓜条顺直，风味较佳。每 667 米$^2$ 产量 5000 千克以上。适宜越冬日光温室栽培。

**(18)** 津春 4 号　抗病能力强，植株生长势强。瓜条棍棒形，白刺、棱瘤明显，瓜条长 30～50 厘米，单瓜重 200 克左右。瓜条绿色偏深，有光泽。适宜露地栽培。

**(19)** 津春 5 号　早熟，兼抗霜霉病、白粉病、枯萎病三种病害。瓜条深绿色，刺瘤中等。瓜长 33 厘米，横径 3 厘米，口感脆嫩，商品性好。每 667 米$^2$ 产量可达 4000～5000 千克。适宜早春小拱棚及秋延后栽培。

**(20)** 津优1号　抗病，高产，商品性好，瓜条顺直，瓜把短，腔小肉厚，耐低温，秋棚种植可延长收获期，适宜大棚栽培。

**(21)** 津优2号　早熟、耐低温、耐弱光，高产，抗病。植株长势强，茎粗壮，叶片肥大，深绿色。瓜码密，不易化瓜，瓜条长棒状，深绿色，适宜早春日光温室栽培。

**(22)** 津优3号　抗病性强，丰产性好，耐低温、耐弱光，商品性好。瓜条顺直，瓜把短，瘤显著，密生白刺，适合越冬日光温室栽培。

**(23)** 津优4号　抗病、高产、较耐热，商品性好，植株紧凑，长势强。叶色深绿，主蔓结瓜为主。抗病性好，适宜露地栽培。

**(24)** 津优5号　早熟性好，抗霜霉病、白粉病、枯萎病能力强，耐低温、弱光，瓜条棒状、深绿色，有光泽，棱瘤明显，白刺，商品性好。适宜早春日光温室栽培。

**(25)** 津优10号　生长势强，早熟、抗病、优质、丰产。瓜条长36厘米左右，深绿色，有光泽，商品性状好，适宜早春、秋大棚栽培。

**(26)** 津优11号　杂交一代，植株生长势强，叶片浓绿，中等大小，属雌花分化、对温度要求不敏感类型，秋延后第1雌花节位在7～8节，表现早熟，雌花节率高达30以上。成瓜性好，瓜条深绿、顺直，刺瘤明显，瓜长33厘米，横径3厘米，单瓜重180克，畸形瓜率低，瓜把小于瓜长1/7，果肉淡绿色，口感脆嫩，固形物含量高，品质优。前期表现耐高温兼抗病毒病，后期耐低温，可延长收获期。抗黄瓜霜霉病、白粉病、枯萎病等多种病害，适于秋延后大棚栽培，每667米$^2$产量4500千克。

**(27)** 津优12号　植株长势中等，叶片深绿色，对黄瓜霜霉病、白粉病、枯萎病和病毒病具有较强的抵抗能力。以主蔓结瓜为主，回头瓜多。瓜条顺直，长棒状，长约35厘米，单瓜重约200克，商品性好，瓜色深绿，有光泽，刺瘤明显，瓜把小。果肉淡绿色，质脆，味甜，品质优，维生素C含量高。适合在华北、东北地区春季大棚和秋季大棚中栽培。在大棚中春季栽培每667米$^2$产量可达6000千克，秋季栽培可达3500千克。

**(28)** 津优13号　杂交一代，植株长势中等，叶片中等大小，早熟，第1雌花节位出现在第6节左右，雌花节率高。瓜条长35厘米左右，单瓜重220克，瓜条顺直、深绿色、有光泽，刺密、瘤明显。果肉淡绿色、质脆、味甜，可溶性固形物含量3.5以上，品质优。耐高温能力强，在最高温度为34～36℃条件下能够正常结瓜，畸形瓜率低。抗病性强，兼抗霜霉病、白粉病、枯萎病、黄瓜花叶病毒病和西瓜花叶病毒病等病害。丰产性好，耐低温能力较强，生育前期高温条件下表现良好，可提前播种，提高前期产量，后期较耐低温，可延长收获期，提高总产量。秋大棚栽培每667米$^2$产量4000千克左右。

**(29)** 津优20号 植株长势强，雌花节率高，瓜条顺直、深绿，刺瘤密，商品性好。质脆味甜，品质好。耐低温、弱光，喜大肥大水，抗病丰产。适宜早春日光温室栽培。

**(30)** 津优30号 植株生长势强，雌花节率高，瓜条顺直，深绿色，刺瘤密，棱明显，商品性好。耐低温、弱光能力强，抗病丰产。适宜日光温室栽培。

**(31)** 津优31号 植株生长势强，茎秆粗壮，叶片中等，以主蔓结瓜为主，瓜码密，回头瓜多，对黄瓜霜霉病、白粉病、枯萎病、黑星病具有较强的抵抗能力。耐低温、弱光能力强，在连续多日8～9℃低温环境中仍能正常发育。瓜条顺直，长棒形，长约33厘米，深绿色，有光泽，瓜把短，刺瘤明显，单瓜重约180克，心腔小，质脆，味甜，商品性状好。生长期长，不早衰，是越冬温室栽培的理想品种，每年11月下旬开始采摘，直至翌年5月下旬，每667米$^2$产量可达10000千克。

**(32)** 津优32号 植株长势中等，侧枝较少，对黄瓜四大病害（霜霉病、白粉病、枯萎病、黑星病）具有较强的抵抗能力，瓜条棒状，顺直，心腔小。果肉淡绿色、质脆、味甜、品质优、维生素C含量高，耐低温、弱光能力强，在6℃低温条件下仍能正常结瓜，植株生长后期耐高温能力强，在34～36℃条件下亦能结瓜，栽培生育期可达8个月，不早衰，丰产性好，每667米$^2$产量可达10000千克。适合在我国华北、东北、西北地区日光温室中做越冬茬黄瓜栽培。

**(33)** 春秋王 设施专用品种，欧洲迷你型，纯雌性，生长势强，持续结瓜能力强，耐低温、弱光及高温，春、秋季均可栽培，高抗白粉病、抗霜霉病能力，瓜长15～18厘米，果形指数4.9，单瓜重120克左右。瓜条亮绿色，口感脆嫩。现代化温室一年四季均可种植，上海地区春季无加温设施栽培于1月上旬至2月中旬播种育苗，2月中旬至3月上旬定植，其他地区可根据当地气候适当调整播种期。该品种为光温不敏感型，夏秋高温季节也可种植。

**(34)** 沪杂6号　设施栽培用华南型黄瓜新品种，雌性型，雌花节率98%以上，第一雌花节位低，节成性强，抗霜霉病及白粉病，耐低温弱光性强，早熟性好，瓜绿色，黑刺较多，瘤较大，瓜把不明显，单瓜重170克左右，瓜长26厘米左右，果肉厚，肉质脆，栽培中应加强肥水管理，适时采收，以防止尖瓜、弯瓜等畸形瓜出现。春季栽培每667米$^2$产量4700千克以上。

**(35)** 绿秀1号　水果型黄瓜，甘肃省农业科学院蔬菜研究所选育。长势中等。雌花着生于主蔓第1～2节，其后节节为雌花，连续结果能力强。瓜条短筒形，瓜色绿，果实表面光滑，色泽均匀一致，无花纹，易清洗。瓜长15～18厘米，单果重约100克。口感脆甜，肉质细，适宜作水果黄瓜。保护地栽培一般每667米$^2$产量7500千克。适宜的茬口有日光温室越冬茬、冬春茬和春季塑料大棚栽培。

**(36)** 甘丰11号　甘肃省农业科学院蔬菜研究所育成的一代杂种。植株长势较强，综合抗病性突出，耐低温弱光、耐盐。播种至采收为68天左右，2～4节着生第一雌花，坐瓜率高。瓜条生长速度快，色深绿、棱刺明显，瓜长32.7厘米，单瓜重平均250克，瓜把短。一般每667米$^2$产量6000千克。

**(37)** 北京101　北京蔬菜研究中心选育。早熟丰产型，耐低温弱光，坐瓜率高，抗霜霉病和白粉病能力强，品质好，味甘甜。

**(38)** 北京102　早熟丰产型，耐低温弱光，生长势强，单性结实能力强，抗霜霉和白粉病能力强，品质好，质脆，味甜，香味浓，外观及食用品质好。

**(39)** 北京202　早熟，适合春秋大棚及秋延后大棚栽培，抗病，高产，品质好，适应性广。

**(40)** 北京203　适于春秋大棚种植，结瓜早，发育速度快，抗霜霉病，白粉病和枯萎病能力强，品质好，质脆，商品性好。

**(41)** 北京204　适宜春秋大棚，秋延后及春露地种植，瓜长35厘米，刺瘤明显，色泽深绿，品质好，抗病性强，秋季种植可免喷“增瓜灵”等激素，全国范围均可种植。

**(42)** 北京301　适于秋大棚及秋延后大棚栽培，瓜条顺直，生长速度快，产量高，抗霜霉病、白粉病，角斑病及枯萎病能力强。

**(43)** 新北京401　适宜春秋露地及秋大棚、秋延后种植，瓜长37厘米，小刺瘤，深亮绿，小心室，品质好，产量高，抗病性强，可兼作腌渍黄瓜，出菜率高，全国范围均可种植。

**(44)** 京研迷你2号　光滑无刺型短黄瓜，杂交一代，植株全雌，每节1～2条瓜，无刺，味甜，生长势强，耐霜霉病、白粉病和枯萎病，瓜长12厘米，心室小，色泽翠绿，浅棱，味脆甜，适宜生食。可周年种植，为丰产型水果黄瓜。适宜越冬加温温室、春温室及春秋大棚种植。

**(45)** 京研迷你4号　水果型黄瓜杂交一代，冬季温室专用品种，耐低温、弱光能力强，全雌性，生长势强，抗病性强，瓜长12～14厘米，无刺，亮绿有光泽，产量高，品质好，注意防治蚜虫与白粉虱，以免感染病毒病，适宜在长江以北地区种植。

**(46)** 翠玉黄瓜　杂交一代，白绿色黄瓜品种，适宜春秋大棚及春露地种植，植株生长势中等，耐霜霉病、白粉病、角斑病，瓜长12～13厘米，无刺，嫩白绿色，表面有细小黑刺，无瘤，心室小，品质好，具独特香味，非常适宜鲜食，可作为节假日高档礼品菜，产量较高，每667米$^2$产量5000千克。白色水果型黄瓜，适于春秋保护地及秋延后种植。

**(47)** 春华1号　青岛市农科院蔬菜所选育。优质、高产华南型黄瓜一代杂种。植株长势强，叶色深绿，主蔓结瓜为主，主、侧蔓同时结瓜。瓜短圆筒形，皮浅绿色，瓜条顺直，瓜表面光滑无棱沟，有光泽，刺瘤白色，小且稀少。平均瓜长17.4厘米，横径3.3厘米，3心室，平均单瓜质量137.5克，瓜把长1.7厘米，小于瓜长的1/7，肉厚占横径的比例为61.2%。雌花节率在90%左右。田间表现中抗细菌性角斑病、抗霜霉病及白粉病。商品性好，风味品质优良。每667米$^2$产量5800千克左右，适于春露地栽培。

**(48)** 沈春1号　沈阳市农业科学院选育。杂交一代。瓜长约30厘米，三心室，绿瓤，果皮深绿色；中刺瘤，高抗霜霉病能力，兼抗白粉病和枯萎病，雌花率55%左右，前期产量高，适合沈阳、大连、吉林及山东、河北等地春季提早栽培。每667米$^2$产量约为5000千克。

**(49)** 露丰　江苏省农科院蔬菜所培育的品种。植株生长势强，瓜色深绿，刺瘤明显，白刺，瓜长40～50厘米，单瓜重200～250克。主、侧蔓均可结瓜，第一雌花始于6～7节，抗霜霉病、白粉病、枯萎病。适于春季小拱棚栽培。每667米$^2$产量5000千克以上。

**(50)** 东农803　东北农业大学园艺学院选育。杂交一代黄瓜品种。植株生长势强，株高2米左右，分枝性中等，主蔓结瓜为主，节成性好，抗病性强。瓜长16～18厘米，瓜粗2～2.5厘米，单瓜质量100～120克，果皮墨绿色，光滑少刺、有光泽，心腔小于瓜粗的1/2，清香味浓，口感好。可溶性固形物3.54%，果实整齐、商品性好。抗霜霉病、白粉病，较抗枯萎病。每667米$^2$产量2800千克。适于黑龙江省栽培。

**(51)** 博亚5240　天津德瑞特种业公司选育。植株生长旺盛，温室生产其生长期可达8～10个月。茎粗壮，直径1厘米，每节均可着生雌花，连续结果能力强。在温室生产中植株可长至10米，每株结瓜50～60条。叶片大，肥厚，浓绿色。瓜条顺直，圆棒状，有光泽，长40厘米，瓜把短，横径3厘米，略带甜味。耐低温弱光，抗霜霉病、白粉病及角斑病能力强，适于华北、京津地区保护地栽培。每667米$^2$产量8000千克。

**(52)** 津棚90　民生种子开发中心选育。生长势强，较耐低温弱光。主蔓结瓜为主，侧蔓也有结瓜能力，第1雌花着生于3～4节，单性结实性强。瓜条顺直，瓜长35厘米左右，皮色深绿，有明显光泽，刺密、瘤中等、果肉淡绿色，质脆、味甜，品质极佳，耐贮运，货架寿命长。抗霜霉病、白粉病、枯萎病、角斑病等。越冬茬每667米$^2$产量15000千克左右。适宜全国各地温室栽培。华北地区越冬茬播期为9月下旬至10月下旬，早春茬应在12月上旬至翌年1月上旬播种。其他地区应根据当地气候条件相应调整。

**(53)** 凤燕小黄瓜　农友（中国）公司选育。早生，茎蔓粗壮，生长势强，耐病毒病和炭疽病，结果力强，分枝性强，雌花发生多，果实端正直美，果色淡绿，果粉多，白刺，适收时果长约20厘米，果重约100千克，品质优，产量高。

**(54)** 蜜燕小黄瓜　生育强健，主蔓和侧蔓全生雌花，结果特早，产量高。适收时果长约13.5厘米，横径约4厘米，果重约140克，果型端直，果色青绿光亮，果面平滑，果刺白色细少，外观优美。肉质脆嫩，有甜味。

**(55)** 美国小黄瓜　美国引进的黄瓜优良品种，一般作为腌渍初加工出口日本。果形长8.5～14厘米，直径3.4～4厘米。植株长势健壮、旺盛，叶片大，分枝、坐果能力强，根系发达，分布在地表30厘米以内土层，以横向生长为主，再生能力差，适合透气性好的沙质土壤。

**(56)** 扬州乳黄瓜　是驰名中外的名特产蔬菜，栽培历史约千年，是鲜食、加工腌制兼用品种。乳黄瓜植株攀缘生长，茎细，节间短，分枝少，第一雌花着生于1～3节，雌花节率在80%以上。植株长势中等，瓜长棒形，无刺瘤。早熟，以主蔓结瓜为主。果肉厚，肉质致密，种子腔小，种子少，适宜腌制和加工。抗寒力弱。适于早春大棚栽培，较抗蔓割病，但抗霜霉病、炭疽病能力较差。

**(57)** 绍兴小黄瓜　植株分枝多。早熟、花多，第一雌花着生于2～3节，每节有2～3朵花，果实及时采收。其产品果小、刺密、棱小、质地脆嫩，适于嫩果加工腌制，装罐作出口商品。

**【营养土配制】** 园土4份、8成腐熟的牛粪4份、腐殖酸肥2份拌菌剂0.5千克、磷酸二氢钾1千克，混匀过筛装入营养钵或整理成阳畦待播，这样营养合理，透气性好，土团不易松散。也可利用复合基质（8成腐熟的牛粪2份、泥炭5份、蛭石3份）加磷酸二氢钾1千克，装入穴盘育苗。切忌施用杀菌剂、未腐熟粪肥和化肥。

**【浸种催芽下种】** 种子消毒是预防蔬菜病虫的方法，经济有效，可应用天然物质消毒和温汤浸种技术。天然物质消毒可采用高锰酸钾300倍液浸泡2小时、木醋液200倍液浸泡3小时、石灰水100倍液浸泡1小时或硫酸铜100倍液浸泡1小时。天然物质消毒后温汤浸种4小时。也可将种子冰冻或用55℃热水浸种，捞出用铜制剂消毒后投入30℃温水浸泡4～6小时。取新烧过的蜂窝煤粉碎过筛，放置盆中，将种子均匀播入，浸湿3天即可出齐。芽壮、耐寒、抗病、子叶大。授种时要搅水透气，勿使种子缺氧窒息而被烫死。待幼苗2叶1心时，从煤渣盆中起出，分栽入营养钵或阳畦，用有益生物菌或铜制剂拌硫酸锌700倍液灌根，防治猝倒病引起的死秧。以先用铜制剂、后用生物菌肥为好，不能同时混用。

穴盘育苗，可根据需要补充喷施0.1%尿素+0.1%磷酸二氢钾。

**【培育壮苗】** 黄瓜壮苗：幼苗发根能力强，栽后缓苗快。秧苗生长健壮，高度适中，大小整齐，既不徒长，也不老化。株型紧凑，茎粗壮，节间短，叶片舒展，色深绿而鲜艳，无病症。子叶和真叶都不过早脱落或变黄。除了壮苗外，与其相对应的是徒长苗、僵化苗、老化苗、病苗，这些苗统称为劣苗。徒长苗：茎细长，节间长，叶薄，色淡，叶柄细长，子叶早落，下部叶片往往提早枯黄，根系小。

在传统育苗中，常把叶色作为衡量秧苗壮弱的重要标志。习惯认为秧苗叶色越深越好，具有墨绿、紫绿、浓绿色叶片的秧苗才是壮苗。研究证实，上述叶片是低温下生长的表现。当秧苗经常处于10℃以下的低温环境中时，叶片内就会形成大量紫色的花青素，这些色素不仅加深了叶片的颜色，而且抑制了叶片中叶绿素的生理功能，是一种有害物质。凡是叶色过深的秧苗都有不同程度的僵化、老化现象。

因此，叶色过深不是壮苗的标志，而是僵化苗的表现。

**【嫁接育苗】** 黄瓜嫁接苗较自根苗能增强抗病性、抗逆性和肥水吸收性能，从而提高作物产量和质量。具体内容请参照本书第四章问题74。

**【花芽分化】** 黄瓜花芽在幼苗期分化。除雌性系外，一般早熟品种子叶展平时，已开始花芽分化，在叶芽内则分化出花原基，生长点只分化叶芽。黄瓜花芽分化经过无性、两性和单性三个时期。分化初期为无性时期，出现雌蕊为两性时期，最后向一方向发展形成单性花为单性时期。花芽性别的决定，除与品种遗传性有关外，主要取决于外界环境条件，利于雌性分化时，雄蕊发育停止，雌蕊发育形成雌花，反之则形成雄花。若环境条件在雌性分化或雄性分化途中偶然改变，或环境条件对雌、雄性的分化偶尔都适合时，则会形成两性花。低温短日照利于雌花形成，不仅雌花数目增多，而且着生节位降低，所以冷季育苗有利于雌花形成。

早熟黄瓜品种发芽后12天，第一片真叶展开时，主枝已分化出第7节，在第3～4节开始花芽分化。发芽后40天，具有6片真叶时已分化出第30节，第24节开始分化出花芽，已有10～14个雌花花芽。以日温25℃左右、夜温13～16℃最宜，短日照低夜温雌花形成早而多。昼夜高温（30℃），无论长日照（12小时以上）或短日照（6～8小时），均不形成或很少形成雌花；昼夜低温，日照长时雌花少，日照短可相对增加；昼温低、夜温高，无论日照长短，雌花基本不形成；但昼夜温度过低也很少形成雌花。地温以18～20℃为宜。所以苗期温度管理最好采用变温法。土壤湿润有利于形成雌花，苗床土肥沃，氮磷钾配合适当，多施磷肥可降低雌花节位，多形成雌花；而钾能促进形成雄花，应适量施用。苗期增加$CO_2$含量，光合作用增强，养分积累增多，有利于雌花形成。乙烯利、吲哚乙酸、矮壮素等，都有促进雌花分化的作用。如秋黄瓜育苗时，因温度高、日照长，昼夜温差小，可用乙烯利进行处理。

**【适宜棚室类型与结构】** 根据各地气候特点、茬口和实际生产条件，选择适宜温室、日光温室或塑料大棚。冬季覆盖聚乙烯紫光膜温度比绿色膜高1～2℃、透光率为5%～10%，适宜在4月份前高产优质栽培覆盖。利用聚乙烯三层复合绿色无滴膜做越冬栽培，透光性好，4月份后遮阳效果好，生长采收期长。早春茬或延秋茬宜选绿色聚乙烯无滴膜和白色膜，耐老化，不吸尘，成本低廉。冬季擦棚膜，夏季遮阳，可增产30%左右。例如，在山东、山西，越冬一大茬栽培黄瓜采用跨度为7～8米的矮后墙长后坡日光温室，室内最低温度保持在10℃以上，最低不能低于8℃。延秋茬、早春茬黄瓜生产可选用9～12米跨度日光温室，安排一年两作，容易获得高产、高效。越冬茬栽培宜采用黄瓜与南瓜嫁接，延秋茬或早春茬栽培可采用黄瓜自根苗。

**【肥料运筹】** 黄瓜的营养生长与生殖生长同时进行，且持续时间长，其生长快、结瓜多，需肥量大，喜疏松肥沃的土壤。但黄瓜根系分布浅，吸肥力弱。每1000千克黄瓜产品需肥量为：氮2.8千克、磷0.9千克、钾3.9千克、钙3.1千克、镁0.7千克，氮、磷、钾的吸收比例为1：0.6：1.3。黄瓜不同生育期对氮、磷、钾等营养元素的吸收率不尽相同，氮在黄瓜生长发育过程中有两次吸收高峰，分别出现在初花期至采收始期、采收盛期至拉秧期。黄瓜果实靠近果梗的果肩处易出现苦味，从栽培角度看，氮素过多、低温、光照和水分不足以及植株生长衰弱等都可导致产生苦味，因此，黄瓜坐果期既要满足氮素营养，又要注意控制土壤氮素营养的浓度。幼苗期是需磷的关键时期，苗期缺磷，后期追肥也难以补救。进入结瓜期，黄瓜对磷的需求剧增，而对氮的需求略减。因此，磷肥应尽量作基肥或种肥早施，应尽早开沟追施，施后灌水。黄瓜全生育期都吸钾。黄瓜对氮、磷、钾需求最大期为盛瓜期，其需求量约占总量的80%。黄瓜整个生育期每667米$^2$约需氮30千克、磷（$P_2O_5$）12千克、钾（$K_2O$）30千克，并要求土壤有机质含量高、通气性好。

影响黄瓜矿质营养吸收的因素主要有土壤温度、土壤水分含量、土壤酸碱度、土壤溶液浓度等。其根系营养吸收要求较高温度，吸收养分最快时地温在25～32℃，10℃以下吸收不能正常进行。在pH值高时，土壤呈碱性，易使铁、钙、镁、锌、铜及硝酸根生成沉淀，根系不易吸收。微酸性土壤较适宜黄瓜生长，因pH值过低时铝、铁、锰的化合物大量放出，会抑制根系发育。土壤中氧气的多少对根系吸收影响很大，缺氧时根系呼吸作用受阻，生长不良。含盐量高的土壤，溶液浓度超过一定限度（0.3%）时，影响各种有用元素的正常吸收。如土壤溶液中铵离子含量过高时影响钙离子的吸收，钙离子浓度过高影响镁离子的吸收，土壤中氯离子高时影响硝酸根和磷酸根的吸收。由于上述原因，有时土壤本来不缺少某种元素，而黄瓜可能有缺少某种元素的表现。

**【温度】** 白天设施内气温控制在25～32℃，前半夜18～16℃，后半夜10～12℃；地上与地下、营养生长与生殖生长平衡。小瓜少时，白天温度降至20～24℃以诱生幼瓜；小瓜多时，将温度升高到30～32℃促长大瓜。

**【水分】** 结瓜期要求空气相对湿度保持在85%。排湿宜通过棚室南缘和顶部的窗或缝隙进行。20℃以上即可浇水，生长中后期保持小水勤浇。要求保持土壤持水量为75%，共浇40次水左右。做到秧蔓不脱水，叶背少积水，可防止染病。每次浇水可按比例施生物制剂或钾肥，不要空浇清水。越冬茬、延秋茬迟盖地膜。早春茬栽苗时及时盖地膜，日光温室和大棚勿开底缝通风。

**【光照】** 光照下限为10000勒克斯，上限为55000勒克斯。如小瓜少，可创造低温、弱光、短日照环境以诱生幼瓜；小瓜多，可创造高温、强光、长日照环境提高产量。光照过强要遮阳；光照过暗，可吊灯、挂反光幕、施生物菌肥、擦拭棚膜增光。防止光照过强而灼伤叶片，光照过弱使根萎缩。

**【植株调整】** 注意适时绑蔓或吊蔓、落蔓、摘叶，冬至前后和5～7月低湿、高温期，将蔓落到1.3米左右，9～11月和翌年2～4月将蔓提高到1.7米左右，以充分利用空间，避免热害、冻害伤秧。摘除黄叶、老叶、过密叶、伤叶、病叶和腋芽，防止产生乙烯使植株加快衰老或浪费营养。

**【气体】** 日光温室冬春茬黄瓜生产，严冬季节很少放风，设施内$CO_2$不能像露地那样随时得到补充，必将影响光合作用。生产上可以通过增施有机肥和人工施放$CO_2$的方法得以补充。白天太阳出来1小时后，将夜间所产生的$CO_2$吸收，10时～12时进行人工补充$CO_2$。若施足碳素粪肥，可分次施EM菌等有益菌，可保证长期的$CO_2$需要。谨防过多施生鸡粪和人类尿产生氨气伤秧，造成栽培失败。

**【棚室生态防病】** 棚室黄瓜生态防治病害包括下面4项技术。

**(1)** 低温期加温技术　在北方冬春茬温室黄瓜栽培中，由于温度较低，黑星病、灰霉病等低温病害发生严重。研究表明，黄瓜灰霉病的发生与设施内低温期（设施内日平均温度在15℃以下）的出现次数有关，次数越多，发病越重；黑星病随低温、高湿频率的增高，发病加重，温度高于25℃时感病品种也具有抗性。因此，当棚内日平均温度低于15℃的低温期来临时应启用加温设备，使棚温升高，这样既可以防治黑星病、灰霉病，又有利于黄瓜增产。

**(2)** 叶露的生态调控　霜霉病、黑星病等的发生，与结露密切相关，在棚室设施创造适于黄瓜生长而叶面不易结露的环境，可以有效地控制病害的发生。具体做法是，早晨在室外温度允许的情况下，放风1小时左右以排湿；上午闭棚，温度增至28～32℃，但低于35℃，这样有利于黄瓜进行光合作用，并抑制霜霉病、黑星病、灰霉病的发生；下午放风，温湿度分别降至20～25℃和60%～70%，保证叶片上无水滴；傍晚再放风3小时左右，可减少夜间吐水50%左右；晚上闭棚后，温度降低到11～12℃，若夜间外界最低温度达13℃以上，除大风和下雨外可昼夜通风，保证不结露或结露不超过2小时。

**(3)** 高温闷棚　研究表明，温度在28℃以上，对霜霉病菌、黑星病菌、灰霉病菌、黑斑病菌产孢均不利，温度再高就可以杀死部分病原菌，从而起到有效地控制病害的作用。高温还能激活黄瓜体内的防御酶系，从而使植株能抵抗病原菌的侵染及扩展。高温闷棚的具体方法是：选晴天中午进行，为了防止黄瓜受害，可在前一天先浇水，第二天高温闷棚。闷棚前，棚内挂好温度计，高度必须与黄瓜生长点平行，不能放在地上或中部，最好在棚内的南北各挂一个温度表。中午闷棚，使温度上升到40℃，然后调节风口，慢慢地上升到45℃，稳定维持2小时后，由小到大逐步放风，慢慢降低温度。温度低于42℃效果不好，高于47℃则可能引起黄瓜生长点烤伤。所以高温闷棚过程要特别注意，若发现植株顶端下垂，应立即通风降温。闷棚后要加强肥水管理，使黄瓜长势良好。处理一次，可控制7～10天。

**(4)** 放风　在棚室黄瓜病害生态防治过程中，放风是一项关键技术。诸多的田间管理经验表明，放顶风病害轻于放底风，对于许多气传病害，如黄瓜霜霉病效果尤为明显，并且栽培前期用塑料膜制成的风筒放风，效果好于扒顶缝放风。

## 9．茄子栽培

### 9.1 错误做法 ✕

大棚茄子春季早熟栽培，品种选择不对路，在春大棚种植晚熟品种，种植又密度偏大，果实膨大前期肥水又过勤、过量，夜温偏高，植株疯长。大棚茄子春季早熟栽培，扣棚偏迟地温低，定植后，迟迟不缓苗，不发棵，叶片发厚，叶色变深，根系不旺。原因主要是定植时，棚内地温偏低，栽植时又伤根，从而影响根系的吸收功能，植株营养缺乏从而产生僵苗。春大棚种植紫茄，部分果面的果皮近绿色或果皮呈黄紫色，果面呈现紫白相间，果色斑驳型，茄子着色不良。

棚室建造或结构不合理，不能满足冬季茄子正常所需的环境条件，造成棚室极端最低气温常在8℃以下，甚至长期维持在3～4℃，不能满足冬季茄子生长的要求。

在日光温室冬季茄子生产中，往往超量或过量使用化学肥料，而忽视有机肥的投入，常造成土壤通透性差，氧气含量低，土壤温度偏低，蓄水、保肥能力差。致使苗子根系发育不好，地上部生长缓慢。土壤中的N素和P素过剩，形成离子间拮抗作用，影响其他微量元素的吸收，尤其是影响对钙、硼、铁离子的吸收，地上部分常形成生理性病害，表现为叶片皱缩，生长点坏死或心叶失绿。扣地膜过早，影响茄子根系正常发育，冬季控水、控肥、被动防病，影响深冬茄子增产潜力发挥。激素使用不当，新叶常遭受危害。在苗期不注重用生物菌铜制剂防止黄萎病，结果期死秧普遍，难以医治。

## 9.2 正确做法

**【品种与茬口】** 茄子根据果实形状分为长茄、圆茄、线茄和卵圆茄子，根据市场消费习惯选择相应品种。

**(1)** 早小长茄　济南市农业科学研究所育成的早熟杂交种。生长势中等，成株高70厘米，门茄着生于第6～7节，果实为长灯泡形，黑亮美观。肉质细嫩，种子较少。单果重250克左右。较耐弱光和低温，适于春季早熟栽培。

**(2)** 辽茄1号　辽宁省农业科学院园艺研究所育成。长茄品种。植株直立，成株高60厘米，茎叶肥大、绿色。果实长椭圆形，光泽好。果肉白色、细嫩，种子少，果皮鲜绿。适于春季早熟栽培。

**(3)** 沈茄1号　辽宁省沈阳市农业科学院育成。长茄品种。植株生长势中等，茎紫色。果实长25厘米，横径3～4厘米，果皮紫黑色，有光泽。单果重200克左右，果实生长速度快，前期产量高，经济效益好。适于棚室栽培。

**(4)** 新乡早茄　河南省新乡、郑州一带地方品种。长茄品种。株高70～80厘米，开展度60厘米，全株绿色，果皮青绿色，有光泽。门茄着生于第7节，果实长卵形，果肉白绿色，致密，品质好，单果重350克左右。早熟，定植后40～50天即可收获。适于露地及保护地栽培。

**(5)** 青选长茄　青岛市农业科学研究所育成。植株生长势强，中熟。果实长棒形，顶端渐尖，皮鲜紫色，有光泽。肉质细，籽少，品质较好。单果重约200克。较抗绵疫病和褐纹病，比较耐热抗涝。适于露地及保护地栽培。

**(6)** 齐茄1号　黑龙江省齐齐哈尔市园艺研究所育成。长茄品种。中熟，植株生长健壮，株高95厘米左右，门茄着生于第9～10节。果实细长，黑紫色，有光泽，单果重200～250克。抗黄萎病，耐低温。适于保护地栽培。

**(7)** 爱国者茄子　山东省农业科学院蔬菜研究所育成。长茄品种。植株长势中等偏强，茎及叶柄紫色，叶片近长圆形。门茄着生于第8～9节，果实长棒状，果肉白绿色，质地较紧实，品质好。果实紫黑色、有光泽，一般单果重300～350克，果实商品性较好。耐低温、弱光性较强，适于露地及保护地栽培，较抗灰霉病、枯萎病和绵疫病等病害。

**(8)** 济杂长茄1号　济南市农业科学研究所育成，中熟种。生长势强，9～10片真叶现蕾，每隔1～2片叶1花序，果实长棒形，果长30厘米左右，平均单果重400克左右。果色油黑发亮，无青头顶，果实紧密度较好，极耐运输。萼片紫色，品质极佳。耐弱光、低温，抗病高产，是拱圆大棚等春提早栽培专用品种。

**(9)** 德州小火茄　山东省德州市农家品种。圆茄品种。植株生长势中等，门茄着生于第7节，果实扁圆形，果皮紫红色，单果重450～500克。果肉致密，品质较好。适于春季早熟栽培。每667米$^2$可栽植3000～3500株。

**(10)** 北京五叶茄　北京市郊区农家品种。圆茄品种。植株生长势中等，门茄着生于主茎4～6节。果实圆球形，皮紫黑色，有光泽。果肉浅绿白色、致密、细嫩，单果重200～300克。植株耐寒性强，不耐涝，抗病性较差，适于春季早熟栽培。每667米$^2$栽植3500～4000株。

**(11)** 北京六叶茄　北京市郊区农家品种。圆茄品种。植株生长势中等，门茄着生于6～7节，早熟。果实圆球形，皮紫黑色，有光泽。果实肉质较致密，品质一般，单果重 300～400 克。不耐涝，抗病性较差。适于春季早熟栽培，每 667 米$^2$ 栽植 3500～4000 株。

**(12)** 天津快圆茄　天津市郊区农家品种。株高近 60 厘米，植株较为直立，株型紧凑。第 6～7 节着生门茄，果实正圆形，艳紫色，有光泽。果肉白色，品质好。单果重 400～500 克，果实膨大、生长迅速。耐寒性及抗病性较强，抗褐纹病和绵疫病。适于春季早熟栽培。

**(13)** 茄杂 2 号　中早熟一代杂种。圆茄品种。生长势强，连续坐果性好，单株结果数多。单果重 400～750 克。果色紫黑，有光泽，商品性好。肉质致密、细嫩，适于保护地栽培。

**(14)** 西安绿茄　西安市农家品种。中熟，7～8 叶现蕾。果实卵圆形，果皮绿色、有光泽，果肉白色，单果重 300～400 克。比较抗病，适于保护地栽培。

**(15)** 鲁茄 1 号　济南市农科所育成。早熟品种。生长势偏弱，成株高 70～80 厘米。叶片窄长，叶柄深紫色。茎较细，黑紫色，门茄着生于 6～7 节。果实为长卵形，皮黑紫色，肉质柔嫩，种子少，品质优良。坐果率高且集中，前期产量高，适于春季早熟栽培。每 667 米$^2$ 栽植 3000～3500 株。

**(16)** 黑珊瑚茄子　早熟杂种一代。生长势强，7～8 片真叶现蕾，每隔 1 片叶 1 花序，叶片狭长，茎及叶脉紫黑色，复花率高，坐果力强。果实细棒状，果长 30 厘米左右，平均单果重 300 克左右。萼片紫色，果色黑亮，着色均匀，无青头顶，商品性极佳。抗病、抗逆性强。适于保护地栽培，每 667 米$^2$ 栽植 2000～2200 株，双秆或三秆整枝。日光温室越冬周年栽培，每 667 米$^2$ 产量可达 12500 千克，宜重施有机肥作底肥。

**(17)** 双龙快茄　极早熟。前期、后期产量均高，生长旺盛，开张度中等，丰产性好。果实细长，长 30 厘米左右，果实种子少，肉嫩，品质极佳。果实紫黑色，油亮，采收期长，后期不易老化，商品性好。抗逆性强，耐弱光。适应早春保护地、露地及秋延后栽培。

**(18)** 以色列早茄王　早熟品种。抗病性强，耐热性佳，果实采收期长。株高 90 厘米，茎秆紫黑色，叶长卵形，绿色。定植后 55 天采收。果实长棒状，长 60 厘米左右。果皮深紫黑色，发亮，光泽度极佳，皮薄，肉质松软，品质优，商品性极佳。单果重350～500 克，产量高。

**(19)** 长茄 5 号　台湾全福种苗育成的品种。极早熟，品质好，产量高，易栽培，商品性极佳。植株生长势强，株型稍开张，叶稍大，分枝性中等，每花序 2～3 朵花。果实稍细长，长 30 厘米左右，果实条形均匀，黑紫色，色泽艳丽，新鲜感强，果皮薄而软，果肉细嫩，品质佳。前期产量高，色泽不良者极少。适合保护地及露地早熟栽培。

**(20)** 全福霸星　台湾全福种苗育成的品种。极早熟，前期产量高，易栽培，易丰产，商品性极佳。果实稍细长，长 30 厘米左右，果实条形、均匀、黑紫色，色泽艳丽，果皮薄而软，肉质细嫩，品质佳。生长势强，株型稍开张，叶稍大，分枝性中等，每花序 2～3 朵花。适合保护地及露地早熟栽培。

棚室越冬栽培的茄子生长期多在低温和寒冷季节，所以应选用耐低温、耐弱光、抗病、产量较高的晚熟品种。如沈茄 1 号、齐茄 1 号、黑珊瑚茄子等。一般于 7 月中下旬播种，7 月下旬至 10 月初定植，12 月开始进入商品果采收期。利用小拱棚进行提早栽培，宜选用耐低温、耐弱光、早熟丰产的品种。如北京六叶茄、鲁茄 1 号等优良品种。早春小拱棚栽培，一般在“小雪”前后，即 11 月中下旬播种，这个时期正值严寒冬季，最好用温室或温床育苗。因为苗床内气温和地温偏低，故易发生“僵苗”。秋延迟栽培茄子，产品主要供应秋冬淡季。由于茄子本身喜温暖、怕寒冷，而秋冬茬生长期间的温度条件是由热到冷，因此，栽培技术要求较高，应选择具有抗病、适应性广、耐低温，又抗高温和果实膨大快等特点的品种，一般于 6 月中下旬播种，8 月上中旬定植，苗龄 40～45 天。这茬茄子的育苗是在露地进行的，育苗时正值高温、多雨季节，不利于秧苗的生长发育，应选在地势高，能灌能排、土壤肥沃的地块育苗，为防止阳光暴晒和雨水冲淋，可在苗床上搭设简易棚覆盖。

**【营养土配制】** 若采用苗床育苗，可用腐熟牛粪 40%，园土 40%，腐殖酸磷肥 20%，拌有益生物菌肥 500 克。每 667 米$^2$ 备苗床 25 米$^2$，营养土与 45%生物钾 1 千克拌匀装入 8 厘米×10 厘米的营养钵，或做阳畦整平待播。无杂菌下种，床土疏松而不散墩，营养平衡。勿施化学氮肥和未腐熟粪肥。

**【种子处理】** 为了防止茄子种带病菌，提高种子发芽的整齐度，播种前一般都要进行种子处理。如晒种，即在浸种之前，将种子在太阳下暴晒 6～8 小时，晒 1～2 天，以促进种子后熟，提高种子发芽的整齐度。或者选择一种方法进行种子消毒，杀死种子所带病菌或钝化病毒。如在300～400倍甲醛溶液中浸泡10～15分钟，然后用清水洗净种子表面的溶液。用有效成分为0.1%的多菌灵溶液浸泡30分钟，捞出后反复冲洗。用50% DT500倍液浸泡20分钟，或用0.1%硫酸铜溶液浸种6小时，或用代森铵200倍液浸种20分钟。新收获的茄子种子具有休眠性，用0.05%的赤霉素液浸种6小时，然后催芽，能打破休眠，提高发芽率和发芽整齐度。

**【播种育苗】** 每667米$^2$需种量为50克。育苗的时期要根据栽培季节、栽培方式、保护设施、育苗的方式、方法以及育苗技术、茄子品种等多方面因素来决定。育苗天数（也就是日历苗龄）同温度水平密切相关。如山东省早春阳畦育苗需90～100天，日光温室内育苗需80～90天，若加地热线，60～70天即可育成。而秋延迟栽培，5～6月育苗则仅需60～70天。山西温室越冬栽培在7月至8月初下种育苗，两膜一苫栽培在9月份，早春大棚在10月下旬育苗。

把经过浸种的种子包入湿毛巾或湿麻袋片（种子不要包得太多），置于盆中。盆底用秸秆或竹竿搭成井字架，种子包放在架上面，不要接触盆底，以免影响通气。

种子包上面再盖上几层蒸煮过的湿毛巾，然后放在30℃环境下催芽，一般6～7天后即可出芽。种子萌动前，每天要翻动2～3次，使种子内外受热均匀，并排放出发芽过程中产生的二氧化碳气体。如发现种子发黏，应再清洗种子和包布。在催芽第3～4天时要淘洗种子1次。催芽温度如保持恒温，往往出芽不齐，最好对种子进行变温处理。方法是：每天在25～30℃条件下催芽16小时后，再移到20℃条件下催芽8小时。采用变温处理，一般4～5天即可整齐出芽。到50%的种子胚根外露时，即可播种。

先在畦内浇透水，水渗完后撒播，用固体EM菌500克拌土20千克覆盖种子，厚为0.8～1厘米。当幼苗具2叶1心的时候，分栽于营养钵内，或按8～10厘米见方栽入划好的格内，诱长深根早缓苗。

壮苗标准：生长健壮、无病虫害、生命力强、定植后能适应栽培环境条件的优质丰产苗。具体形态特征一般是：茎秆粗壮，节间较短。叶片大而厚，叶色正常，子叶和下部叶片不过早脱落和变黄。幼苗的根系发育良好，须根发达，幼苗生长整齐。这种苗可以适当早定植，加之花芽分化早而好，花芽发育好且花数多，定植后开花早、结果多、果实膨大快，因而可以获得早熟丰产，是取得较高经济效益的保障。

**【设施类型与结构】** 冬季及越冬栽培，宜选择长后坡矮后墙日光温室，保温性好。两膜一苫及早春拱棚栽培，各地根据实际情况选择适宜棚型。参照本书第四章问题 47～49。要做到开花授粉期棚内夜间最低气温保持在 13℃，白天气温可达 25～30℃。切勿采用大跨度日光温室，若棚室内在 10℃以下低温栽培茄子，易缺铜、钙引起真菌、细菌病害，根系受冻老化，产量低。

**【定植】** 按大行 80 厘米，小行 60 厘米，株距 50 厘米左右，每 667 米$^2$ 栽 1300～2000 株定植。矮小型品种可适当密植，最多可栽 2300 株；温室内、大型品种宜稀些，为 1300～1800 株。栽后以埋住营养土体为度。合理利用空间和阳光，中后期以地面能有 5% 直射光为宜。可在定植穴内按每 667 米$^2$ 施硫酸铜 2 千克拌碳酸氢铵 9 千克，防止黄萎病。

**【地膜覆盖】** 棚室茄子春季提早或越冬栽培的一个配套措施就是地膜覆盖。生产上的做法常是栽前先盖或栽后随即加以扣盖，以提高地温，促进早发根，快缓苗。为避免在膜下形成一个假的湿润层，可先施底肥深翻 40～50 厘米，活化土壤，创造一个利于根系深扎发展的土壤环境。再按定植行距开沟，在沟里浇大水使土壤深层有充分的水分，地皮发干可以操作时，在沟上扶起高垄，在垄上开沟或穴上进行栽苗。栽时浇定植水，缓苗后浇缓苗水，努力创造一个上干下湿的土壤环境，利用在定植前所创造的充足的底墒来诱导根系向深层发展。一般定植后 15～20 天再覆盖地膜。

**【浇水】** 栽后 1 小时浇 1 次透水，此后控水蹲苗，促扎深根。温室越冬栽培，冬前浇 1 次透水，防止干旱受冻伤根。开花结果期保持见干见湿，此期水分充足，产量高，寒冷季节温度在 20℃以上可浇水。根深长果实，根浅叶蔓旺，故应控秧促根。茄子结果期如植株不徒长，不要缺水，防止干旱受冻叶片黄化。棚室冬季 12 月中旬至 1 月下旬，浇水时水温尽量高些，或与浇水时的地温差距小些。若使用机井水，输送水渠道不要太长。如使用地上水，须将水先引入温室，在水池中预热后再浇灌。要把握浇水时间，在晴天进行，浇水后至少要保证能有 3～4 个以上的晴天。浇水在早晨揭苫后进行，以缩小地温和水温的差距，浇水后也有足够的时间来提高地温和排除水汽。水量不宜太大。有条件的采用膜下滴灌。

**【肥料管理】** 茄子是喜肥作物，土壤状况和施肥水平对茄子的坐果率影响较大。在营养条件好时，落花少，营养不良会使短柱花增加，花器发育不良，不易坐果。此外，营养状况还影响开花的位置，营养充足时，开花部位的枝条可展开 4～5 片叶；营养不良时，展开的叶片很少，落花增多。茄子对氮、磷、钾的吸收量，随着生育期的延长而增加。苗期氮、磷、钾三要素的吸收量仅为吸收总量的 0.05%、0.07%、0.09%。开花初期吸收量逐渐增加，从盛果期至末果期养分的吸收量占全期的 90%以上，其中盛果期占 2/3 左右。各生育期对养分的要求不同，生育初期的肥料主要是促进植株的营养生长，随着生育期的进展，养分向花和果实的输送量增加。在盛花期，氮和钾的吸收量显著增加，这个时期如果氮素不足，花发育不良，短柱花增多，产量降低。据试验，生产 1000 千克茄子需纯氮 3.2 千克、磷（$P_2O_5$）0.94 千克、钾（$K_2O$）4.5 千克，按每 667 米$^2$ 产茄子 5000 千克计算，需纯氮 16 千克，磷（$P_2O_5$）4.7 千克、钾（$K_2O$）22.5 千克。越冬栽培，若按一茬产 10000 千克设计投肥，需纯氮 32 千克，磷 9.4 千克，钾 45 千克。第一茬需施碳 1660～2000 千克，第二茬减少 50%，1 千克碳可供产鲜果、秆各 10 千克。秸秆含碳 45% 左右，堆积湿秸秆和家畜禽粪中大约含碳 25%。每 667 米$^2$ 施 3000 千克秸秆加 100 千克鸡粪，秸秆中含碳 1350 千克，含氮 0.45%合 13.5 千克，含磷 0.22%合 6.6 千克，含钾 0.57%合 17.1 千克。鸡粪中含碳 250 千克、氮 16.5 千克、磷 15 千克、钾 8.5 千克。两项合计碳 1600 千克、氮 30 千克、磷 21.6 千克、钾 25.6 千克，基本达到要求。注意 3 年以上的地块持平或减少用粪肥。鸡粪过多会造成氮多伤根死秧，磷多会使土壤板结。鸡粪要穴侧施或沟施。

基肥以腐熟的有机肥为主，均匀地撒在土壤表面，并结合翻地均匀地耙入耕层土壤。追肥：当“门茄”达到“瞪眼期”（花受精后子房膨大露出花萼时），果实开始迅速生长，此时进行第 1 次追肥，每 667 米$^2$ 施纯氮 4～5 千克（尿素 10 千克左右，或硫酸铵20～25 千克）。当“对茄”果实膨大时进行第 2 次追肥；“四面斗”开始发育时，是茄子需肥的高峰，进行第 3 次追肥。前 3 次的追肥量相同，以后的追肥量可减半，也可不施钾肥。

根据需要，还可进行叶面施肥，可将微肥稀释后对茄子叶面进行喷施，是一种经济有效的施用方法，喷施过程中要注意浓度要适宜。如 0.05%～0.25% 硼酸或硼砂溶液；0.02%～0.05% 钼酸铵溶液，

0.05%～0.2%硫酸锌溶液；0.01%～0.02%硫酸铜溶液；0.2%～0.5%硫酸亚铁溶液。喷施微肥的时期一般以开花前喷施为宜，应根据生育期的长短，以喷施2～4次为宜。为减少微肥在喷施过程中的损失，利于叶片吸收，应选择阴天或晴天的下午到傍晚时喷施，这样可延长肥料溶液在叶片上的滞留时间，有利于提高喷施效果。微肥之间混合喷施，或与其他肥料和农药混喷，可节省工序，起到"一喷多效"的作用。但混用时要注意弄清肥性和药性。各种微肥均不可与草木灰、石灰等碱性肥料混合，锌肥不可与过磷酸钙混喷，铜肥不可以与磷酸二氢钾溶液混喷。在与农药混合喷施时，要考虑肥效、药效的双重效果。一般来说，各种微肥都不可与碱性农药混喷。配制混合喷施溶液时，一般都是先把一种微肥配制成水溶液，再把其他药按用量直接加入配制好的微肥溶液中进行溶解。

**【温度】** 大棚茄子春季早熟栽培，茄子耐寒力弱，喜欢较高温度且耐高温作物。幼苗期要求白天22～25℃，夜间18～25℃。定植前10天提早扣棚，整地覆地膜，提高地温，棚内平均温度10℃以上，晴天20℃以上时，可选择晴天进行定植。为防止栽培时伤根，可采用营养钵育苗。如果要适当早植，可在棚内扣小棚，棚搭草苫，提高夜温，防止冻害。

开花结果期白天温度保持在25～30℃，前半夜18℃，后半夜12.8℃。前期防止温度过高要控秧促根，中期保夜温促授粉受精，后期防止夜温过高而使植株徒长。如夜温高，可迟盖草苫；反之，应早盖草苫以保温。阴天也应揭开草苫见光升温。

**【花果管理】** 保花保果，棚室冬季使用2,4-D，要掌握适宜的温度、适当的浓度和方法。沾花，时间最好在上午8时至9时进行，即使最冷的1月份也应在10时前沾花，要求最高气温不超过30℃，最好在25℃左右。浓度为0.002%～0.003%，药液中最好同时加入0.003%的赤霉素，防落花和促进果实生长的效果会更好，同时可减轻药液对新叶的危害。凡涂蘸过的花都不能重蘸，可在药液中加入广告色作为标记。幼苗期用硫酸锌700倍液点浇秧苗，生长期避免植株互相遮荫，使之均匀开花授粉。开花期在花蕾上喷硼砂700倍液（用40℃热水化开），促花粉粒饱满和散发。低温期喷硫酸锌1000倍液促柱头伸出以利于授粉受精。每667米$^2$可随水浇施入EM等有益菌剂1～2千克，以平衡土壤和植物营养。每节保证坐果1个。防止氮过多、夜温低易发生化蕾或僵烂果。

**【植株调整】** 越冬茄子栽培，植株调整是一项重要的管理措施。在门茄开始膨大时，要及时摘去门茄以下萌发的侧枝及下部的老叶，从而改善通风透光条件，减少养分的消耗，使养分集中促进果实的生长。下一步的整枝方法，要根据不同的品种类型使用不同的方法。对早熟品种多采用留三杈整枝，除留两侧枝外，在主茎第2、3花序下抽生的侧枝中再留1个侧枝共为三杈，基部的侧枝一律摘去。对生长旺盛的中熟和晚熟品种多采用二杈留枝法，即保留两个侧枝，并令其继续更替延伸，其余的侧枝摘去。进入结果中期，植株封行，植株下部老叶变黄，逐渐失去光合能力，且易感病，还影响通风透光，要及时带出棚外烧毁或深埋，在高度密植时，应进行疏枝和去弱枝。温室越冬栽培留门茄下近处两个粗壮侧枝，其他枝芽应及早摘除。两膜一苫和早春拱棚栽培的视枝叶拥挤度可留3～4个侧枝，以高温强光期叶片能遮盖地面95%为度。温室留两个头生长，每枝结7～9个果，株产16～17个果，待果重达300～500克时采收，每株产量为5～8千克。缺苗处利用两侧株可多留1～2个枝；每节留1个果，多余小果及早摘掉。

温室越冬栽培秧可高达1.8米，在1米高时，可用尼龙绳引蔓，将果下叶片全部摘掉，防止老叶产生乙烯使植株早衰。应注意通风透光，使营养不浪费。同时，要防止茎秆折断，以避免果实中钾素倒流。

“五看”剪叶，抑制植株徒长，提高茄子品质。具体做法是：一看品种剪叶。分枝能力强、枝叶繁茂的品种可多剪叶。分枝能力差、枝叶不繁茂的品种应少剪叶或不剪叶。二看长势剪叶。种植过密、植株生长繁茂、枝叶郁闭严重的可多剪叶，保持叶片稀疏均匀，利于通风透光。反之，种植较稀，植株生长正常或偏差，通风透光好的，可少剪或不剪。三看叶片剪叶。只剪下部叶，保留中上部叶；剪去病虫危害叶，保留生长正常叶；剪去黄叶、腐烂叶，保留健壮绿叶。四看天气剪叶。天气干旱少雨，少剪或不剪叶。多雨地区与多雨季节，应多剪叶。五看肥料剪叶。土质肥沃，施肥量大，氮肥多的应多剪；土壤瘠薄，施肥量不足，且多是有机肥或磷钾肥搭配适当的，应少剪叶。

**【病虫害防治】** 危害茄子的病虫害较多，主要有猝倒病、立枯病、黄萎病、褐纹病、绵疫病、菌核病、早疫病、灰霉病等病害，另外还有茄子畸形果等生理性病害。虫害有茶黄螨、红蜘蛛、蚜虫、白粉虱、小地老虎、棉铃虫等。各种病虫害可单独发生，也可多种同时发生。对病虫害要采取综合防治措施，贯彻预防为主、药物治疗为辅的方针。

请参照本书第四章问题50～54进行防治。

苗期病害主要有猝倒病和立枯病，请参照本书第四章问题76进行。

## 10. 辣椒栽培

### 10.1 错误做法 ✕

夏季育苗，易受高温多雨、干旱等天气影响，植株徒长，苗期不注重用铜制剂和生物制剂防治疫病，秧苗病虫害严重，造成育苗失败。高温期生产或育苗过程中，病毒病、蚜虫、菜青虫等病虫防治不及时，结果期大面积死秧，造成减产和品质下降。或者由于不注重喷施硫酸锌，结果期引起病毒病，缩秧缩果，减产30%～50%。一穴栽植几株，不注重施有机肥和钾肥，不打杈脱叶。栽植过密引起徒长秧，普遍造成减产。

### 10.2 正确做法 ✓

**【品种选择】** 根据辣椒消费市场和不同用途选择相应品种。例如，出口鲜食消费，包括甜椒和辣椒，甜椒主要有青椒、红椒、黄椒、紫椒、白椒等。甜椒果形为灯笼形，果大，高桩端正，四心室，果长8～15厘米，果面光亮，肉质脆，含水分大，果胎小，果柄粗。果肉厚0.5～1.0厘米，果色青色、深绿色、红色、金黄色、乳黄色、紫色、橘红色、棕色。便于长距离运输。辣味型辣椒，牛角形或羊角形，要求果形好，椒长15～20厘米。牛角形果肩径3～5厘米，三心室或二心室。羊角形果肩径2～3厘米，二心室。果尖径均在0.1～0.5厘米。光亮，果直，肉厚，色泽诱人，果色以绿色为主，可以有赤、橙、黄、乳黄、棕色等。辣味可以根据地方口味而定，辣椒的食用消费要注重消费市场的浓郁地方特色。作为调味品消费的辣椒、加工或工业用原料，宜根据其要求选用适宜类型品种。国内优良辣椒品种如下。

(1) 中椒5号　中早熟，连续结果性强，单果重80～100克，味甜，抗病毒病。每 667 米² 产量 4000～5000 千克。适于我国大部分地区露地早熟栽培，可在保护地种植。

**(2)** 中椒 7 号　早熟，果实灯笼形，果肉厚 0.4 厘米，果色绿，单果重 100～120 克，味甜质脆，耐贮运，耐病毒病和疫病。每 667 米² 产量 4000 千克左右。适于露地和保护地早熟栽培。

**(3)** 中椒 16 号　中熟，味辣，羊角形，青熟果浅绿色，老熟果红色，单果重 32 克左右。连续结果力强，商品性好，商品率高。每 667 米² 产量 4000～5000 千克，适于保护地和露地栽培。

**(4)** 中椒 26 号　中早熟，结果率高。果实长圆锥形，单果重 70～90 克。味甜质脆，可采收红椒。耐贮运，抗病毒病。每 667 米² 产量可达 4000～4500 千克。适宜保护地和露地栽培。

**(5)** 中椒 104 号　生长势强，连续坐果性好，中晚熟。果实方灯笼形，色绿，平均单果重：露地 130～200 克，保护地 200～250 克。味甜。抗病毒病，耐疫病。每 667 米² 产量可达 4000～6000 千克。适于全国各地露地栽培，也适于北方保护地长季节栽培。

**(6)** 中椒 107 号　早熟，定植后 30 天左右开始采收。果实灯笼形，平均单果重 150～200 克。果色绿，果肉脆甜。抗烟草花叶病毒，中抗黄瓜花叶病毒。每 667 米² 产量可达 4000～5000 千克。主要适于保护地早熟栽培，也可露地栽培。

**(7)** 甜杂 1 号　早熟，果长圆锥形，单果重 70 克左右，最大果 100 克，味甜，高产，耐病毒病，耐低温，耐运输，适宜保护地及露地早熟栽培。

**(8)** 甜杂新 1 号　早熟，果长圆锥形，味甜，面光滑，长 15.3 厘米，肉厚 0.5 厘米，单果重 96～130 克，耐病毒病，每 667 米² 产量 2500～5000 千克。适宜保护地及露地早熟栽培。

**(9)** 甜杂 3 号　中早熟，叶片深绿，果灯笼形，青熟果深绿色，单果 100 克以上，最大果 250 克，抗 TMV，耐 CMV 和病毒病，品质好，每 667 米² 产量 2500～4700 千克，适宜保护地及露地早熟栽培。

**(10)** 甜杂 7 号　中熟，果灯笼形，单果重 100～150 克，耐病毒病能力强，味甜脆，每 667 米² 产量 2200～4700 千克，保护地和露地栽培兼用。

**(11)** 都椒一号　中早熟，果实长羊角形，单果重 34 克，最大果 50 克，抗 TMV，耐 CMV，耐疫病，辣味中等，每 667 米² 产量 2200～5000 千克，适宜性广，宜保护地及露地早熟栽培。

**(12)** 京辣 1 号　中熟微辣，嫩果深绿色，成熟果深红色，耐贮运，单果重 90～130 克，商品性好，抗病毒病和青枯病。连续坐果能力极强，上、下层果实整齐一致。适宜南菜北运基地和北方保护地及露地种植。

**(13)** 京辣 2 号　中早熟，辣味强，鲜果重 20～25 克，干椒单果重 2.0～2.5 克，高油脂，辣椒红素含量高，高抗病毒病，抗疫病，是绿椒、红椒和加工干椒多用品种。

**(14)** 京辣 4 号　中早熟，味辣，嫩果翠绿色，耐贮运，商品性好，单果重 90～150 克，低温耐受性强，抗病毒病和青枯病。

**(15)** 京辣 5 号　中熟，味辣，嫩果深绿色，成熟果鲜红色，耐贮运，单果重 70 克，商品性好，坐果集中，耐热、耐湿，抗病毒病和青枯病。

**(16)** 京辣 6 号　中晚熟，味辣，嫩果绿色，成熟果红色，坐果集中，单果重约 70 克，商品性好，耐贮运，耐热，耐湿，抗病毒病和青枯病。

**(17)** 京甜 1 号　甜椒一代杂种。中早熟，嫩果翠绿色，成熟时红果鲜艳，糖和椒红素含量高，单果重 90～150 克，持续坐果能力强，抗病毒病和青枯病。

**(18)** 京甜 2 号　甜椒一代杂种。中熟，果实长方灯笼形，嫩果绿色，单果重 160～250 克，整个生长季果形保持较好，抗病毒病和青枯病。

**(19)** 京甜 3 号　甜椒一代杂种。中早熟，果实正方灯笼形，果实绿色，商品率高，耐贮运，单果重 160～260 克，低温耐受性强，持续坐果能力强，高抗病毒病，抗青枯病。

**(20)** 京甜 4 号　甜椒一代杂种。中早熟，果实绿色，单果重 160～250 克，耐贮运，整个生长季果形保持较好，抗病毒病和青枯病。

**(21)** 京甜 5 号　甜椒一代杂种。中早熟，果色为翠绿色，耐贮运，单果重 170～250 克，低温弱光耐受性强，持续坐果能力强，抗病毒病和青枯病。

**(22)** 黄星 1 号　彩椒一代杂种。早熟，成熟时由绿转黄，含糖量高，单果重 160～220 克，持续坐果能力强，抗病毒病和青枯病。

**(23)** 黄星 2 号　彩椒一代杂种。中熟，成熟时由绿转黄，含糖量高，耐贮运，单果重 160～270 克，抗病毒病和青枯病。

**(24)** 红星 2 号　彩椒一代杂种。中熟，果实成熟时由绿转红，含糖量高，耐贮运，单果重 160～270 克，果形保持好，抗病毒病和青枯病。

**(25)** 巧克力甜椒　彩椒一代杂种。中熟，成熟时由绿色转成诱人的巧克力色，单果重150～250 克，持续坐果能力强，抗病毒病和青枯病。

**(26)** 橙星 2 号　彩椒一代杂种。中熟，成熟时由绿转橙色，含糖量高，耐贮运，单果重 160～260 克，持续坐果能力强，抗病毒病和青枯病。

**(27)** 紫星 2 号　彩椒一代杂种。中熟，商品果为紫色，单果重150～240 克，持续坐果能力强，抗病毒病和青枯病。

**(28)** 渝椒五号　早中熟，长牛角形辣椒新品种。株型紧凑，生长势强。单果重 40～60 克。嫩果浅绿色，老熟果深红色，转色快、均匀。味微辣带甜，脆嫩，口味好。抗逆力强，中抗疫病和炭疽病，耐低温，耐热力强。坐果率高，结果期长，每 667 米$^2$ 产量 3000～4000 千克。可作春季栽培、秋延后栽培和高山种植。

**(29)** 新皖椒 1 号　中早熟，植株生长健壮，抗病毒病和疫病，平均单果重 80～120 克，青果为深绿色，辣味适中。老熟果为鲜红色。每 667 米$^2$ 产量 3500～4000 千克。适宜春秋两季栽培，宜秋延后栽培。

**(30)** 皖椒 1 号　中早熟，株型紧凑，分枝力强，嫩果绿色，老熟果大红色，单果重 80～100 克，辣味中等，品质好，商品性佳。抗病毒病和炭疽病，耐热耐湿。每 667 米$^2$ 产量 3500 千克以上，适宜春季小拱棚及露地、秋延大棚和南菜北运基地种植。

**(31)** 皖椒 4 号　早熟，分枝力强。果实耙齿形，青果深绿色，老熟果大红色，单果重 45～50 克，辣味中等，品质、口感及商品性均很好。抗病毒病和炭疽病，不易产生日灼，耐湿耐低温耐弱光。每 667 米$^2$ 产量 3500～4000 千克。

**(32)** 皖椒 8 号　长羊角形，青果黄绿色有光泽，老熟果为鲜红色。辣味较深，商品性极好。一般单果重 60 克左右，最大果达 80 克。每 667 米$^2$ 产量 5000 千克左右。抗病性、耐热性、耐湿性和耐寒性均很强。适合春夏季栽培。

**(33)** 皖椒 9 号　熟性中早，羊角形，生长势极强，抗病性极强。青果为黄绿色，老熟果鲜红色，果肉较厚，辣味浓，适于干鲜两用。

单果重70～80克，每667米$^2$产量5000～5500千克。耐贮运，适宜南菜北运基地和全国各地春、夏、秋种植。

**(34)** 湘研17号　中晚熟，果实灯笼形，果肩微凹，果顶凹，果面光亮，棱沟浅，青果绿色或浅绿色，成熟果鲜红色，平均单果重100克，挂果性强，坐果率高。耐热性、耐旱性及抗涝能力强，抗病。

**(35)** 湘研19号　早熟，果实粗牛角形，空腔小，适于贮运，品质佳。耐寒，抗病毒病、炭疽病、疫病能力强。每667米$^2$产量2500千克。

**(36)** 湘研20号　晚熟，生长势强，果实粗牛角形，果面光亮，青果绿色，成熟果鲜红色，平均单果重56克左右。果皮较薄，肉质软，口感好，味辣，以鲜食为主，耐贮运。每667米$^2$产量3000～5000千克，抗病、抗逆性强，耐湿、耐热，能越夏栽培。适宜于北方大棚作晚熟延后栽培。

**(37)** 陇椒3号　早熟，生长势中等，果实羊角形，绿色，单果重35克，果面皱，果实商品性好，品质好。一般每667米$^2$产量3500～4000千克。抗病性强，适宜西北地区保护地和露地栽培。

**(38)** 陇椒6号　早熟，果实羊角形，单果重35～40克，果色绿，味辣，果实商品性好，品质优良，抗病毒病，耐疫病。一般每667米$^2$产量4000千克左右，适宜塑料大棚及日光温室栽培。

**(39)** 辣优4号　广州市蔬菜科学研究所选育。早熟，果实为牛角形，青熟，单果重35～50克，果色绿、果面光滑、味辣。品质及商品性状优良。抗疫病、青枯病、病毒病，耐热、耐低温、耐高湿，适应性强，在华南地区可春、秋、冬植。

**(40)** 淮椒2号　淮南农科所选育。极早熟，大果型，单果重35～60克。色深味辣，商品性好。抗性强，耐低温、耐弱光、耐高湿，高抗疫病。每667米$^2$产量3000～4000千克。适宜日光温室、塑料大棚越冬和极早熟栽培，中小棚春早熟栽培。

**(41)** 苏椒11号　江苏省农科院蔬菜所选育。早熟，分枝能力强，挂果多，膨果速度快，果表浅绿色。耐低温、耐弱光照。果实长灯笼形，果面微皱，光泽好。单果平均质量47.5克，味微辣，品质佳。抗病毒病，高抗炭疽病，每667米$^2$产量2600千克左右。适于全国各地早春保护地栽培，西南地区作早春露地地膜覆盖栽培或小拱棚栽培。

**(42)** 苏椒 12 号　中早熟，生长势强，果实羊角形，果条顺直，淡绿色，果面光滑，平均单果重 30 克。味辣，品质佳。抗病，耐贮运，连续结果能力强，每 667 米$^2$ 产量可达 3000 千克，露地和保护地栽培兼用。

**(43)** 苏椒 13 号　早熟，植株生长势强，叶色深绿色。果实高灯笼形，深绿色，平均单果重 145 克左右。青椒味甜，食用口味佳。抗病、抗逆性较强。每 667 米$^2$ 产量 2600 千克左右。抗病毒病、高抗炭疽病。适合长江中下游地区、黄淮海地区、东北、华北及西北等生态区域作早春保护地或秋季延后保护地栽培。

**(44)** 早丰 1 号　早熟，线椒类型，为干鲜两用椒，单椒质量 15～20 克，青椒浅绿色，老熟椒鲜红色，辣味强，干椒皱纹多，高抗病毒病、叶枯病，抗炭疽病，红熟椒适宜晒干、加工。

**(45)** 早丰 3 号　中早熟，线椒类型，为干鲜两用椒。青椒绿色，老熟椒深红色，光洁度好，辣味强，单株结果 40～70 个，单果重 15～25 克。果肉较厚，抗病毒病、炭疽病，每 667 米$^2$ 可产鲜红椒 2500～3000 千克。

**(46)** 豫椒 14 号　河南农科院园艺所选育。早熟，甜椒品种。果实绿色、灯笼形，单果重 100 克以上。耐低温，抗病毒病和青枯病，适宜塑料大棚保护地及早春露地栽培。

**(47)** 辽椒 12 号　辽宁省农业科学院园艺研究所选育。早熟，植株生长势强，单果重 80 克。果面光滑明亮，果厚实脆嫩，商品成熟为果绿色，生物学成熟为果红色，味辣，优质，具有较高的抗病毒病和耐疫病能力，适应性强，适于全国各地辣椒产区都可进行冬季保护地栽培或春季露地栽培。

**(48)** 冀研 5 号　早熟，大果型。植株生长势强，果实灯笼形，浅绿色，单果重 200～300 克，果面光滑而有光泽，抗病毒病和疫病，产量高，综合性状优，主要用于塑料大拱棚和日光温室春提前及秋延后栽培，可用于露地地膜覆盖栽培。每 667 米$^2$ 产量 4000 千克左右。

**(49)** 冀研新 6 号　早熟，大果型。植株生长势强，果实方灯笼形，绿色，单果重 200～300 克，果面光滑而有光泽，抗病毒病和疫病，产量高，综合性状优，主要用于塑料大拱棚和日光温室春提前及秋延后栽培，也可用于露地地膜覆盖栽培。每 667 米$^2$ 产量 4000 千克左右。

**(50)** 冀研 19 号　早熟，植株生长势强，果实长牛角形，浅绿色，单果重80～100克，果面光滑而有光泽，微辣，抗病毒病和疫病，产量高，综合性状优，主要用于塑料大拱棚和日光温室春提前及秋延后栽培，可用于露地地膜覆盖栽培。每667米$^2$产量3500千克左右。

**(51)** 九香　生育强健，抗病性好，易栽培，株形半开展，叶浓绿稍大，茎中粗，结果多，幼果浓绿，单果重约20克，肉厚硬耐贮运，果面光滑，果形端直，熟后鲜红，耐病，产量特高，辣味强。

**(52)** 美香　分枝性强，叶较小，早生，耐疫病、青枯病，结果力强，果形端直，果面平滑，青椒浓绿色，成熟后鲜红色，重约7.5克，果心小，肉薄，辣味强。

**(53)** 千惠　生育强健，株型高，半开展，耐湿，结果丰多，青果浓绿色，果形中细长，由果肩渐向下尖，果面光滑，果重约20克，辣味强，耐贮。

**(54)** 华星　早熟，植株生长势强，耐病性强。长方形果，果重约180～200克。青果绿色，熟后鲜红色，肉厚甜，可做色拉。定植后约50～55天开始采收青果。

**(55)** 西星牛角椒1号　中早熟，生长势强。果实呈粗牛角形，单果重150克左右，果面光滑无皱，商品性好，果肉厚，微辣，果色绿，成熟果红色，抗病、丰产性好，耐贮运。耐低温、弱光，适宜露地、保护地栽培。

**(56)** 西星牛角椒2号　中早熟，坐果率高，单果重75克左右，味较辣，果色绿。抗病、抗逆性好，适宜露地及保护地栽培。

**(57)** 西星椒5号　中早熟，生长势强。果实灯笼形，单果重160克以上，果肉脆嫩，微辣，果色绿，成熟果红色，果形美观，每667米$^2$产量可达5000千克左右。抗烟草花叶病毒病、青枯病，耐贮运。

**(58)** 辣秀一号　早熟，长势旺盛，坐果率高，抗病性强，产量高，青红干鲜两用。产量高，每667米$^2$产量达万斤以上。果皮薄，果色青绿，红果鲜艳，辣味浓，商品性好。

**(59)** 辣秀二号　早熟品种，生长旺盛，抗病力强，高产型品种。株型较大，青果绿色，微皱，果皮薄，含水量低。辣味浓，多用途辣椒品种。

**(60)** 辣秀九号　极早熟条椒品种。长势旺，抗病力强，辣味适中，皮薄质脆，食中无渣，品质优秀。青果浅绿色，红果鲜红色，果长24～28厘米，果粗1.5～1.7厘米。结果能力强，连续坐果好。

**(61)** 锦绣长香　早中熟、长势旺盛，特别耐湿，特耐高温，采收期长达6个月，高产品种，前、后期果型一致，青果绿色，微皱，皮薄，香辣味浓，品质佳，果长23～30厘米，果粗1.2～1.5厘米，前期采青椒，后期采红椒或作干椒均可。

**(62)** 福椒10号　中早熟，生长势强，坐果率高，连续坐果力强。高抗病力，耐热耐湿，抗逆性强，适应性广。果长方灯笼形，果色青绿，果面光滑，果肉厚，耐运，商品性好。单果重120克，最大可达200克。适宜南方秋冬椒及北方露地、保护地种植。

**(63)** 美春　极早熟，大果品种。耐低温弱光能力强。膨果速度快，产量高，效益好。果光滑亮丽，商品性优。果形方正，单果重250～350克。宜保护地种植。

**(64)** 福斯特808　极早熟，皮薄质脆优质辣椒品种。生长强健，坐果率高，耐低温，抗高温。单果重85～125克。果色浅绿，皮薄质脆，微辣，品质优。

**(65)** 福斯特899　早熟，优质，大果型品种。长势旺，抗病强，结果多，产量高。单果重150～220克。果色翠绿，微辣，商品性优。在不良气候条件下易坐果，且连续坐果性较好。

**(66)** 福斯特801　早熟，大果型，果色翠绿，单果重150～180克，大果250克以上。长势旺，抗病性强，连续坐果能力强，无断层。耐低温弱光，果色翠绿，膨果速度快，枝条硬。

**(67)** 福斯特803　极早熟，耐低温弱光，坐果率高，膨果速度快。果色翠绿，皮薄略皱，品质佳，商品性好，红果颜色好。单果重70～90克。适宜保护地栽培。

**(68)** 福斯特405　极早熟，耐低温弱光，长势旺。果实膨大速度快，果色浅绿，灯笼形，单果重50～70克，味微辣，品质佳。高抗病害，连续结果能力强，商品性好。适于冬季日光温室栽培。

**(69)** 福斯特406　极早熟，低温弱光坐果率高，膨果速度快。果色翠绿，皮薄略皱，品质佳，商品性好，红果颜色好。单果重70～90克。耐低温，适宜保护地栽培。

**(70)** 福斯特104　极早熟，连续坐果能力强，膨果速度快。抗病性强，果色翠绿，味微辣，品质好。单果重100～120克，大果可达150克以上。耐低温弱光。

**(71)** 福椒4号　极早熟，耐低温、弱光能力强，高抗病害，果实膨大速度快，连续结果性能优。果色翠绿，一般单果重 90～120 克，味微辣品质优秀，商品性佳。每 667 米$^2$ 产量可达 5000～7000 千克。适于全国各地保护地栽培和露地早熟栽培。

**(72)** 翠玉　早熟，长势旺，结果多，不早衰。抗病性特强，耐热耐湿性强，耐贫瘠土壤。果色翠绿，红果鲜红，单果重 80～95 克，味微辣，商品性好。露地、保护地兼用品种。

**(73)** 福椒二号　极早熟，抗病性强，低温不落花落果。坐果率高，连续坐果能力强。单果重 75 克左右。保护地、露地栽培兼用。

**(74)** 福椒五号　中熟，长势旺，坐果率高，连续坐果力强。抗逆性强，耐热耐湿，抗病性强。单果重 70 克，牛角形，果色浅绿，果面光滑，商品性好。露地越夏及秋延栽培均可。

**(75)** 福椒九号　极早熟，高抗病毒病，易栽培，好管理，耐低温，抗高温。坐果率高，连续结果能力强，青果深绿色，红果鲜红色，果硬，肉厚，微辣，商品性优，青红椒兼用。单果重 120～150 克，宜全国各地露地、保护地种植，每 667 米$^2$ 产量 4000～5000 千克。

**(76)** 红优一号　早熟，高抗病，适应性广，坐果率高，易栽培。耐热耐湿，果实膨大速度快。果深绿光亮，红果鲜艳，果肉厚，硬度好，耐贮耐运。单果重 80～120 克，大果可达 150 克。适宜秋延大棚及高山反季节作红椒栽培。

**(77)** 红优二号　中熟，青果绿色有光泽，老熟果为鲜红色。辣味适中，商品性极好。一般单果重 80 克左右，最大果达 100 克，每 667 米$^2$ 产量 4500～5000 千克。抗病性、耐热性、耐弱光性、耐湿性和耐寒性均较强。适合春季栽培、春露地越夏或秋延后和南菜北运基地栽培。

**(78)** 福斯特 20 号　中晚熟，果色深绿光滑，果肉厚，耐贮运，辣味柔和，红果鲜红色，贮运期长，商品性优。平均单果重 80～100 克。高抗病毒病、炭疽病，耐疫病能力强，耐热耐湿，连续结果能力强，采收期长，产量高。

**(79)** 华帝　早熟，超大果型牛角椒品种。低温坐果良好，高温生长不早衰。单果重 150～250 克。结果多，产量高，效益好。

**(80)** 福斯特 403　中熟，耐热，超大果。植株长势旺，耐热，抗病性强。坐果率高，连续坐果能力强，粗牛角形，果色浅绿，果大，果长 20 厘米，果粗 5.5 厘米，微辣，商品性好。适于露地及秋延栽培。

**(81)** 改良皖椒一号　中熟，青果绿色有光泽，老熟果为鲜红色。辣味适中，商品性极好。一般单果重80克左右，最大果达100克，每667米$^2$产量4500～5000千克左右。抗病性、耐热性、耐弱光性、耐湿性和耐寒性均较强。适合露地及保护地栽培。

**(82)** 新锐　早熟，长势旺，抗病性好，连续坐果能力强，产量高。耐低温弱光，低温弱光坐果率高，膨果速度快。果色浅绿，果长28～30厘米，果粗4.0～4.5厘米，品质佳。适于保护地栽培。

**(83)** 太空金龙　利用航空搭载定向诱变选育。早熟，长势强健，抗病性强。果皮黄绿光亮，单果重150克左右。耐低温，抗高温，坐果率高，连续结果能力强，产量高。

**(84)** 福美　早中熟，生长势强，坐果率高，高抗病害，耐热耐湿，抗逆性强。单果重90～110克，辣味适中。果色黄绿，果光滑顺直，果肉厚，果型优美，连续结果能力强，产量高，是商品性好的黄绿皮尖椒品种。适合南方秋冬椒栽培及北方地区露地、保护地栽培。

**(85)** 东方玉珠　中熟，长势旺盛，坐果率高，采收期长达半年。抗病性特强，耐热耐湿性好，抗逆性强。皮薄肉厚，质脆嫩，品质佳。果色黄绿光亮，红果鲜红，商品性好，耐贮运。单果重90～100克，辣味适中。适于露地越夏及南方夏秋反季节设施栽培。

**(86)** 福玉　早熟，坐果率高，连续结果能力强。果色黄绿光滑，商品性好，肉厚，耐贮运，品质佳。单果重120～150克。低温弱光坐果率高，适应性广，适于露地、保护地栽培。

**(87)** 福瑞　早熟，长势旺，抗病性强。果大，产量高，商品性好，品质优。果色浅绿，果长28～30厘米，果粗4.0～4.5厘米。适宜温室大棚种植。

**(88)** 长锐　早熟，植株长势旺盛，叶片中等，抗病性强，结果能力强。果色黄绿，圆柱形果，大果达150克以上。适宜温室大棚种植。

**(89)** 豪门　早熟，耐低温弱光，低温弱光下坐果率高，膨果速度快，连续坐果能力强。生长势旺，抗病性特强，产量高。果色黄绿，果光滑顺直，空腔小，肉厚耐运，商品性好。大果可达140克以上，味微辣。适宜保护地栽培。

**(90)** 福椒6号　早中熟，抗病性特强，坐果率高，连续结果性好。果色黄绿，果较直、较光滑，耐贮运，肉质细，品质较好。单果重50～60克，味辣。适应性广。

**(91)** 天玉一号　单生，朝天椒。乳白色，耐热性强，结果多，产量高，辣味香浓，果长5～7厘米，果粗0.5～0.9厘米，每株结果100～350个，宜腌制、加工。

**(92)** 天玉二号　大果，单生，朝天椒。早熟杂交一代品种，果长8～11厘米，果粗0.9～1.1厘米，青果浅黄色，成熟果鲜红色，皮薄，质脆，品质佳，耐低温，抗高温，适应性强。

**(93)** 天王星　簇生朝天椒。早熟，坐果率高，连续坐果能力强，产量高。朝天生长，结果多，每簇可结果10～14个，品质佳。果长6～7厘米，红果颜色鲜艳，辣味浓，商品性好。早熟性好，适应密植。

**(94)** 天王星3号　簇生朝天椒。中晚熟，植株高大，长势旺，分枝力强。坐果率高，连续坐果率强，每簇可结果10～14个，产量高。果长5～6厘米，果光滑，红果颜色鲜艳，商品性好，辣味浓。干椒、红椒两用型，适宜出口。

**(95)** 加利福608　早中熟，植株高大，长势旺盛，耐热抗病，结果多，果长12～14厘米，果粗2～2.5厘米，红椒鲜艳，辣味浓，适宜干红椒出口。

**(96)** 加利福609　早熟，青、红、干椒栽培均可。植株生长势强，高抗病，坐果率高，连续坐果力强。果光滑顺直，光泽度强，肉厚，果硬，耐贮运，商品性好。果长13～14厘米，果粗1.8～2.0厘米，红椒颜色鲜艳，辣味浓，易干，适合晒干红椒。

**(97)** 加利福688　早熟，结果多，干椒专用品种。生长强健，坐果率高。耐热，耐湿，抗病强。果型优美，红椒深红，油性大，商品性好。果长12～14厘米，果粗2.2厘米。

**(98)** 粤椒一号　早熟，果实粗牛角形，大顶、绿色、平均单果重46克，微辣，抗青枯病、炭疽病。每667米$^2$产量4500千克左右。

**(99)** 粤椒十号　中晚熟，果实粗羊角形，生长势强，果腔小，肉厚，单果重60克，果皮黄绿色，有光泽，红熟果鲜红，味辣。抗逆性强，抗病，耐贮运。每667米$^2$产5000～6000千克。

**(100)** 粤椒十五号　早熟，果实羊角形，黄绿色，果面光滑有亮泽，平均单果重50克，中辣，产量高，品质优良。每667米$^2$产量5000千克左右，适合全国各地栽培。

**(101)** 粤椒十九号　早熟，果实粗羊角形，绿色，果面光滑有光泽，平均单果重50克，中辣，产量高，品质优良，每667米$^2$产量5000千克左右，适合全国各地栽培。

**（102）** 福康早椒　极早熟，植株长势强，株型紧凑，坐果力极强，抗烟草花叶病毒病，果实粗牛角形，平均单果重60～70克，最大果重可达100克，果实绿色，光滑，味微辣，品质优良，一般每667米$^2$产量3500千克左右。适于春季辣椒栽培。

**（103）** 福康园椒　中早熟，植株长势强，坐果力极强，抗病毒病。果实灯笼形，单果重110克，果皮光滑、光亮、绿色，耐贮运，味甜，脆嫩，品质优良。每667米$^2$产量2500～3000千克。

**（104）** 福康尖椒　中早熟。植株生长势强，易坐果，抗病性强，果实浅绿色，羊角形，单果重40～50克，果皮光滑，光亮，耐贮运，味辣，品质优良。每667米$^2$产量4000～4500千克。适宜华南地区栽培。

**（105）** 华冠　早熟，牛角椒，果长20厘米，果肩宽7厘米，多马嘴形，平均单果重150克，大果可达250克以上。膨果速度极快，植株长势中等，抗病性强，单果坐果15个左右，产量极高，每667米$^2$产量可达7000千克。适合作早春、秋延、高山青椒专用品种，不宜留红果。

**（106）** 早辣王　早熟，尖椒。叶较小，叶色深，长势平稳。株型好，株高45厘米，开展度60厘米，首花节位8节左右。果实羊角形，果浅绿色，单果重55克以上，辣味极强，成熟椒颜色红且光亮，果皮薄，品质优。果形直，果腔小，挂果性强，抗病性好，耐高温高湿，易栽培。适合我国西南和华南地区栽培。

**（107）** 红艳　中早熟，植株生长势较强，叶较小。果实羊角形，嫩果深绿色，光滑有光泽，果直不弯曲，无果腔，果肉厚，成熟果深红色，色彩艳丽。高抗病毒病及其他病害，株型紧凑，每节挂果，结果集中，高肥水时每株可挂果150个以上。辣味强，商品性好。单果重15～16克，每667米$^2$产量3500千克。

**（108）** 江淮一号　早熟，始花节位9～10节，果实粗牛角形，果面光滑，平均单果重65克，最大单果重120克，果转红鲜艳且不易变软，红果在植株上挂果时间长。高抗病毒病及其他病害，长势稳健，坐果能力极强，每667米$^2$产量3000～4000千克，适于秋延后栽培。

**（109）** 江淮二号　中早熟品种，果实羊角形，味极辣，非嗜辣地区慎引入。果深绿色，植株生长势强，始花节位10～11节，平均单果重45克。适合嗜辣地区及各地长途运输栽培，每667米$^2$产量4000千克，高产稳产，抗热性强。对病毒病、炭疽病、疫病有很强的抗性。

**(110)** 江淮三号　早熟，植株生长势中等，始花节位10节左右，果实羊角形，浅绿色至淡黄色，色泽鲜艳，果面光滑，红熟快，耐低温耐湿，对病毒病、炭疽病、疫病抗性强。单果重50克左右，肉质细脆，味辣而不烈，耐运输，每667米$^2$产量3500千克。

**(111)** 江淮七号　中早熟，生长势强，第10节左右开始分枝，果实粗牛角形，浅绿色，平均单果重70克左右，最大单果100克，果肉较厚，耐运输，品质好，适合作高山栽培和秋延后反季节栽培。

**(112)** 绿丰　中早熟，植株生长势较强，叶较小，始花11节左右，连续坐果能力强，果实长粗牛角形，果皮绿色，果肉厚，果硬，单果重70克左右，辣味中等，果表极光滑，顺直无皱，果形整齐，极耐运输。耐低温、耐湿性强，抗病毒病、疮痂病，适应性广，每667米$^2$产量5000千克左右，产量高而稳定。适合早熟丰产栽培及秋延后露地栽培及反季节栽培。

**(113)** 脆丰　极早熟，植株生长势中，叶片较小，叶色中等，极易挂果且挂果早，早春低温下不会形成僵果。果长灯笼形，平均单果60克。果浅黄色，果面皱，肉质较脆，品质极佳，商品性极好，辣味中等，前期果实和产量表现突出。抗病中等，耐肥水，适应性强。

**(114)** 红日L3　中熟，植株生长势强，叶片小且叶色深绿，始花节位11节左右。连续挂果性强，椒条顺直，果实颜色深绿，单果重15克，肉厚无腔，不裂果，辣味适中，红果颜色鲜红，顺直光滑，采收期长，贮藏时间长，果不软，商品性好。适应性极强，耐湿耐热，高抗病毒病及青枯病。

**(115)** 玉美人　极早熟，黄皮辣椒，植株生长势平稳，极易挂果且连续挂果性极强。平均单果重65克以上，果面较光滑、果浅乳黄色，半透明，外观极美，肉质脆辣味强。膨果速度更快，适合保护地和露地栽培。

**(116)** 报晓　极早熟，低温弱光下挂果及果实膨大良好。植株生长势中等，始花7节左右。前期挂果良好，后劲足。果实前后期大小基本一致，果实粗牛角形，果面皱，果皮薄，果浅绿色，平均单果50克左右，果辣味较强，品质优，适合作早熟大棚栽培。

**(117)** 江艺天椒　早熟，果实羊角形，尖顶，辣味浓，植株长势较强，单株结果能力强且挂果集中，低温膨果速度快，果皮绿色，果面皱褶多，肉质极脆香辣，单果重 40～60 克，适合作大棚等保持地和露地栽培。

**【茬口】** 利用棚室，根据商品果采摘的时期，可以四季栽培季节划分为秋延迟茬、秋冬茬、越冬茬、冬春茬、春提早辣椒栽培等茬口。日光温室主要有秋冬茬、越冬茬和冬春茬等茬口。秋延迟茬和春提早茬口是以塑料大棚或多层覆盖保护地栽培。

例如，温室、日光温室辣椒越冬栽培，以甜椒类型的中晚熟品种为主。苗期耐高温，抗病毒病能力强，结果前期在低温、弱光下花器发育正常，坐果率高。耐低温、寡日照，畸形果率低，抗灰霉病能力强，植株生长势强，无限生长型。果实端正。结果后期在高温下坐果力强，果实形成快，连续结果能力强，生长势强，产量高。山东定植期在 8 月下旬至 9 月上旬，主要采收期在翌年的 1～5 月。此茬口历经苗期的夏季高温期、成株期的冬季严寒、采收末期的次高温期。

**【种子处理】** 播前将种子晒 2 天后放入清水中漂洗，晾干表面水分，用 1%硫酸铜溶液浸泡 15～20 分钟，或用 1000 倍多菌灵溶液，用清水冲去药物，加入 50～55℃的热水，边倒水边搅拌，待水温达到 30℃时停止，在 30℃处放置 12～20 小时，使种子吸足水分，待胚芽萌动裂嘴后播种。

**【育苗】** 棚室秋延迟茬越冬栽培，育苗一般在高温期间或高温后期，适当采取降温措施和防蚜虫、温室白粉虱传染病毒病是重要技术环节。可采用遮阳网进行遮荫育苗，播种后每日浇水 2 次，出苗后保持见干见湿，间苗 1～2 次，株间距保持 6～7 厘米，苗龄 1 个月左右，培育株高 20 厘米、株幅 15 厘米、叶片数 10 个以上、茎粗 0.4 厘米的无病壮苗。

春提早栽培，育苗期正值冬季最寒冷、日照最短的季节。苗床育苗时间 80～90 天，穴盘育苗时间 60～70 天，保温防寒、提高土温是最主要的中心工作，一般需要在温室、日光温室等设施内进行。注意辣椒苗期需要较高温度，根系吸水吸肥能力差，对地温适应范围窄，必须实施护根育苗、床土配制、地温控制、水分供应等。

**【定植】** 棚室越冬栽培每 667 米$^2$ 施用优质圈肥 4000 千克，深翻 30 厘米，整平做垄。可采用南北向大小行小高垄，大行距 70 厘米，小行距 50 厘米。先按垄距开沟，施入基肥，做垄，垄底宽 40 厘米，高10～15厘米。定植前10～15天，日光温室覆盖薄膜，并进行灭菌消毒。按株距30～40厘米栽植，待水渗下后封沟，将垄面整细后，覆盖地膜。每667米$^2$栽植2000～3000株。

注意实行合理密植，使群体受光均匀而不徒长。按地域和品种说明确定种植密度。

**【肥料管理】** 基肥做垄前施入。每667米$^2$施用腐熟鸡粪2000千克、过磷酸钙50千克、硫酸钾10～20千克和适量微肥。结果期追施45%生物钾22千克或草木灰（含钾5%）200千克，赛众28矿物复合营养10千克或固体EM菌10～25千克，即可满足生长需求。

**【病虫害防治】** 辣椒苗期病害主要有猝倒病、立枯病和沤根，以及成株期的灰霉病、枯萎病、茄果类疫病等病害。对病虫害要采取综合防治措施，贯彻预防为主、药物治疗为辅的方针。

请参照本书第四章问题50～54进行防治。辣椒僵果防治请参照本书第四章问题67进行。苗期病害主要有猝倒病和立枯病，请参照本书第四章问题76进行。

**【采收】** 鲜食辣椒，根据市场需求，分批采摘。鲜红椒采摘，采摘时，要分期分批进行，由下向上采摘一批，不要干、鲜混摘，以免降低优质辣椒效益。采收后应立即冷藏。干椒采摘，完熟期进行，即果实中的叶绿素全部消失，果实鲜红色，果实开始失水，色泽深红，果皮皱缩，触之辣椒发软，种子成熟饱满，可以收摘干椒，也可以在植株上待果实完全失水后才采收。

## 11. 番茄栽培

### 11.1 错误做法 ✕

育苗由于氮肥施用过剩、夜温高、密度大、多湿或缺肥等原因造成苗徒长，或是因昼夜温度低、干燥、肥料不足或根部发育不良等原因造成番茄苗老化，造成低产。

定植密度大，冬春茬浇水频，易染晚疫病；夏秋茬不施用锌、铜、硅、钼营养素，易染虫害和病毒病；多数人用有机肥注重单施鸡粪，结果造成碳素不足，氮、磷过剩造成普遍减产。

### 11.2 正确做法 ✓

**【类型与品种】** 鲜食番茄，要求生长势旺盛，坐果率高，丰产性好，耐寒、耐热性强，抗病虫能力强。果实球形或扁球形，大红色，口味好，质地硬，耐运输，耐贮藏；而且大小均匀一致，一般平均单果重180～250克；外形美观，商品性好，商品率达98%以上。樱桃番茄要求风味好，果实大小均匀，耐贮运。加工番茄，要求果实鲜红，茄红素含量高，固形物含量高，抗裂性好。胎座红色或粉红色，果实红熟一致，糖酸比合适，果胶物质含量高。棚室番茄以鲜食为主。

番茄分为有限生长（自封顶）及无限生长（非自封顶）两种类型。有限生长类型，植株主茎生长到一定节位后，花序封顶，主茎上果穗数增加受到限制，植株较矮，结果比较集中，多为早熟品种。这类品种具有较高的结实力及速熟性，生殖器官发育较快，以及叶片光合强度较高的特点，生长期较短。果实颜色有红果和粉红果。无限生长类型，主茎顶端着生花序后，不断由侧芽代替主茎继续生长、结果。不封顶。这类品种生长期较长，植株高大，果形也较大，多为中、晚熟品种，产量较高，品质较好。果实颜色有红果、粉红果、黄果和白果等多种。

棚室栽培，春夏栽培选择耐低温弱光、果实发育快，在弱光和低温条件下容易坐果的早、中熟品种，夏秋栽培选择抗病毒病、耐热的中、晚熟品种。进行春连秋栽培时，应选择耐寒耐热力强、适应性和丰产性均较强的中晚熟番茄品种。

**(1)** 中杂8号　中国农科院蔬菜花卉研究所育成的一代杂种。曾获国家科技进步二等奖。中熟偏早，植株无限生长类型。果实圆形，红色，坐果率高，果面光滑，外形美观，单果重200克左右。果实较硬，果皮较厚，耐运输，品质佳，口感好，酸甜适中。含可溶性固形物约5.3%，含维生素C 20.6毫克/100克鲜重。抗番茄花叶病毒病，中抗黄瓜花叶病毒病，抗番茄叶病毒病，高抗枯萎病。丰产性好，每667米$^2$用种量50克左右。

全国各地均可种植。从定植到始收55天左右，北京地区春温室栽培于12月中下旬播种，2月上旬定植，每667米$^2$定植2500～3000株；春大棚1月下旬播种，3月下旬定植，667米$^2$栽植3500株。秋温室于7月下旬或8月初播种，8月下旬或9月上旬定植，667米$^2$定植2000～2500株。秋大棚栽培于6月下旬播种，7月中下旬定植，每667米$^2$栽3000～4000株。日光温室冬春茬种植于9月中下旬播种，11月中下旬定植。

**(2)** 中杂10号　一代杂种。有限生长型，每花序坐果3～5个。果实圆形，粉红色，单果重150克左右，味酸甜适中，品质佳。在低温下坐果能力强，早熟，抗病性强，保护地条件下坐果好。适于小棚早熟栽培。北京地区2月中下旬播种育苗，3月中下旬分苗，4月下旬定植露地，春小棚于1月中下旬播种育苗，2月中下旬分苗，3月中下旬定植，定植后蹲苗不宜裹重，每667米$^2$定植4000株左右。667米$^2$产量可达5500～6000千克。

**(3)** 中杂11号　一代杂种，无限生长型。果实为粉红色，果实圆形，无绿果肩，单果重200～260克，中熟。抗病毒病、叶霉病和枯萎病。保护地条件下坐果好，品质佳。可溶性固形物含量5.1%左右，酸甜适中，商品果率高。667米$^2$产量为6500～7000千克。适合春温室及大棚栽培。

**(4)** 中杂12号　一代杂种。早熟，无限生长类型。成熟果实为红色，果实圆形，青果有绿果肩，单果重200～240克。抗病毒病，叶霉病和枯萎病。保护地条件下坐果好，果实品质好。可溶性固形物含量5.2%左右，酸甜可口，商品果率高。667米$^2$产量可达7000千克以上。适合春温室及大棚栽培。

**(5)** 中杂102号　一代杂种，属无限生长类型，叶量中等，中早熟，抗病性强。该品种最显著的特点是连续坐果能力强，单株可留6～9穗果，每穗坐果5～7个，果实大小均匀，果色鲜红，单果重150克左右。耐贮藏运输，货架期长，可整穗采收上市，667米$^2$产量6000～8000千克，最适合春秋棚室栽培。

**(6)** 浦红世纪星　上海农科院园艺所育成品种，一代杂种。无限生长型，早中熟，大红果，单果重在120～140克之间，每穗坐果4～5个，成熟度一致，串番茄，可像葡萄一样成串采收。大小均匀，畸形果和裂果率极低。品质优，圆整光滑，果脐小，商品性好，高附加值。耐贮运，春季栽培每667米$^2$达到5000千克以上。高抗番茄花叶病毒，中抗黄瓜花叶病毒，抗叶霉病和枯萎病，田间未见筋腐病。适合秋延后和越冬大棚、连栋棚、日光温室和现代化玻璃温室栽培。

**(7)** 浦红10号　一代杂种。无限生长型，长势中等，第一花序着生于第7节位，单穗5～6个果，且排列整齐，果实的大小和颜色整齐一致，适合保护地栽培串番茄。果实深红色，圆形，果皮光滑无棱沟，果肉硬。单果重130克，可溶性固形物含量4.6%，番红素含量9.67毫克/100克，高品质、抗病性，耐贮运，可以在大型温室和连栋大棚内长季节栽培。

**(8)** 申粉8号　上海农科院园艺所育成品种，一代杂种。无限生长型，产量高，商品性好，早春畸形果率低，是目前春季保护地栽培的理想品种。本品种属于高秧粉红果，耐低温，在低温弱光下坐果能力强，商品性优，硬度好，耐贮运，果实无绿肩，高圆形，平均单果重180～220克，果肉厚，多心室，大小均匀，表面光滑，畸形果和裂果率极低。综合抗病性强，高抗番茄花叶病毒，中抗黄瓜花叶病毒，高抗叶霉病，田间未见筋腐病。耐肥，适合春提早和越冬大棚、连栋棚、日光温室和现代化玻璃温室有机无土栽培。

**(9)** 浙粉202　浙江省农业科学院园艺研究所选育。一代杂种。无限生长类型，特早熟。高抗叶霉病，兼抗病毒病和枯萎病等多种番茄病害，成熟果粉红色，品质佳，宜生食，色泽鲜亮，商品性好，果实高圆苹果形，单果重300克左右，硬度好，特耐运输。适应性广，稳产高产，特适秋季栽培，宜长江流域、黄淮、华北和东北地区及其他喜食粉红果地区棚室栽培。

**(10)** 浙杂203　一代杂种。无限生长类型，早熟，高抗叶霉病、病毒病和枯萎病，中抗青枯病，成熟果大红色，商品性好，果实高圆形，单果重250克左右，硬度好，耐贮运。品种适应性强，高产稳产，适宜全国各地棚室栽培。

**(11)** 浙杂809　一代杂种。有限生长类型，早熟，高抗烟草花叶病毒病，耐叶霉病和早疫病；长势强健，抗逆性强；果实高圆形，成熟果大红色，单果重250～300克，商品性好，耐贮运。长江流域和全国喜食红果地区棚室早熟栽培。

**(12)** 苏粉8号　江苏省农业科学院蔬菜研究所选育，杂种一代。无限生长型，中熟。具有优质、高产、稳产、抗病性强、适应性广等特点，是保护地生产无公害优质番茄及种植业结构调整的理想品种。果实高圆形，粉红色，果面光滑，果皮厚，耐贮运，品质佳，可溶性固形物含量5.0%，酸甜适中，单果质量200～250克，667米$^2$产量6000千克左右。高抗病毒病、叶霉病，抗枯萎病，中抗黄瓜花叶病毒病。适于棚室栽培。

**(13)** 苏抗9号（苏粉1号）　有限生长型。半蔓生，早熟，生长势较强，高抗TMV，前期产量高，占总产量的40%以上，单株结果22个左右，果实粉红色，中等大小，果形高扁圆，平均单果重110～

130克，果肉厚度中等，667 米$^2$ 产量 4000～4500 千克，适于保护地早熟栽培。

**(14)** 华番 3 号　杂种一代。无限生长型，叶色深绿，羽状叶，生长势强。第 1 花穗着生在第 7 节，间隔节位 3 节，坐果率高。果实成鱼骨状排列，扁圆形，大红色，无果肩，平均单果质量 210 克左右，为大果型，品质好。单季每 667 米$^2$ 产量可达 6000 千克以上。果实硬度大，耐贮运。高抗病毒病、枯萎病和叶霉病，对青枯病有强的耐病性。适宜在大棚栽培。

**(15)** 东农 704　东北农业大学园艺系选育，杂种一代。有限生长型。具有早熟、抗病、优质、丰产等特点。抗番茄花叶病毒，耐黄瓜花叶病毒，在苗期易识别伪杂种，成熟期集中，前期产量比对照品种增产 40%～50%，果实粉红色，中大果，果实圆整，整齐度高，平均单果重 135～200 克，耐贮运，商品性状优良。667 米$^2$ 产量可达 5000 千克以上。可溶性固溶形物质高于 4.5%，口感好。适于全国各地棚室栽培。

**(16)** 皖粉 1 号　安徽省农业科学院园艺研究所选育，杂种一代。有限生长型。粉红果，熟性极早，始花节位 5～6 节，2～4 花序自封顶。单果重 200 克，可溶性固形物含量 5% 以上，果实圆形，表面光滑，商品性好，高抗番茄花叶病毒，抗黄瓜花叶病毒、叶霉病、早疫病。667 米$^2$ 产量 5000 千克左右。适应性广，适宜设施生产春早熟和秋延后栽培。

**(17)** 皖粉 3 号　杂种一代。无限生长型，早熟，抗病毒病，灰霉病、叶霉病、早疫病，温光适应范围广，果实高圆形，粉红色，果面光滑，果皮厚，耐贮运，品质佳，单果重 350 克左右，可溶性固形物含量 5.5% 以上，667 米$^2$ 产量 7500 千克。适于全国各地设施栽培。

**(18)** 皖粉 4 号　杂种一代。无限生长型，中晚熟，抗 TMV、灰霉病、叶霉病、早疫病，抗蚜虫、白粉虱、斑潜蝇危害，温光适应范围广，单果重 200～250 克，可溶性固形物含量 5% 以上，667 米$^2$ 产量 7000 千克。适于全国各地温室和大棚等设施栽培。

**(19)** 佳粉 16 号　北京蔬菜中心选育，杂种一代。无限生长，中熟偏早，高抗病毒病和叶霉病，果形周正，成熟果粉红色，单果重 180～200 克，裂果、畸形果少，叶量适中，不易徒长，且不郁闭，适于春秋塑料大棚栽培。

**(20)** 佳红 1 号　甘肃省农科院蔬菜所选育，杂种一代。是早熟、丰产、抗多种病害、商品性好、货架期长的硬肉型番茄。果实扁圆形，红色，果皮较厚，果肉硬。平均单果质量164.4克，667米$^2$产量6000千克以上。抗叶霉病、病毒病，耐早疫病，适于塑料大棚及日光温室栽培。

**(21)** 金冠8号　辽宁园艺研究所选育。无限生长型，早熟、长势强。果实高圆形，粉红色，色泽艳丽，开花集中，易坐果，膨果快。果面光滑，果脐小、果肉厚，果实硬度高，耐贮运，单果重250～300克，设施生产丰产性能好，日光温室667米$^2$产量高达$1.5\times10^4$千克。耐低温，高抗叶霉病，抗病毒病。适于越冬保护地栽培，早春、秋延、越夏保护地栽培。

**(22)** 美味樱桃番茄　中国农科院蔬菜花卉研究所育成的樱桃类型番茄。无限生长型，生长势强，每穗坐果30～60个，圆形，红色，单果重10～15克，大小均匀一致，甜酸可口，风味佳，可溶性固形物高达8.5%，每100克鲜果含维生素C 24.6～42.3毫克。营养丰富，既可作特菜，也能当水果食用。抗病毒病。667米$^2$产量3000千克以上，亩用种量25克左右。适于露地及保护地栽培。

**(23)** 京丹粉玉1号樱桃番茄　北京蔬菜中心选育。无限生长，中早熟，果实圆形，成熟果色泽透红亮丽，果味酸甜浓郁，口感极好，单果重10克，糖度8%～10%，适于保护地高架栽培。

**(24)** 京丹粉玉2号樱桃番茄　植株为有限生长类型，主茎6～7片着生第一花序，熟性早。果实长椭圆形或椭圆形，单果重15克左右，幼果有绿色果肩，成熟果粉红色，品质上乘，口感风味佳，耐贮运性好，适于保护地特菜生产。

**(25)** 仙客1号抗线虫番茄　北京蔬菜中心育成“京研”抗线虫番茄品种。抗根节线虫病、病毒病、叶霉病和枯萎病。无限生长，主茎7～8节位着生第一花序，粉色，大和中大果型，单果重约200克，果肉较硬，圆和稍扁圆形，未成熟果显绿果肩。适于保护地兼露地栽培。

**【茬口与播种期】** 棚室番茄生产的主要茬口，温室、日光温室有早春茬、秋冬茬、冬春茬、越夏栽培和长季节栽培，大棚主要有春提早和秋延后栽培。以山东为例，播种期分别为，早春茬12月中旬前后，秋冬茬8月下旬，冬春茬11月中下旬，长季节栽培7月中旬；春提早栽培1月下旬，秋延后栽培6月中旬，棚室越夏栽培5月中下旬。各地根据当地实际自然气候和棚室设施情况进行茬口安排。

播种期是由苗龄决定的，品种不同、育苗方式不同，适宜的苗龄也不同。一定苗龄的秧苗，其育苗期的长短主要由育苗期间的温度条件和其他方面的管理水平决定。根据番茄秧苗生长的适宜温度，以白天25℃、夜间15℃、日平均气温20℃计算，早熟品种从出苗到现蕾约50天，中熟品种55天，晚熟品种60天，再加上播种到出苗5～7天，分苗到缓苗3～4天，所以一般来说番茄的苗龄为60～70天。苗龄过短，幼苗太小，开花结果延迟；苗龄过大，容易变成老化苗。可根据当地气候特点、保护地类型、栽培方式、品种习性和定植期早晚等确定适宜的播种期。每667米$^2$播种量为20～30克，需播种床6米$^2$。

适龄大壮苗的日历苗龄，随育苗季节、品种熟性、育苗方式而增减。冬春茬番茄早熟品种的日历苗龄一般是：全无土（基质）育苗55～60天；无土育苗，有土分苗移栽育苗60～65天；日光温室内，用电热线加温苗床育苗65～70天；加温温室或日光温室育苗70～75天；冬暖塑料大棚或改良阳畦内加盖低拱塑料薄膜育苗70～80天。中熟和晚熟品种日历苗龄按上述标准分别增加5天、10天。于营养钵苗床直播种子，子苗期不分苗，一级育成适龄大壮苗的日历苗龄，按上述标准减少5天。

为把冬春茬番茄的产果盛期安排在露地茄果菜生产淡季，提高经济效益，应比当地春茬番茄露地安全定植期提早40～50天。例如，在山东寿光，日光温室番茄冬春茬高效益栽培最适宜定植期为3月上旬，再往回推，减去70～80天，最佳播种期为前一年的12月中旬。

**【种子消毒】** 番茄的种子表面和内部若带有番茄早疫病、病毒病等疫病的病原体，就会传染给幼苗和成株，从而导致病害的发生。育苗前应对种子进行消毒处理。方法有热水烫种和药水浸种。热水烫种，用高温杀灭病菌，杀死附着在种子表面和潜伏在种子内部的病菌。具体做法是，用52～55℃热水烫种15分钟。可将种子装在纱布袋中，烫种时连袋一同放入热水中，并不断搅拌，15分钟后，把种子从热水中捞出来，放入冷水中冷却，迅速消除种子上的余热，以免烫伤种子。药水浸种消毒法，可采用3种溶液消毒。①福尔马林溶液消毒：先把种子在清水里浸泡3～4小时，捞出放到福尔马林的100倍水溶液中，浸泡15～20分钟，取出种子，用清水淘洗数次，直到种子没有药味为止。②磷酸三钠或氢氧化钠消毒：在10%的磷酸三钠或2%的氢氧化钠水溶液中，浸泡15～20分钟后，捞出用清水冲洗干净后浸种催芽。由于磷酸三钠和氢氧化钠可以钝化病毒，因此可以除去种子上的病毒。③高锰酸钾水溶液消毒：用0.1%的高锰酸钾水溶液处理20～30分钟，再用清水淘洗几遍，也有钝化病毒的作用。

**【浸种催芽】** 把消毒后的种子放到20℃左右的清水中，浸泡8～10小时，使种子吸足水分。然后把浸透的种子捞出淘洗干净，用纱布或新的干净湿毛巾包好，放到25～28℃条件下，催芽2～3天即可出芽。在催芽过程中，每天要翻动几次，并用清水淘洗2～3次，擦去种皮上的茸毛、黏液和污物，防止霉烂，并使种子受热均匀，出芽整齐一致。如播种苗床没有准备好，可将出芽的种子放在1～5℃条件下保存。

**【床土配制】** 采用苗期育苗，床土可用大田土或葱蒜茬土、豆类茬土以及堆肥、腐熟发酵好的有机肥、草炭土、细沙和细炉渣等配制，同时还要加些过磷酸钙、尿素，并注意调节酸碱度。配制床土的具体方法是：葱蒜茬园田土占50%，腐熟陈马粪（陈床土）占20%，草炭土占20%，大粪面或细沙占10%，然后1米$^2$床土加尿素25克、过磷酸钙200～250克。

**【穴盘育苗】** 采用穴盘育苗，穴盘选择、基质配制和播种期确定如下。

穴盘的选择：冬春季育二叶一心子苗选用288孔苗盘，育4～5叶苗选用128孔苗盘，育6叶苗选用72孔苗盘；夏季育三叶一心苗选用200孔或288孔苗盘。

基质准备：1000盘，288孔苗盘备用基质3立方米，128孔苗盘备用基质3.7～4.5立方米；72孔苗盘备用基质4～5立方米。

基质配制：草炭∶蛭石＝2∶1；或草炭∶蛭石∶废菇料＝1∶1∶1，覆盖料一律用蛭石。

肥料施用方法与施用量：冬春季配制基质时每立方米加入氮、磷、钾三元复合肥2.5千克，或每立方米基质加入1.2千克尿素和1.2千克磷酸二氢钾，肥料与基质混拌均匀后备用。苗期三叶一心后，结合喷水进行1～2次叶面喷肥。夏季配制基质，每立方米加入氮、磷、钾三元复合肥2.0千克。

播种期：冬春季穴盘育苗主要为早春保护地生产供苗，定植期日光温室从2月中旬开始直到3月下旬结束（塑料大棚），故播种期从

12月中旬到1月中旬，视用户需要而定。夏季穴盘育苗是为秋大棚生产供苗，播种期为7月5日～15日。

**【壮苗标准】** 正常的番茄高产苗应是子叶宽大平展，着生角度45°；胚轴长3厘米；真叶手掌形，叶色浓绿，而且有光泽，叶片厚，多绒毛，叶柄短；茎的节间短；苗高不超过25厘米；茎上绒毛多，呈深绿带紫色，具有7～9片真叶，已能看到第一花穗的花蕾；根系发达，侧根数量多，呈白色；花芽肥大，分化早，数量多，株型呈长方形。壮苗耐旱，耐轻霜，定植后缓苗快，开花早，结果多。

**【定植】** 定植时期：适当提前定植，是温室冬春茬番茄获得早熟、高产、高效益的措施之一。在日光温室内栽培冬春茬番茄，由于增温、保温性能强，即使在最低温的1月份，室内夜间短时（即凌晨短时）最低气温也不会低于5℃，一般最低夜温在8℃以上，10厘米土层最低温度在10℃以上；而采用改良式日光温室或改良阳畦栽培冬春茬番茄，到2月中旬室内最低气温也能稳定在5℃以上，10厘米土层的最低温度也能稳定在8～10℃。因此，只要培育的番茄苗达到了壮苗标准，定植日期越早越好。

定植密度：合理的定植密度要依据品种特征特性、栽培方法、土壤肥力等因素来确定。一般掌握：早熟品种比晚熟品种密；主茎生长自封顶类型的比主茎无限生长类型的密；侧芽生长力弱、植株紧凑的比侧芽生长力强、植株松散的密；土壤肥力差的比土壤肥力强的密；有支架栽培的比无支架栽培的密。番茄冬春茬栽培，主要采用早熟或中早熟品种，多实行改良式单干整枝小架栽培，定植的行株距为60厘米×28厘米，定植4000株左右。个别采用中熟品种的定植行株距为60厘米×33厘米，定植3400株左右。

**【水肥管理】** 番茄根系比较发达，入土深，分布广，吸水能力强，春季大棚番茄缓苗后至初果期需水量少，结果膨大期开始，番茄需水量逐渐增加，是水肥管理的关键时期。坐果后进入果实膨大期，平均每株每天吸水1千克以上。水分管理大致可分3个阶段进行。缓苗期，在定植后3～5天浇一次缓苗水，直到第一穗果坐住时，一般不浇水，蹲苗终期以田间持水量60%为宜。初果期，在大部分第一穗果长到核桃大时，浇第一次大水，也叫催果水。在第一穗果放白时，说明各穗果都开始膨大，这时要浇第二次大水，以后每隔5～6天浇水一次，每次灌水量不宜过大。浇水时要选晴天，浇水后闭棚控温，并及时通风排湿。

基肥，主要以有机肥料为基肥，而且要施得足，番茄才能坐果率高、果实长得大，空洞果极少、果肉厚、果色鲜艳有光泽，从而实现高产优质。一般每 667 米$^2$ 施基肥量为：优质圈肥、鸡粪等有机肥 15000 千克左右（其中鸡粪 7000 千克左右），尿素 30 千克左右，硫酸钾 40 千克左右（或草木灰 200 千克）、磷酸二铵 30 千克左右。有机肥料的种类对番茄的产量和品质影响较大。全生育期共追肥 3～4 次，每次每 667 米$^2$ 追化肥 10～15 千克，或随水灌施 200 千克腐熟的人粪尿。除此以外，还可以结合喷药进行根外追肥，可用 0.2% 的磷酸二氢钾和 0.2%～0.3% 的尿素进行叶面追肥，有利于果实发育和提高品质。

**【植株调整】** 植株调整：高温、高湿、弱光是大棚的小气候特点，这种条件容易导致番茄植株茎叶过于繁茂，侧枝大量发生，形成“疯秧”，造成结果不良，果小，品质差，成熟晚。所以要及时插架、绑蔓、整枝打杈，协调好生殖生长（花果）与营养生长（茎叶）的关系，控制徒长。

及时搭架、绑蔓：在进行第二次中耕之后开始插架，插架的方式有聚丙烯撕裂绳或尼龙绳引蔓和架条支撑两种，以绳索牵引方式为好，可减少遮光，加强通风。如采用架条支撑，可用“井”字架或“人”字架插架方式。绑蔓要及时，一般每穗果绑一道，按“8”字形绑蔓，但不要绑得过紧，以免勒伤茎蔓。

整枝打杈：早熟密植栽培一般每株留 2～3 穗果，实行单干整枝或一干半整枝，有的地区还采用改良单干整枝。大架栽培无限生长类型品种实行单干整枝。单干整枝是保留一个向上生长的主枝，将下面所有的侧枝全部及时除去。一干半整枝是保留主干，在第一穗果下面留一条侧枝，在侧枝上留一穗果，果前面留 2 片叶，然后掐尖，并去掉所有侧枝。改良单干整枝是保留主干，在第一穗果下面留一侧枝，侧枝花掐掉，然后掐尖，侧枝只作为营养枝。整枝要及时，一般 4～5 天打杈一次。

番茄每株留果穗数要根据各地气候条件、生长期的长短以及大棚内各种茬口的安排而定。大架栽培，无限生长类型品种可留 4～6 穗果，一茬到底可留 9～11 穗果，早熟栽培可留 2～3 穗果摘心，摘心时应在最上层果穗上面留 2 片叶。单干连续两层摘心整枝和先单干后双干整枝法，请参照第一章问题 7。

**【环境管理】** 根据棚室番茄不同季节与茬口特点，进行温度、光照和湿度环境调控。

春季大棚番茄结果前期管理的重点是防寒、保温、加速缓苗。定植后3～4天内，棚内不进行通风，尽量升温，加快缓苗，有条件的地区，还可以在大棚的四周围一圈草苫，使白天的温度保持在25～30℃，夜间温度保持17℃左右，地温在18～20℃。大棚番茄缓苗后10天左右，第一花序即可开花结实，为使开花整齐、不落花，确保前期产量，要控制植株的营养生长。应调节好秧与果之间的关系，一方面要降低棚温，白天棚温保持在20～25℃，夜间13～15℃，此时空气相对湿度控制在45%～55%，地温保持在15℃以上，通过大棚上部放风，当上部风口无法使棚温下降时，可放腰风。要控制营养生长（防止茎叶徒长），控制水分进行蹲苗。保证气温和地温协调，尽量利用白天太阳的直射光来提高地温，这就要求及时搭架整枝。阴雨天气温低时不能浇水，防止土温降低。如果气温低，地温也低，茎就长得扁粗，叶色浓绿，畸形果增加。一般只有地温在13℃以上时，大棚气温可降到10℃左右，但不能再低。开花期大棚内要防止出现30℃以上的高温，以免棚内短期高温造成开花和结果不良。

温室和日光温室番茄栽培主要有冬春茬、秋冬茬和早春茬等茬口。番茄冬春茬栽培，多利用改良阳畦或在日光温室内温床育苗，定植于日光温室内栽培。番茄的发芽期、幼苗期、始花坐果期，甚至始收果实期，都需要在室内采光、增温、保温、避雪、挡风雨等保护条件下度过，在进入陆续结果期，天气回暖后也不撤去薄膜，仍留膜避雨和挡风雹，将前窗膜换为避虫网（一般用40目网）以避虫；进入炎夏在薄膜之上盖遮阳网，搭荫降温。在整个生育期，要尽量创造较长时期的20～25℃昼温和13～17℃夜温及45%～60%的空气相对湿度，并根据不同生育阶段对温度和空气湿度的需求进行适当调节。定植后至缓苗后开始生长的5～7天，外界气温低，加强防寒，提高室内气温、地温是管理重点。要保持昼温25～30℃，夜温15～17℃，10厘米土层温度18～20℃。但要防止温度过高，当晴日中午前后室内气温高达30℃以上时，要立刻开天窗通风，适当降温和排湿，使午间最高室温不超过30℃。缓苗后开始生长至第一穗果膨大时，要保持昼温20～25℃，夜温12～15℃，空气相对湿度60%左右，以进行蹲苗，防止徒长。具体调节措施是：开始时不要放大风，要开天窗放上风，小放风。随着外界气温升高，要逐渐延长放风时间，加大通风排湿量。到第一穗果膨大时，为加大通风量，使室内空气相对湿度降低到低于60%，晴日午间气温低于30℃，放大风。此期处于3月中下旬，外界夜间气温多为3～5℃，遇寒流天气时最低夜温可降至−2～−1℃，为预防低温和冻害，仍需及时关闭通风口和夜间加盖草苫保温，使室内夜间气温能保持在10～15℃，最低不低于8℃。结果期，即从第一穗果膨大直至拉秧，此期处在3月中下旬至6月中下旬。适宜于番茄此期生长发育的温度和空气湿度为：气温，白天23～27℃，夜间13～17℃，昼夜温差保持在10℃，10厘米土层的地温20～25℃。空气相对湿度控制在45%～55%。

# 12. 西葫芦栽培

## 12.1 错误做法 ×

认为温度高，西葫芦植株生长旺，造成西葫芦秧徒长、化瓜、易染病毒病。造成低产或减产。

## 12.2 正确做法 ✓

**【类型与品种】** 西葫芦有矮生类型、半蔓生类型和蔓生三种类型。主要的优良品种如下。

**(1)** 早青一代　山西省农科院蔬菜所选育，早熟杂种。植株矮生，蔓长为30～50厘米，叶柄较短，株形紧凑，无侧蔓，叶绿色，近叶脉处有灰色斑点。早熟，第一雌花节位4～5节，播后45天可采收。雌花多，瓜码密，结瓜性好。瓜长筒圆形，嫩瓜皮色为浅绿色，有明显的绿色条纹，条纹间有白色斑点，有棱，瓜肉厚，脆嫩，风味好，品质佳。瓜纵径25～30厘米，横径13～15厘米，单瓜重250～300克。适应性强，适于棚室及露地栽培。

**(2)** 阿太　山西省农科院蔬菜所选育，早熟一代杂种。植株矮生，蔓长为30～50厘米，叶色深绿，叶面有稀疏的白斑点或白网纹。早熟，第1雌花节位5节，播后50天可采收。瓜形长圆柱形，嫩瓜皮色深绿。有光泽，有纵纹，间有浅绿色花斑。瓜纵径28厘米，横茎14厘米。肉质细嫩，品质佳。耐寒，抗病，适应性强。适于棚室及露地栽培。

**(3)** 银青　山西省太谷县蔬菜种子有限公司选育，早熟杂种一代。植株矮生，株形紧凑，叶柄短，早熟，第1雌花节位4节。瓜形为长筒柱形，嫩瓜皮色为浅绿色，有浅白色斑。瓜肉厚、质密、白色，播种后40天可采收。抗病毒病、霜霉病，适应性强，耐贮运。

**(4)** 阿兰西葫芦　甘肃省兰州市西固区农技站育成，早熟杂种一代。植株长势强，叶簇生，半直立，瓜码密，坐果率高。瓜条圆筒形，嫩瓜皮色浅绿，有绿色花条纹，间有白色斑点。鲜嫩光滑。耐寒性强，抗病，适于棚室早熟覆盖栽培。

**(5)** 绿宝石　中国农科院蔬菜花卉研究所选育，早熟杂种一代。矮生类型，主蔓结瓜，侧枝较少，瓜形长棒状，瓜皮深绿色，品质脆嫩，一般谢花一周后即可采收。适于棚室早熟覆盖栽培。

**(6)** 中葫1号　中国农科院蔬菜花卉研究所选育，早熟杂种一代。植株矮生，生长势中等，主蔓结瓜为主。瓜形棒状，瓜皮浅绿色。适于冬春季棚室覆盖栽培。

**(7)** 中葫3号　中国农科院蔬菜花卉研究所选育，早熟一代杂种。植株矮生，生长势中等，主蔓结瓜。瓜形长柱形，有棱，瓜皮白亮。品质脆嫩，口感好，较耐贮运。节成性强，抗逆性好，适于棚室及露地栽培。

**(8)** 9805西葫芦　西北农林科技大学园艺学院蔬菜花卉研究所选育，早熟一代杂种。植株矮生，生长势强，无侧枝、叶绿色。瓜形长棒状，纵径25～30厘米，横径8～10厘米。瓜皮色墨绿，有光泽，早春播种后45天开花，花谢一周后可采收。果实品质佳，耐贮运。抗病性强，适应性广，适于棚室及露地栽培。

**(9)** 春玉1号西葫芦　西北农林科技大学园艺学院蔬菜花卉研究所选育，早熟一代杂种。植株矮生。生长势中等，主蔓结瓜。叶色灰绿，有隐性白斑。瓜形长棒状，纵径25～30厘米，横径10～12厘米，瓜皮色淡绿，有光泽，早春播后45天开花，瓜码密，连续坐果能力强。品质佳。抗病性、适应性较强，早熟产量和总产量突出。适于棚室早熟覆盖栽培。

**(10)** 春玉2号西葫芦　西北农林科技大学园艺学院蔬菜花卉研究所选育，早熟一代杂种。植株矮生。生长势中等，主蔓结瓜。叶色灰绿，有隐性白斑。瓜形长棒状，瓜皮色淡绿，有光泽，早春播后45天开花，瓜码密，连续坐果能力强。果实品质佳。抗病性，适应性较强，适于棚室早熟覆盖栽培。

**(11)** 星光　兴农种子（北京）有限公司提供，杂种一代。播种后50～55天收获，瓜形长圆柱，单瓜重300～350克，嫩瓜皮色为浅绿色，商品性好，适于棚室及露地栽培。

**(12)** 冬玉西葫芦　法国引进的越冬型专用品种，中偏早熟。这种品种植株粗壮，根系发达，吸收能力强，抗病性好。长势旺，节性好，分枝性弱，节节有瓜，坐果率高，每叶一瓜，瓜长20厘米，粗5～6厘米，单瓜重300～350克，单株结瓜35个以上，瓜形美观，瓜条精细均匀，颜色碧绿如玉，光泽度好，脆嫩，品质佳，商品性好。每667米$^2$产量7500千克。耐运输，适合装箱，耐寒性强，且具有一定的耐盐碱和耐涝性，适合保护地早熟栽培，长季节栽培采收期可达150～200天左右。

**(13)** 寒玉西葫芦　美国育成的温室专用品种。特早熟，节成性好，一般在第5～6节开始结瓜，植株生长旺盛，连续坐果能力强，果实长筒形，瓜长19～20厘米，瓜径5～6厘米，单瓜重300～400克。单株可采瓜20个以上。瓜条顺直，精细均匀，畸形瓜及化瓜很少发生，瓜皮浅绿，上覆均匀白色斑点，颜色较纤手、碧玉等稍绿，外皮光滑，皮较厚，适合长途贩运，市场效益好。低温弱光下结瓜性能好。一般每667米$^2$产量可达6000千克。适于棚室秋延迟、越冬及早春栽培，特别适于棚室越冬栽培。

**(14)** 金色98　西北农林科技大学园艺学院蔬菜花卉研究所选育，早熟一代杂种。植株矮生，生长势强，主蔓结瓜，侧枝较少。叶片绿色，并有白斑。瓜形长棒状，瓜皮金黄色，有光泽。早春播后45～50天开花，瓜码密，连续坐果能力强。果实品质佳。耐寒、耐病，适应性强，适于棚室及露地栽培。

**(15)** 金皮西葫芦　兴农种子（北京）有限公司提供，杂种一代。植株直立，瓜金黄色，长柱棒状。多雌花，连续坐果能力强，果长25厘米，瓜重250～300克可采收，适于冷凉季节棚室栽培。

**(16)** 金光西葫芦　从以色列引入。蔓短粗，很少有侧蔓，叶片厚大。定植后30天左右，第5～6叶节出现第1朵雌花。瓜皮金黄色。棒状带棱，瓜条顺直，尖削度小。谢花后7～10天瓜可达500克，单株产瓜10～15个，667米$^2$产量6000～7000千克。

**【茬口】** 棚室越冬栽培，西葫芦应选用京葫1号、冬玉、寒玉等品种，10月下旬至11月中旬播种，11月下旬至翌年4月上市；早春茬2月上中旬播种，3月中旬上市，5～6月份结束；延秋茬西葫芦选用京葫、早青等品种，8月播种，10～12月上市。冬至前后最低室内夜温在8～12℃，适宜其正常授粉生长，不易染病，春、秋一年两作选择两膜一苫、拱棚、专用温室，避开“三九”和“三伏”天生产。华北地区利用9～11月和翌年2～5月光照与温差生产，效果尤佳，温室栽培时间可适当放宽。

一般温室越冬栽培，每667米$^2$产量10000千克；早春茬产量7000千克；延秋茬产量3500～5000千克。越冬茬在冻前可浇生物菌肥防冻害，促授粉；延秋茬在苗期浇硫酸锌1千克，注意杀虫、降温、保湿、防病毒病。

**【营养土配制】** 请参照问题8“黄瓜栽培的营养土配制”进行。

**【种子消毒】** 请参照问题11“番茄栽培的种子消毒”进行。

**【栽植密度】** 最好选用北方产的种子，病菌少，籽粒饱满，抗寒性强。秧壮，抗逆性强，产量高，形状好。淘汰瘪籽、破籽和带菌籽。疏枝摘叶，通风透光，单株产量高，品质和效益好。每667米$^2$栽冬玉1600株或早青1800株。温室越冬栽培宜稀植，早春、越夏栽培宜密。疏枝疏叶，互不遮阳，不拥挤丛长，叶蔓不疯长，无枯叶。防止密植、株旺、病多，果实产量低。

**【温度】** 种子发芽最适温度为25～30℃，13℃以下发芽困难；15℃以下虽能萌动，但发芽缓慢，时间较长；30～35℃下发芽最快，但幼芽纤细；低于10℃或高于40℃则不能发芽。根系伸长的最低温度为6℃，根毛发生的最低温度为12℃，最高温度为38℃。幼苗期的温度白天以23～25℃，夜间以13～15℃，地温以18～20℃为宜。温度过低，虽可降低雌花节位，增加雌花比例，但幼苗生长慢，花芽分化发育将延迟；温度过高，虽然幼苗生长和花芽分化较快，但不利于雌花的分化，雌花节位高，比例减少，发育不良。开花结果期适温为20～25℃，15℃以下发育不良，10℃以下时生长发育停止，32℃以上高温，器官不能正常发育；40℃以上时，生长发育停止。

**【光照】** 需要较强的光照，光补偿点为1500勒克斯，光饱和点为45000勒克斯。既需要强光，也较耐阴，但结果期间光照充足，光合产物多，果实生长快、发育良好、品质佳。光照不足时，光合效率低，植株营养状态不佳，影响结果和果实发育。

**【水分】** 生长量大，叶片数多，叶面积大，蒸腾旺盛（蒸腾系数为800），消耗水分多，耐旱性比其他南瓜差。美洲南瓜对土壤湿度要求较高，但不同生长阶段，对水分需要量不同。发芽期需充足的水分，但不能过湿，否则会造成烂种。幼苗期生长量小、茎叶少，需水少，适当供水，不可过湿，以防烂根、徒长和发生病害。抽蔓期要控制水分，促进根系生长。结果期需大量给水，以保证正常生长。

【土壤和营养】 根系发达，吸收土壤中水分和营养的能力强。沙性土质增施有机质肥；黏性土质拌沙，深耕35～40厘米。改良盐渍化碱性土壤施石膏80千克，酸性土壤施石灰100千克。土壤含氧量达19%，pH值以6.5～8.2为宜。碱性土做平畦栽培，酸性和中性土行垄作。有机质含量为2.5%左右，以沙壤土为好。丰产需要充足的营养，用于果实发育。在整个生育期内，对营养元素的吸收以钾和氮为多，钙居中，镁和磷较少。每667米$^2$产瓜10000千克，需施碳素1660千克、氮26千克、磷15千克、钾35千克，可施湿秸秆堆肥、牛马粪5000千克或干秸秆3000千克左右，鸡粪1000千克，结瓜期分2～3次补施45%生物钾50千克，以解钾释磷固氮，使氮、磷、钾比例为2∶1∶(5～6)，碳、氮比达30∶1，土壤含有机质2%～3%，土壤营养平衡，地下根与地上蔓生长平衡。

【气体】 空气中氧的含量为21%，能够满足南瓜类蔬菜地上部对氧的要求。根系呼吸依赖土壤中的氧气，对土壤空气含氧量要求较高，2%时不能忍耐，10%时才能正常生长。棚室栽培酌情补充二氧化碳。

# 13. 甜瓜栽培

## 13.1 错误做法 ×

甜瓜品种，不注意与栽培设施和季节茬口适应。导致病害严重，低产减产。或者管理上不能满足其对温度、光照和湿度环境的要求，导致病虫害严重，品质差。

棚室甜瓜栽培，未能根据品种特点进行植株调整，导致单株结果数量多，果实偏小。

## 13.2 正确做法 ✓

【类型与品种】 甜瓜品种选用，与所用的栽培设施和季节茬口要相适应。特别注意其对温度、光照和湿度环境的要求。在长江三角洲和南方多雨地区栽培成功的厚皮甜瓜，多为中小型早中熟品种，一般选用日本和我国台湾地区比较耐湿的杂种一代，白皮、黄皮和网纹三个类型中的一些适应品种。薄皮甜瓜品种较多，其次是厚皮甜瓜与薄皮甜瓜的杂交一代品种。北方地区，则主要以厚皮甜瓜进行设施栽培为主。棚室栽培甜瓜，厚皮甜瓜宜选择颜色好、瓜形正、肉厚、甜多汁、耐运输的品种。薄厚皮中间型，则选择具有普通瓜的香味和厚皮甜瓜的清香味、含糖量高的品种。薄皮甜瓜型，宜选择早熟、风味香脆、抗病能力强的甜瓜品种。各类优良品种及其简介如下，供参考。

**(1)** 中蜜1号　中国农业科学院蔬菜花卉研究所选育。中熟，厚皮甜瓜。抗性强，子蔓结瓜，易授粉，坐果率高。圆形或高圆形。授粉后40～45天成熟。浅青绿果皮，网纹细密均匀，折光含糖量15%以上。单果重1.0千克左右。果瓤绿色，质脆清香，含糖量高。每667米$^2$产量约2500千克。适于各地棚室栽培。

**(2)** 金冠1号　早熟，薄皮单果重2.5千克左右，成熟期25～28天，高圆至短椭圆形。皮色深金黄，瓤红，肉质细爽多汁，中心含糖量12%左右。叶柄基部、叶脉以及幼果呈黄色，可作为鉴别真假杂种的标记性状。结果能力强，一株可结多果，果皮薄韧，不易破裂，耐贮藏运输。适应性强，适宜全国各地冬春棚室早熟栽培、春夏及夏秋延后栽培。

**(3)** 金帅2号　早熟，薄皮。植株生长势强，一株可结多果。植株的茎、叶柄、叶脉以及幼果呈黄色，果皮薄韧，耐贮藏运输。单果重4千克左右，果实成熟约需28天，短椭圆形，皮色金黄，肉色嫩黄，味甜多汁，风味品质好。抗病性与适应性强，较耐重茬，适宜全国各地棚室冬春早熟栽培、春夏及夏秋延后栽培。

**(4)** 元首　天津科润黄瓜研究所选育。薄皮甜瓜，植株生长中等，品质好，肉质酥脆爽口，香甜，含糖量16%。果皮光滑，密布精美花纹，橙红色果肉，温馨华贵。易坐果，果实成熟期40天左右，果实高圆形，单果重2千克以上。果肉厚4厘米以上，果皮薄，高收益，耐贮，口感风味极佳。适于春季塑料大棚栽培。

**(5)** 丰雷　厚皮甜瓜，植株长势中等，果实成熟期35天，单瓜重1.3～1.5千克，果皮黄绿，沟肋明显。果肉浅绿色，肉厚3.5厘米，折光含糖量16%。外形独特，品质香甜浓郁，综合抗性优良，抗逆性强，耐贮运，货架期长。适于全国春秋保护地和露地栽培。

**(6)** 瑞龙　网纹甜瓜。网纹均匀，果形周正，外观漂亮，植株长势中等，叶片较小，适于保护地弱光条件栽培，果实成熟期50天，单瓜重2.0千克左右，果皮灰绿，网纹均匀，果肉黄绿色，肉厚4.5

厘米，折光糖含量17%左右。果肉柔软多汁，风味清香优雅，是甜瓜中的高档品种。每667米$^2$产量3000千克以上，适于春季棚室栽培。

**(7)** 蜜龙　天津市农科院蔬菜研究所选育。网纹甜瓜。植株长势健壮，叶片肥厚。果实成熟期53天，单瓜重1.7千克。果实高圆形，果皮灰绿，有稀疏暗绿斑块，果面网纹均匀规则。果肉橙色，肉厚3.7厘米，肉质脆，折光含糖量16%。高抗白粉病，耐贮运。每667米$^2$产量3000千克。适于全国棚室栽培。

**(8)** 金蜜龙　以耐贮运、货架期长著称。果实成熟期50天，单果重2.0千克。橙红果肉，肉质脆，肉厚4厘米，含糖量17%。适于春季棚室栽培。

**(9)** 碧龙　早熟，网纹甜瓜。该品种对低温耐性好，早春栽培坐果率高，整齐一致。植株长势中等，叶色浓绿，节间较短，果实成熟期48天，单果重1.8千克。果皮浓绿色，果面密覆网纹。果肉碧绿色，肉厚3.8厘米，成熟后折光含糖量17%，果肉脆质，货架期长，耐贮运。适于春秋棚室栽培。

**(10)** 雪龙　植株长势健壮，综合抗性好，易坐果。果实成熟期38天，单果重1.8千克。果皮白色，果肉浅绿，肉厚3.8厘米，外观晶莹剔透，口感清脆爽口，商品率高，货架期长。成熟后折光含糖量17%，果肉脆质，耐贮运。适于春秋棚室栽培。

**(11)** 津甜210　薄厚皮杂交类型，植株长势较旺，适应性好。果实发育期28天，单瓜重800～1000克，折光含糖量15%，有浓郁香味。适于春秋棚室栽培。

**(12)** 津甜98　薄厚皮杂交甜瓜品种，具高糖、高品质、抗性好等特点。果实成熟期30天，平均单瓜重500克以上，单株可结瓜4～5个，果肉白色，含糖量达16%，适于棚室和露地栽培。

**(13)** 津甜87　薄厚皮杂交类型，抗性好，果实成熟期30天，单果重0.7千克，果肉绿色，肉厚2.5厘米，中心含糖量16%。适于露地和春季保护地栽培。

**(14)** 哈密红　上海农科院园艺所选育。春季全生育期105天左右，夏秋季全生育期90天左右，果实椭圆形，果皮奶白色，果面有稀疏的网纹，单果重春季在1.7千克左右，秋季在1.8千克，可溶性固形物含量16%以上，果肉厚4.0厘米左右，果肉橘红色，肉质脆爽，不易发酵，水分足、清香味浓。春季果实发育期在43天左右。

一般每667米$^2$产量2000千克左右。可作春秋棚室栽培，秋季栽培不易早衰。

**(15)** 东方蜜一号　早中熟，植株长势健旺，坐果容易，丰产性好，耐湿耐弱光，耐热性好，抗病性较强。果实椭圆形，果皮白色带细纹，平均单果重1.5千克，耐贮运。果肉橘红色，肉厚3.5～4.0厘米，肉质细嫩，松脆爽口，细腻多汁，中心含糖量16%左右，口感风味极佳。春季栽培全生育期约110天，夏秋季栽培约80天，果实发育期40天。属适于设施栽培的哈密瓜型甜瓜。

**(16)** 东方蜜二号　中熟。植株生长势较强，坐果整齐一致，耐湿耐弱光，耐热性好，综合抗性好。果实椭圆形，黄皮覆全网纹，平均单果重1.3～1.5千克，耐贮运。果肉橘红色，肉厚3.4～3.8厘米，肉质松脆细腻，中心含糖量16%以上，口感风味上佳。春季栽培全生育期约120天，夏秋季栽培约90天，果实发育期45天左右。属适于设施栽培的哈密瓜型甜瓜。

**(17)** 明珠一号、二号　中早熟品种，植株长势中等，综合抗性好，容易坐果，丰产性好，果实圆形、白色、光皮，单果重1.5千克左右，耐贮运。果实发育期35～40天。果肉白色，厚4厘米左右，腔小，肉质松软，清香，含糖量16%以上，口感风味佳。属适于设施栽培的白色光皮型厚皮甜瓜。

**(18)** 甘甜一号　甘肃省农科院蔬菜研究所选育。极早熟，薄皮甜瓜杂种一代。果实卵形，果皮绿色，果肉翠绿色，肉质酥脆，细嫩多汁，甘甜爽口，风味纯正，折光含糖量12%～15%。未成熟果为浅绿色，成熟果实顶部有黄晕，有芳香味，成熟时果梗脱落，不易裂果，主蔓、子蔓、孙蔓均可结果，单瓜重为450克左右，大小整齐，一般每株可结4～5个果实，每667米$^2$产量2000～2500千克，全生育期80天，适应性广，高产稳产。

**(19)** 甘黄金　中熟，薄皮甜瓜杂种一代。生长健壮，抗病性和适应性强，高产稳产，果实长卵形，色金黄美观，含糖量高，酥脆多汁，风味纯正，品质上等，较耐贮运，商品性显著优于对照品种。全生育期90～100天。单瓜重0.4～0.8千克，折光含糖量为14.7%，每667米$^2$产量2000～2500千克。

**(20)** 京玉279　厚皮甜瓜。果实卵圆形，果皮灰绿色，果肉翠绿色，单瓜重0.5～0.8千克，折光含糖量14%～17%，肉质细腻，风味独特，令人回味。抗枯萎病。耐贮运。适于棚室栽培。

**(21)** 京玉352 薄皮甜瓜。果实短卵圆形，白皮白肉，单瓜重0.2～0.6千克，折光含糖量11%～15%，肉质嫩脆爽口，风味香甜。适应性广，适于棚室栽培，特别适合休闲观光采摘。

**(22)** 京玉一号、二号 早熟。圆球形，皮洁白有透感，熟后不变黄不落蒂，含糖量14%～19%，果重1.2～2.0千克，抗白粉病，耐贮运，适合春季棚室栽培。

**(23)** 京玉四号、五号 富于浪漫网纹，品质上乘，圆球形，皮灰绿色，肉橙红色，含糖量15%～18%，单果重1.3～2.2千克，耐贮，货架期长，抗白粉病，适合作为高档礼品进行棚室栽培。

**(24)** 天蜜 低温生长性良好，果实高球乃至短椭圆形，网纹细美。外观十分可爱，果重约1.2千克，开花后约40～50天成熟，含糖量约16%，果肉纯白色，肉厚，肉质特别柔软细嫩，入口即化，汁水特别丰多，风味特别鲜美。抗枯萎病，适于设施栽培。

**(25)** 翠蜜 生育强健，栽培容易，果实高球乃至微长球形，果皮灰绿色，果重约1.5千克，网纹细密美丽，果肉翡翠绿色，含糖量约17%，最高可达19%，肉质细嫩柔软，品质风味优良。开花后约50天成熟，不易脱蒂，果硬耐贮运。抗枯萎病，冷凉期成熟时果皮不转色，宜计算开花后成熟日数。刚采收时肉质稍硬，经2～3天成熟后，果肉即柔软。适合棚室栽培。

**(26)** 罗密欧 网纹甜瓜。抗病性强，结果容易，椭圆形果，果重约3.5千克，果面淡黄有斑点，有稀疏网纹。果肉淡橙色，果肉厚，含糖量约15%，质地脆爽，风味佳。适于温暖期栽培，全生育期约75～85天，开花至采收约40～45天。

**(27)** 伊丽莎白 早熟，果实高圆形，果皮光滑，橘黄色，肉厚2.5～3厘米，质细，多汁、味甜，单瓜重500～1000克，每667米$^2$产量1500～2000千克，高产，优质，抗性强，容易栽培。全生育期100天左右。

**(28)** 状元 早熟，薄皮甜瓜。易结果，开花后约40天可采收，成熟时果面呈金黄色，采收适期容易判别，果实橄榄形，脐小，果重约1.5千克，肉白色，靠腔部淡橙色，含糖量约16%，肉质细嫩，果皮坚韧，不易裂果，耐贮运。株型小，适于密植，北方可日光温室立式栽培。

**(29)** 金姑娘 早熟，薄皮甜瓜。生育强健，栽培容易，生育后期植株不易衰弱，因此第二次结果之果实品质仍甚甜美。果实橄榄形，脐小，果皮金黄色，果面光滑或偶有稀少网纹，外观娇美，开花后35天左右成熟，成熟时果皮黄色，采收适期容易判别，果重约1.5千克，果肉纯白色，肉质脆嫩，不易发酵变质，风味好，耐贮运。适于高温期栽培。

**(30)** 金香玉　薄皮甜瓜。生长势中，适于密植，中抗叶部病害，开花至成熟约40～50天，果短椭圆形，果皮黄色，果重2千克，含糖量16%，白肉，肉质脆嫩，不易脱蒂，适合棚室栽培。

**(31)** 甜酥王　早熟，薄皮甜瓜。生育期65天左右，果实膨大快，易坐果。瓜形美，香味浓，甜脆爽口，含糖量高。不裂瓜，不倒瓤，果肉硬，耐贮运。单瓜重350～400克，大瓜可达600克，每667米$^2$产量3000～4000千克。适宜大小拱棚、地膜覆盖及露地栽培，以子蔓和孙蔓结瓜为主。

**(32)** 黄籽金元宝　早熟，植株生长势强，极易坐果，平均单株坐果4～5个，单果重1.2～1.5千克左右，中心含糖量17%，肉质脆爽，风味香甜纯正，皮色浓黄。雌花开放至果实成熟25天左右。适于棚室栽培。

**(33)** 丰甜一号　早熟，厚薄皮中间型，果实椭圆形，金黄色果面具银白色条沟，果肉白色，细脆，品味好，单果重1～1.5千克，高产稳产，抗病、抗逆性强，适应性广。适于棚室早熟栽培及秋延后栽培。

**(34)** 新丰甜二号　早熟，成熟期30～33天，果实圆形，金黄色，光滑有光泽，肉白色，厚3.2～3.7厘米，肉质细嫩，汁多味甜，不易倒瓤，中心含糖量常常可达14%～16%，香味浓郁，口感佳良；单瓜重可达0.8～1.2千克。

**(35)** 皖哈密一号　中熟，哈密瓜。果实椭圆形，果皮灰白色覆密网；果肉橘红色，厚3.8～4.2厘米，肉质细嫩脆，汁多味甜，中心含糖量常常可达15%～18%；单瓜重可达1.5～1.8千克，属中小型优质品种。皮质韧，耐贮运。成熟期40～45天。

**(36)** 金帝　中熟，大果型。长势旺，茎蔓粗壮，果实圆球形；果皮金黄色，光滑有光泽，果肉白色，肉厚5厘米左右，空腔小或无。肉质较细脆，汁多味甜，中心含糖量常可达14%～17%，个大，单瓜重可达2.5千克以上，皮质韧，耐贮运。抗性强，成熟期37～40天。

**(37)** 新辉　早熟，薄皮甜瓜。植株蔓生，长势强健，耐热耐湿，成熟果果皮呈银白色而稍带黄色，果实近圆球形至梨形，肉色淡白绿，肉质松甜，香味浓，口感极佳，可溶性固形物含量18%左右，平均单果重0.6千克，雌花开放至果实成熟25天左右，每667米$^2$产量1800千克左右。抗蔓枯病及病毒病，适合我国南方棚室栽培。

**(38)** 黄子金玉　早熟，成熟果金黄色，果面有棱沟，极易挂果，平均单株可挂2～3果，平均单果重1.2千克。果肉白色，肉厚3.0厘米，肉质细脆爽口，味香甜纯正，可溶性固形物含量15%～17%，抗病能力强，成熟期27～30天。适合我国各地保护地和露地栽培。

**(39)** 金香玉一号　早熟，薄皮甜瓜。果实椭圆形，成熟果金黄色，果面有银白色棱沟，果脐小。果肉白色，厚2.5厘米，肉质极脆而爽口，味香甜且醇浓，可溶性固形物含量15%，品质稳定。平均单果重0.7千克左右，大的可达1.2千克，每667米$^2$平均产量2200千克，雌花开放至果实成熟26～28天。适于我国各地棚室栽培。

**(40)** 金星　早熟，植株生长势强，极易挂果。果实扁至圆球形，低节位挂果偏扁，成熟果金黄色，果肉白色，肉厚3.2厘米左右，肉质细嫩酥软爽口，成熟果香味浓，单果重1.5千克以上，可溶性固形物含量15%，最高可达18%。纤维少，香味纯正，口感好，耐贮运。抗性强，适应性广，可连续挂果和多次采收。雌花开放至果实成熟38天左右。

**(41)** 金甜一号　极早熟，厚薄皮杂交类型。植株生长势强。果实长椭圆形，单株坐果4～5个，雌花开放至果实成熟24～26天，成熟果黄色，果面有10条左右白色棱沟，果肉白色，肉质脆甜爽口，香味浓郁，中心可溶性固形物含量14%。平均单果重800克，每667米$^2$产量3500千克。

**(42)** 金喜　早熟，成熟果金黄色，果肉白色，肉厚3.0厘米，肉质细脆爽口，味香甜纯正，可溶性固形物含量15%～17%，果面有棱沟，极易挂果，平均单株可挂2～3果，成熟期27～30天，平均单果重1.2千克。抗病能力强，适合我国各地保护地和露地栽培。

**(43)** 银宝　早熟，果实圆球至高球形，果皮白色，果面较光滑，单果重1.8千克，果肉绿色，肉质脆，口感好，可溶性固形物含量16%左右。耐贮运。易挂果，多种栽培方式均可，适合西北哈密瓜及白兰瓜栽培区域栽培。

**(44)** 丰蜜　网纹哈密瓜。果实长椭圆形，雌花开放至成熟47天，网纹较好。果肉深橘红色，肉色美，市场好，肉质细嫩爽口，口感极佳，成熟果果皮黄色，肉厚 4.2 厘米，平均单果重 2.3 千克以上，含糖量 17%，产量高而稳定。适于全国各地栽培。

**(45)** 鲁厚甜 1 号　山东省农科院蔬菜研究所选育。适应性强，生长健壮，抗病，易坐果，开花至果实成熟需 50 天左右，果实高球形，单果重 1.2～1.5 千克，果皮灰绿色，网纹细密，果肉厚，黄绿色酥脆细腻，清香多汁，含糖量 15%左右，果皮硬，耐贮运。

**【设施类型与茬口】** 棚室冬春茬、秋冬茬和一年三作栽培宜采用温室、日光温室，品种选择结合栽培季节茬口，以高产、抗病、耐低温、耐弱光、品质优良、适合市场需求、经济效益显著的中高档厚皮甜瓜为主。参照上述所列优良甜瓜品种，如天蜜、伊丽莎白等品种。可采用嫁接苗。冬春茬栽培，北方地区选择采光保温条件好的日光温室，在 11 月下旬至 12 月中旬育苗，35～45 天定植，定植后 35～45 天授粉，授粉后 40～50 天成熟。保温条件一般的普通日光温室，播种期可适当延迟至 12 月下旬至 1 月中旬，收获期为 4 月中旬至 5 月中旬。栽培风险小一点。南方地区 1 月上旬播种，2 月上旬定植，6 月上旬上市。秋冬茬栽培，北方地区，温室可于 7 月中下旬至 9 月上中旬播种育苗，播种期一般不迟于 9 月 20 日。9 月下旬至 10 月中下旬定植，苗龄 30～35 天，3～4 片真叶定植。实现 12 月下旬至元月下旬，最迟于 2 月上旬收获上市供应“双节”市场。南方地区 8 月中下旬播种。一作三收栽培一般于 7 月下旬育苗。早春大棚、春季小拱棚和秋冬大棚甜瓜栽培，可选厚皮甜瓜如天蜜、伊丽莎白，薄皮甜瓜如元首、金冠 1 号等品种。早春大棚栽培，保温条件好的大、中拱圆棚在前期三膜一苫条件下（即大棚内扣小拱棚，小拱棚外盖草苫，内铺地膜），播种期为 1 月中下旬至 2 月上旬。秋冬大棚栽培一般 7 月中下旬育苗，收获期一般在 10 月中下旬。春季小拱棚栽培一般 2 月下旬至 3 月上旬育苗，收获期一般在 6 月中下旬。

**【播种育苗】** 请参照问题 8 进行种子处理和播种育苗。

**【定植】** 可采用宽窄行，大行 80 厘米，小行 50 厘米，株距 40～50 厘米。每 667 $米^2$ 定植 2000 株左右，定植后即按每株 500～700 毫升浇足定根水。

**【环境管理】** 温度湿度管理　营养生长期昼温 25～30℃，夜间不低于 15℃，基质温度 15～18℃；花期昼温 27～30℃，夜温 15～18℃，基质温度 15～18℃；果实膨大期昼温 27～30℃，夜温 15～20℃。空气相对湿度宜控制在 50%～70%。

**【肥水管理】** 根据甜瓜水分要求，结合生长情况、气候情况等进行综合考虑。最好进行滴灌，一般苗期至开花期每次按0.5升/株左右的水量滴灌，开花期控制灌溉，结果中期每次按1.0升/株的水量滴灌。基肥施足，可不必追肥。可于开花前按每株追膨化鸡粪20克、腐熟豆粕10克；坐瓜期每株追膨化鸡粪20克、腐熟豆粕20克。

**【$CO_2$ 施肥】** 请参照第一章问题4进行。

**【植株调整】** 棚室栽培宜采用吊蔓栽培。在幼苗7～8片叶时进行，吊蔓用单蔓整枝，一般可于第9～12节选留2～3子蔓结果，子蔓结果后留2叶摘心，一般主蔓第27～30片叶摘心。摘除下部的老叶、病叶。

**【人工授粉及留瓜】** 为确保理想节位结果，气温低，昆虫活动少，宜行人工授粉，时间为每天7:00～10:00，授粉温度以25℃为佳。并挂上标记。宜按品质第一、产量第二的原则进行留瓜，当坐果后5～10天，幼果似鸡蛋大时，应进行疏果，选果形端正者留瓜，顺便把花痕部的花瓣去掉，减少病菌侵入，留果数视品种特性和生长情况而定，大果品种每蔓留1果，小型果品种每蔓最多留2果，留果数过多，则果小，外观不良，糖度、品质均下降。留果时期不能太晚，以免影响生育。一般甜瓜在10～15节留瓜，长势强、成熟早、品质佳，留瓜原则是同等大小的瓜留后授粉的瓜，留圆整无畸形符合品种特性的瓜。

**【吊瓜护瓜】** 果实膨大后要及时进行吊瓜，以免瓜蔓折断和果实脱落。吊瓜可以提高瓜的产量和商品性，当幼瓜长到鸡蛋大小时，要及时用网袋或绳将瓜系吊起来，但注意吊瓜位置不可超过坐瓜节位。瓜可用软绳或塑料绳缚在瓜柄基部（果梗部）的侧枝上吊起，使结果枝呈水平状态。

**【病虫害防治】** 请参照第四章问题50～55，问题76～80进行病虫害防治。

**【采收】** 甜瓜采收期是否适当，直接影响到商品价值。采收适期应是果实糖分已达最高点，但果实尚未变软时最好。一般可从外观、开花日数、试食结果等几方面综合起来确定适宜的收获期。收获适期一般早熟品种为开花后40～50天，晚熟品为50～60天，可结合授粉、吊牌记录开花日，以作为收获的标志。

可通过看闻听等来判断。例如瓜皮表现出固有色泽，果实脐部具有本品种特有香味，用指弹瓜面发出空浊音，均可判断为熟瓜。

采收宜选果实温度低的清晨进行，用小刀或剪刀采摘。收获时要保留瓜梗及瓜梗着生的一小段（3 厘米左右）结果枝，剪成“T”形，果实贴上标签，用包装纸包裹或塑料网果套包装，单层纸箱装箱，纸箱外设计通风孔，内衬垫碎纸屑，切勿使果实在箱内摇动。网纹甜瓜一般有后熟作用，采收后放在 0～4℃条件下 2～3 天食用品质最好。

## 14. 茭白栽培

### 14.1 错误做法 ×

不了解留种，对根茎密集、分蘖拥挤的茭墩不及时除去细弱分蘖，误用生长势过旺、趋向“雄化”的幼苗，和匍匐茎上萌芽的“游茭”作种茭。采收过早，肉质茎尚未充分膨大，产量低；采收过迟，则茭肉变青，质量下降，且易形成灰茭。

### 14.2 正确做法 ✓

**【品种选择】** 茭白设施栽培以大棚为主，起到设施增温保温的作用。应选择采收期长、品质好、分蘖力强、耐热、抗逆性强、早熟、产量高的茭白优良品种，产品性状符合市场需求。一般应选择单季茭品种，具有适应性强，对水肥条件要求不高，较耐干旱，植物生长旺盛，管理方便，采收期集中等特点。品种主要有“一点红”、“象牙茭”、“美人茭”等。

**【选留种茭】** 茭白用分株方法进行繁殖，种株的好坏直接影响茭白的结茭率、产量和品质。母株的选择要求当年株形整齐，孕茭率高、茭肉肥大，结茭部位低且成熟一致，具有本品种特征特性的茭墩留种。种苗应严格精选 3 次，第 1 次选当年种植的茭白，选留结茭率高、结茭早、茭肉粗壮、外观整齐、肉质细嫩、肉茎大，抗病力强的单株作种，采收时根据优良母株的特征作好标记；第 2 次结合冬季茭白田间管理及时掘出雄株、杂株、灰株及壳里青、畸形茭等不符合本品种特征、特性的茭墩；第 3 次在春季掘墩分苗时根据苗情苗色及时去除劣株、病株，将灰茭、雄茭连根挖去，以保持原有种性。

一般每 667 米$^2$ 需种 200～300 墩。选好的优良种株待采收后，于 12 月中旬至翌年 1 月中旬将种茭丛连根挖起。茭白种株以地表向下

1～2节地下茎所萌发的芽为有效分蘖，切除种株最上部和最下部各节，留中间一段进行扦插假植。假植的行距为50厘米，株距15厘米，每隔5～6行留出80厘米的走道，假植深度以齐茭墩泥为度，并保持1～2厘米的浅水层。防止受冻，提早成熟和提高产量。当假植苗成活后，每667米$^2$秧田可施入碳酸氢铵3～4千克，促进幼苗生长。春季对根茎密集、分蘖拥挤的茭墩，当苗高10厘米左右时应将细弱分蘖除去，同时向根际压1块泥，使蘖芽向四周散开，以改善营养状况和株间通风透光。在移栽定植前1周，除去生长势过旺、趋向“雄化”的幼苗，以减少雄茭的发生。由匍匐茎上萌芽的“游茭”不能作种茭用。

**【翻耕茭田，施足基肥】** 栽种前要进行一次翻耕，深15～25厘米，充分晾晒后，把土块敲细耙平，筑好田埂，确保田间能灌水15～20厘米。每667米$^2$施入腐熟农家肥3000千克或浓人粪尿2500千克，加碳铵30千克、钙镁磷肥50千克或三元进口复合肥30千克。如前作是水稻田，还要增加基肥的用量，并耙平，然后灌水2～3厘米，做到田平、泥烂、肥足。

**【定植】** 种株要求带有老茎及分蘖苗4～5个，栽种深度一般以老根埋入土中10厘米、老苔管齐地面为好，随掘随分随定植，以晴天下午栽种为好。深度以栽后不倒为宜。过高茭苗可剪去叶尖，使苗高保持在25～30厘米，防止栽后倒伏。可采用宽窄行栽植，一般大行距1.2米，小行距0.8米，株距0.4～0.5米，根据田块肥力水平状况，每667米$^2$栽1300～1600株。秋冬栽时剪取长度20～25厘米经过选种的茭墩的秆，秆基部一端带根作为扦插母本，扦插后田间保持一层薄水或湿润状态，以促进成活。

**【换茬】** 茭白栽植一次可连收2～3年，自第3年开始植株生长衰弱，灰茭、雄茭增多，产量降低。所以，应隔3年左右换茬一次。换茬时，在采收结束后，将全田老茭墩彻底挖除，栽入优选种株，以保持茭白植株的优良种性。

**【灌溉】** 根据茭白生长特性及气候条件，掌握浅水移栽，深水活棵，浅水促蘖，适时露田，活水孕茭，湿润越冬的方法，茭白移栽活棵期浅水灌溉，保持3～5厘米水层，以利提高土温，促蘖早发；扁杆拔节期适当露田，控制无效分蘖，增加土壤供氧量，促进根系深扎；孕茭膨大期应加深水层10～15厘米，并用清洁活水串灌以利茭白肉茎膨大，保持嫩茎洁白，提高品质。每次施肥前先放浅水，待施肥耘田和田水落干后再灌水。

**【平衡施肥】** 施足基肥，早施追肥，巧施孕茭肥。追肥分 3 次，即：①活棵肥，一般在定植后 10 天，每 667 米$^2$ 施尿素 10 千克或腐熟人粪尿 500～1000 千克；结合耘田每 667 米$^2$ 施尿素 20～25 千克，氯化钾 10～12.5 千克；②促蘖肥，在第一次追肥后 10～15 天，每 667 米$^2$ 施腐熟人畜粪尿或鸡、鸭粪 1000～1500 千克或复合肥 30～50 千克；③孕茭肥，孕茭肥在拔节期看苗施用，每 667 米$^2$ 施尿素 20 千克。植株长势旺，土壤肥力高的田块可少施，土质瘠瘦、茭株生长落黄的茭田要适当多施，以满足茭白肉质茎膨大对养分的需求。

**【温度】** 茭白喜温暖。越冬母株基部茎节和地下根状茎先端萌芽始温 5℃，适温 15～20℃。植株主茎（分蘖）生长适温 20～30℃；孕茭始温 15℃，适温 20～25℃，30℃以上难以孕茭。

**【茭田养鸭】** 有效控制茭田杂草危害，省去耘田工序，而且增加了鸭子的养殖收入，省工、节本、增收。大棚茭田养鸭一般等茭白苗长到 30 厘米高时才放鸭，放养比例是每 667 米$^2$ 田放养 10～15 只。

**【病虫害防治】** 病害主要有胡麻叶斑病、纹枯病、锈斑病等，重在预防，在苗高 20 厘米左右时用 50% 多菌灵可湿性粉剂 800～1000 倍或 70% 代森锰锌可湿性粉剂 600 倍液喷雾预防一次，以后根据病情于发病初期分别用药。茭白胡麻叶斑病防治，每年换田种植；清洁田园，消灭菌源。选无病茭白留种。加强肥水管理，增强植株抗病能力。施足基肥，多施草木灰等磷、钾肥，控制分蘖数量。药剂防治，用 50% 扑海因可湿性粉剂 1000 倍液、或 50% 多菌灵可湿性粉剂 600 倍液、或 50% 甲基托布津可湿性粉剂 1000 倍液喷雾防治。

**【采收与贮藏】** 采收标准是茭肉部明显膨大，叶鞘一侧略张开，茭茎稍露，包嫩茎的 3 片叶枕基本相齐。一般从开始孕茭到采收约需 14～18 天。采收时可用锐利镰刀从母茎基部留 1 节割起，然后剪掉叶梢，留嫩茎长约 25 厘米毛茭（或壳茭），装入蒲包或网袋销售。茭白采收时要小心，不要踩伤邻近幼茭，茭白最好鲜收鲜销，带叶鞘的毛茭因受外壳的保护，较易保持洁白、柔嫩的品质，且耐运输和贮藏。提前带嫩采收须在孕茭部位明显膨大时采收，在保证一定产量的基础上提早上市。适期采收的一般每 667 米$^2$ 产量为 2500 千克左右。采收时削去薹管，切去叶片，留叶鞘 40 厘米，带叶鞘的茭白浸在清水中可贮存 3～5 天（若采用冷库贮藏，可保鲜 60～70 天）。

# 15. 香菇栽培

## 15.1 错误做法 ×

菌种带杂菌，菌龄过老，导致生活力下降，发菌慢，被杂菌侵染。香菇料筒制作期间，气候较高，拌料后装袋不及时或装袋后来不及灭菌，造成培养料发酵变酸，拌料时加水过多，培养料通气不良，发菌太慢，造成杂菌滋生。采用常压灭菌，灭菌锅体积大，装量多，排袋时若挤压过紧，就会使蒸汽不能通过而造成夹生，灭菌不彻底。菌袋质量差，接种不规范，培菌室管理不当等可造成大棚或小棚栽培失败。栽培管理过程中，温光湿环境控制不好，会使转色太淡；菌棒因脱水也会影响出菇转色。

## 15.2 正确做法 ✓

**【设施与茬口】** 塑料大棚栽培技术是在南方香菇室外袋栽基础上发展起来的，适合北方地区气候条件的香菇栽培模式。采用塑料大棚栽培香菇，具有光照充足，昼夜温差大，良好的通风，适宜的温、湿度等优点，能够满足香菇秋、冬、春 3 个季节的出菇条件。生产出的香菇个头大、肉质厚、柄粗短、色气重，优质菇占有很大比例。菇场应选择在日照充足、通风良好、水源方便、地势高燥的地方。菇床畦面宽度以采菇和操作方便为宜，一般为 1.0～1.3 米，畦面整平拍实。为行走和浸水方便，可以采用两畦之间挖浸水沟，而在两畦的另一边各留出走道。浸水沟宽 0.6 米、深 0.8 米，沟底可铺上农地膜，以防漏水。菌棒需要浸水时，沟里放满水，把菌棒排在里面，吸水后再捞出。两边走道宽 0.4 米，不浸水时沟可作走道。不挖浸水沟时，采用大缸式建水泥池，劳动强度大。山东制原种时间可安排在 8 月份。

香菇小棚大袋栽培技术，是在大袋立体栽培技术基础上发展起来的。具投资少、空间利用率高、节约土地使用面积等优点，有较高的实用价值和推广前景。

**【场地消毒】** 菇棚菇床建成后，菌棒进棚之前应消毒杀虫。空气消毒可采用甲醛、高锰酸钾混合熏蒸或硫黄点燃熏蒸，也可用消毒散或百菌清烟雾剂进行消毒。床面可用石灰、多菌灵、敌敌畏等进行杀菌杀虫。

**【选种】** 香菇分中、高、低温菌种。高温性生长快，易老化；低温性生长慢，产量低。如山西的花王6号、豫菇1号，山东的香菇Cr-66、香菇L26、香菇Cr-04等。例如山东制原种时间可安排在8月份，9月中旬可制作菌筒；发满菌2个月后，即到11月中旬，可搬入大棚进行出菇管理。

**【备料】** 香菇菌棒的原料配方按每1000袋菌筒所需原料计算为，主料（木屑或棉柴粉等）780千克，麦麸（米糠）200千克，蔗糖10千克，石膏粉10千克，塑料筒袋6.5千克，塑料薄膜4千克，专用胶布5筒，菌种50千克，煤300千克，酒精1千克，多菌灵1千克，甲醛1瓶，高锰酸钾0.25千克，消毒散烟雾剂1千克。袋料栽培配方为，锯木屑（阔叶树）60%，玉米芯（粉碎）26%，麦麸12%，石膏粉1.4%，磷酸二氢钾0.6%，pH值6.5左右，含水量55%～60%。

**【灭菌】** 培养料装入袋内，由于气温较高，袋内不通气，里面的杂菌开始生长，造成培养基发酵。因此，根据灭菌锅内的装量考虑拌料量，突击装袋，一般要在4小时内装完。同时做到当日配料、装袋，及时装锅灭菌，日料日清。

常压灭菌做到料筒自下而上重叠排放、上下气流通畅，不致造成死角而灭菌不彻底。料筒装好后，先采用大火，使温度在尽可能短的时间内上升到100～110℃，以防止因热量达不到而使培养料变酸、pH值降低。及时补充消耗的水分，保持蒸汽的温度。达到100℃时，中火维持10小时左右。停火后让料筒在锅内维持10小时左右，使灭菌锅内温度慢慢下降，以便利用锅内余热杀死残余杂菌。锅内温度降至40℃左右，将锅门打开趁热出锅。出锅时料筒要轻拿轻放，发现料筒有轻微破裂可用胶布贴上。搬运料袋的容器要用薄膜或干净麻袋铺上，以免扎破料袋感染杂菌。料筒运到缓冲室，按“井”字形4袋交叉堆叠起来让其冷却，同时晾干塑料筒表面水分。

**【料筒接种】** 当培养料温度降到30℃以下（一般需晾24小时）时，可将料筒搬进接种室接种。料筒接种采用多点接种。接种时先用75%酒精擦拭料袋表面消毒，用空心打洞器或用木棒制成的打孔器，在料袋的正面等距离先打3个洞，用弹簧接种器插入菌种瓶内提取（木屑）菌种，迅速通过酒精火焰，对准接种洞把菌种压进洞中，所接菌种最好满洞或高出1～2毫米，然后贴上胶布。接种人员4人为一组，进行打孔、接种、贴胶布、传袋流水作业，以提高接种效率减少杂菌感染。接完一面后，在另一面错开再打两个接种孔，接上菌种，贴上胶布。接种完毕将菌袋拿走，周而复始，一般每瓶菌种可接80～100孔、20个料筒。

在气候凉爽的深秋季节（25℃以下），接种时可采用不贴胶布的办法。接种室和培养室一定要彻底消毒。接种前两手要清洗干净，用75%酒精擦洗消毒。将菌种袋薄膜纵向割破，用手将菌块掰下接种孔般大小的一块迅速塞入孔内，孔口一定要塞严并高出袋面，打孔等操作同有胶布法。不贴胶布接种法接种完毕不要搬运菌袋，须在接种室培养一段时间，待菌丝生长至两孔距离的1/3处时，方可搬入发菌室培养。

**【养菌温度】** 菌袋排好，培养室温度保持在23～26℃，不要超过28℃。要注意温度变化。温度过高，菌丝吃料慢，易老化。接种后一周内不要翻动，以免影响菌丝萌发和造成感染。当菌种周围萌发出绒毛状的白色菌丝时，室温应掌握在25℃左右。随着菌丝的蔓延吃料，生长加快产生呼吸热，袋温比室温能高出3℃。此时要进行倒垛一次，倒垛时将“井”字形4袋排列改为3袋排列，促使料温下降。当菌筒培养25天以后，菌丝已处于生长旺盛阶段，可以把胶布揭开一个小孔，让空气透进袋内以供菌丝进行气体交换。室温应控制在25℃以下并加强室内通风换气。气温高时，选择早晚通风，气温低时可在中午通风。养菌作业程序和技术要求列于表2-1中。

**【棚内脱袋排放】** 菌筒经室内发菌50余天后，菌丝积累了大量的营养，由营养生长期转入生殖生长期，即可进棚脱袋。

当培养料被分解，菌棒稍萎缩，菌棒和塑料袋交界处形成一定的空隙，表面菌丝呈现波浪状，颜色由浓白转为淡黄色并有瘤状物出现，同时在接种口和料面出现褐色斑点时，菌丝已达生理成熟，即可进棚脱袋。

脱袋可采用两种方法，一种用刀片划破薄膜，将菌袋薄膜全部扒去；另一种方法为二次脱袋法，将出现原基的部位用刀片割去袋膜，使原基长出菇蕾，过一段时间再将袋膜全部脱去。

排放形式：菌筒脱袋后，即成菌棒，把菌棒堆放在菇床的横条上，立棒斜排呈鳞状，或两边斜排呈“人”字形，菌棒与畦面摆成70°～80°夹角。菌棒靠杆处应在棒上部1/3处，菌棒之间相隔5厘米。脱袋排袋的时候，除留照明部分外，应将大棚上面的草苫放下遮

**表 2-1　香菇室内养菌作业技术一览**

| 天数 | 菌丝长势 | 工作要点 | 温度/℃ | 湿度/% | 通　风 | 注意事项 |
|---|---|---|---|---|---|---|
| 1～4 | 种块萌发，定植吃料 | 28℃以下关门发菌 | 25～27 | 70 | 超过 28℃，开门通风 | 净化环境，叠堆合理 |
| 5～15 | 呈绒毛状，舒展穴处 | 翻堆检查，结合通风 | 25 左右 | 70 | 每天 1～2 次，每次 30 分钟 | 回避强光，严防高温 |
| 16～20 | 蔓延 4 周，8～10 厘米 | 调整堆形，处理感染 | 23～25 | 70 | 每天 2～3 次，每次 1～2 小时 | 对症下药，选优去劣 |
| 21～25 | 穴与穴间菌圈连接 | 穴口揭布，通风增氧 | 23～24 | 70 | 白天关门，早晚通风 | 疏袋散热，降低袋温 |
| 26～35 | 分枝浓密，蔓延袋面 | 疏堆散热，调节堆温 | 24 | 70 | 加强通风，更换空气 | 准备排场，抓紧疏袋 |
| 36～50 | 洁白健壮，瘤状突起 | 观察长势，结合翻堆 | 22～23 | 70 | 加强通风，更换空气 | 及时检查，防止鼠咬 |
| 51～60 | 2/3 扭结，瘤状物突起 | 适当印光，诱现原基 | 不低于 20 | 70 | 加强通风，更换空气 | 鉴别成熟，分类堆放 |
| 61 | 由硬变软，略有弹性 | 检查菌袋，衡量程度 | 不低于 20 | 70 | 加强通风，更换空气 | 脱袋前的一切准备 |

光，以防止阳光直射菌棒，造成表面脱水影响转色。

**【转色管理】** 经过脱袋的菌棒，有一个适应过程，须在排袋后严盖塑料薄膜 3～5 天，薄膜内温度控制在 23℃左右，相对湿度以控制在 85%为宜，如果温度偏高（超过 25℃），应将菇床两头打开，大棚覆盖草苫，以降低棚内温度和保持新鲜空气。一般脱袋 5 天后，就开始形成浓白的气生菌丝，说明菌棒能够适应新的环境，开始恢复生长。在正常的情况下，从第 8 天开始，菌棒表面的颜色变化为白→淡黄→红褐→褐→黑。8 天后每日早晚通风一次，拉大干湿差。气生菌丝旺盛的菌种加大通风量，促使菌丝倒伏。转色期间，膜内温度维持在 20～22℃，并适当增加散射光。气温高于 25℃，增大通风次数和时间，防止菌丝徒长和污染杂菌。气温低于 18℃时，可不通风或减少通风次数，并把棚上草苫揭开进光增温，促使转色。当菌筒局部出现黄水时，可用喷雾器喷水将黄水冲掉，以防止菌皮加厚和局部污染杂菌而发生腐烂。喷水也是一种刺激转色的方法。喷水后加强通风干湿交替，有利于转色，而且防止因通风过量导致表面失水形成硬膜。喷水后，要让菌棒表面水分晾干，手抓不黏时将薄膜盖上。如果菌筒表面干燥或有黄水积聚，可再进行喷水 2～3 次，以使菌棒加快转色。在一般情况下脱袋后 15～20 天，菌棒表面即可形成具有韧性和弹性的褐色菌皮，随后进入出菇阶段的管理。

**【出菇管理】** 菌棒从接种后 60～80 天开始出菇。香菇子实体形成过程大体可分成原基形成、子实体分化和生长发育 3 个阶段。香菇脱袋转色后，菌丝体积累了丰富的养分，如果条件适合，子实体原基会在转色时同步发生，但有些菌种需要“催”才能出菇。当菌丝体达到生理成熟后，如果突然受到外界条件的刺激，菌体为了生存会迅速做出反应——互相扭结形成盘状组织，内部菌丝向外输送养料和水分，使盘状组织进行分化而形成原基，变成菇蕾，菇蕾很快长大成为香菇子实体。

催菇：菌棒栽培山东省多在 10 月下旬开始，到 11 月下旬进棚脱袋。由于气温变冷（平均气温 8～10℃），气候干燥，所以催菇必须在保温保湿的条件下进行。具体方法很简单，在白天天气晴朗时，拉开草苫，造成半阴半阳的环境，保持棚内温度，但菇床薄膜不要揭开，以防光线直射造成脱水。棚内温度不要超过 25℃，最好在清晨温度最低时将通风口打开，使棚内温度降低一些，这样既可起到低温刺激作用，又可使棚内进入新鲜空气，促进菌丝成熟发育。经 4～5

天变温处理后，菌棒表面即产生菇蕾，此时要揭膜通风，大棚温度要调到相对湿度80%左右，以使子实体柄短而厚实。同时要白天拉开草苫引光增温，晚上盖上草苫保温。

秋菇管理：从11月份到12月底以前所出的菇是秋菇，此时温度适中，病虫害少，菌筒水分充足，营养丰富，菇潮比较集中，一般可出3～5茬菇，占总出菇量的40%。每潮菇峰3～4天，间隔7～10天。采收一批菇后，加强通风，少喷水或不喷水，控制环境湿度，使菌丝体休养生息，积累营养，为下一潮菇打下基础。当菌棒采菇后留下的小坑处发菌时，菌丝已经恢复，白天要进行喷水，盖紧薄膜提高温度，增加昼夜温差和干湿差，促使其出第二茬菇。当菇蕾直径约2厘米时开始喷水，以后各茬一样管理。

冬季管理：第2年的1～2月份进入冬季管理阶段。棚内白天可达10～15℃，晚上为3～5℃，有时可能降到0℃，短时影响不大。由于温度稍低，子实体生长缓慢，出菇期间隔拉长约15天，但菇肉厚、菇形好、颜色深、品质优良，产量可占全部产量的30%以上。此时正值春节前，市场需求量大，价格较高，因此要采取措施，加强温度、水分的管理，以增加出菇量。

春季管理：3～5月份气温回升，特别对于大棚来说，春天天气晴朗少雨，光照充足，要采取措施控制温度。气候干燥，要适时喷水、灌水、浸水、注水，以增加菌棒内外湿度，提高菌丝活力。进入3月份以后，气温回升，白天最高气温10～15℃，晚上平均6℃左右，要注意采用草苫等材料进行温度调节。温度高时（25℃以上），要将草苫盖上一部分以遮光降温，同时要压好草苫以防止大风的破坏。春菇生长期间要结合往子实体上喷水来进行管理。喷水后晾30分钟再覆盖薄膜。在草苫盖得较多、棚内光线为散射光条件时也可不覆盖薄膜，以增加光照着色和防止霉菌污染。春菇因为菌棒后期营养减少和温度升高，子实体薄而易开伞，造成商品性降低，因此要在菌盖没开伞时采收，以保证子实体完整不破碎。香菇菌丝要及时补充水分和营养，在给菌棒补水时，可添加部分营养物质以补充因出菇而消耗的养分，一般可加入尿素、过磷酸钙、生长素、糖等营养物质。一般加入的比例为，尿素0.3%、过磷酸钙0.2%、柠檬酸微量或糖0.5%。另外再加入50%粉剂多菌灵1000倍液，以防添加营养时污染霉菌。这样一般出菇较多且菇形完整，棚栽香菇一般到5月底结束。具体做法为：进棚时可称取一部分菌筒的重量，一般重约2千克。如果菌棒含水量减轻30%，即说明缺水，应加强补水。补水方法可采用注射法和浸泡法。

# 16. 甘蓝栽培

## 16.1 错误做法 ✕

不少菜农错误地认为，早春甘蓝早上市，下种要早，不了解苗龄过大受冻会抽薹开花，失去栽培意义。甘蓝以叶为食用部分，认为氮素长叶，不注重施钾，结果外叶多，叶球小，产量低。有的菜农认为外叶肥大，光合作用强，能结大球，每667米$^2$施鸡粪常超过5000千克，并穴施在根下，引起死秧和矮化苗。

## 16.2 正确做法 ✓

**【类型品种与茬口】** 棚室越冬栽培，一般10月上旬育苗；早春塑料拱棚栽培11月中下旬至12月初播种，品种宜选用8398、皖甘一号等。2月至5月下旬上市，每667米$^2$产量5000～6000千克。谨防过早播种，使苗龄过大而受冻或在10℃以下低温连续60小时通过春化阶段发育，45天内不包球便抽薹开花。另有抱子甘蓝，又名芽甘蓝，是甘蓝的一个变种，以腋芽形成小叶球为食用部分。抱子甘蓝的茎直立生长，分高、矮两种类型。高生种茎高100厘米以上，叶球大，多晚熟；矮生种约50厘米，节间短，叶球小，多早熟。棚室栽培甘蓝优良品种如下，可参考选用。

**(1)** 中甘11号　早熟，植株开展度46～52厘米，外叶14～17片，叶色深绿，叶片倒卵圆形，叶面蜡粉中等。叶球紧实，近圆形，质地脆嫩，风味品质优良，不易裂球。冬性较强，不易未熟抽薹，抗干烧心病。从定植到商品成熟50天，单球重0.7～0.8千克，每667米$^2$产量3000～3500千克。主要适于我国华北、东北、西北地区及西南部分地区作早熟春甘蓝种植。

**(2)** 中甘17号　早熟春甘蓝。叶球紧实，近圆球形，品质优良，耐先期抽薹，耐裂球。整齐度高，可密植，抗逆性强，定植到收获约50天。单球重约1千克，每667米$^2$产量约3400千克。适于北方地区春季保护地栽培，南方部分地区可秋季种植。

**(3)** 极早40　极早熟春甘蓝。外叶深绿色，叶面蜡粉中等。叶球近圆球形、紧实，叶质脆嫩，风味品质优良。冬性较强、不易未熟抽薹，抗干烧心病。从定植到商品成熟约 40 天，单球重 0.65 千克左右，每 667 米$^2$ 产量 3000 千克以上。适于我国北方地区春季保护地种植。

**(4)** 春甘 45　植株开展度 38～45 厘米，外叶 12～15 片，外叶绿色，叶片倒卵圆形，叶面蜡粉较少。叶球浅绿色，圆球形、紧实，叶质脆嫩，风味品质优良。冬性较强，不易未熟抽薹，抗干烧心病。从定植到商品成熟约 45 天，单球重 0.8～1.0 千克，每 667 米$^2$ 产量 3500 千克左右。适于我国华北、东北、西北及云南作春甘蓝种植，华南部分地区可秋种冬收。

**(5)** 庆丰　植株开展度 55～60 厘米，外叶 15～18 片，叶色深绿，蜡粉中等。叶球紧实，近圆形，单球重 2.5 千克左右，冬性较强，适于春季种植。丰产性好，亩产可达 6000 千克左右。从定植到商品成熟 70～80 天，比京丰一号早熟 7～10 天。亩用种量 50 克左右。可在我国华北、西北，华东、及西南部分地区种植。主要适于我国北方春季栽培。

**(6)** 皖甘一号　安徽淮南市农科所选育。冬性强，早熟丰产，商品性好，抗逆性强，株型紧凑，株高 27 厘米左右，开展度 50 厘米左右，中心柱长 6.3 厘米，外叶 9～10 片，叶色绿，蜡粉轻，叶球心脏形，结球紧实，单球重 1 千克，大的可达 2 千克，耐抽薹。每 667 米$^2$ 产量 3500～4000 千克，高产可达 5000 千克以上。适于作春甘蓝或秋甘蓝栽培。

**(7)** 早生子持　日本引进的抱子甘蓝，耐暑性较强，极早熟，从定植至收获为 90 天，在高温或低温下均能结球良好。植株为高生型，株高 1 米，生长旺盛，叶绿色，少蜡粉，顶芽能形成叶球。小叶球圆球形，横径约 2.5 厘米，绿色，整齐而紧实。每株约收芽球 90 个，且品质优良。

**(8)** 斯马谢　荷兰引进的抱子甘蓝。晚熟种，生长期长，从定植至采收需 130 天。植株中高型。叶球中等大小、深绿色，紧实，整齐，品质好。耐贮藏，经速冻处理后，叶球颜色鲜艳美观。耐寒能力极强，适宜冬季保护地栽培。

**(9)** 探险者　荷兰引进的抱子甘蓝，晚熟种。定植后需 150 天收获。植株中高至高型，生长粗壮。叶片绿色，有蜡粉，单株结球多，叶球圆球形，光滑紧实，绿色，品质极佳。该品种耐寒性很强，适宜早春、晚秋露地栽培或冬季保护地栽培。

**(10)** 增田子持　日本引进的抱子甘蓝，中熟种。定植后120天左右开始采收。植株生长旺盛，节间稍长，高生种，株高100厘米左右。叶球中等大小，直径3厘米左右。不耐高温，可7月上旬播种，12月上旬开始采收。

**(11)** 佐伊思　法国引进的抱子甘蓝，中熟种。从定植至初收为110多天。植株中生型，株高46厘米，生长整齐。叶扁圆形，绿色，平展。单株叶球较多，圆球形，紧实，绿色，品质好。

**【播种育苗】** 甘蓝春早熟栽培育苗播种期为11月下旬至12月下旬。育苗床土配制，以30%的腐熟有机肥，50%的阳土，20%的腐熟牛粪，矿物磷、钾粉1千克配成。床土要整平，灌足水，播种后支架盖膜，白天气温保持在20～25℃，夜间10～15℃，让幼苗缓慢生长。不施化学氮肥。待幼苗3叶1心时，按株行距6～8厘米分苗。若采用穴盘育苗，可用128孔穴盘，其基质配制请参照相关内容进行。

**【温湿度管理】** 幼苗期白天温度保持在25℃，夜间在18℃；生长中后期白天保待在20℃左右，如莲座叶有丛长现象，夜温可降到12℃左右，包球期夜间保持5～10℃，幼苗期停水蹲苗，以提高地温；结球期不要缺水，降温促包球。幼苗大，应控温控水；僵化苗、小苗，应升温，浇1次硫酸锌1000倍液，促苗赶齐。

**【定植】** 甘蓝喜土层深厚、肥沃、疏松的土壤。冬前每667米$^2$施优质圈肥3000千克。深耕，经冬季冻晒，熟化土壤。定植前7～10天，再浅耕、耙平、做畦。设施内的10厘米地温应稳定在8℃以上，小拱棚等设施内的气温一般不低于10℃时方可定植。如果用小拱棚加盖草苫进行春早熟栽培，小棚内的温度可比露地高4～5℃(指夜间最低温度)。即在当地最低气温稳定在5℃以上时，可作为小拱棚加盖草苫进行春早熟栽培的安全定植期。由于定植后采取了保护措施，温度较为适宜，缓苗、生长快，即使在生长期间遇到了寒流，设施内出现几天8℃以下的低温，先期抽薹的概率也小。甘蓝先期抽薹防治请参照问题72进行。

定植时，可在畦内按行距开沟栽植，或直接按行距、株距挖穴栽植，栽植深度以秧苗土坨与畦面平即可，栽苗后随即浇水。早熟品种叶丛小，适于密植，一般每667米$^2$栽植5000株左右。定植后及时覆盖保护。

【**肥料管理**】 按每667米$^2$产叶球6000千克投肥，需施碳素600千克，氮30.8千克，磷24.9千克，钾29.1千克。基肥可穴侧埋施，施用鸡粪1500千克、牛马粪2500千克，在结球期再施45%生物钾15千克，可使外叶与球心比例拉大为3∶7。在中后期可追施EM生物菌肥5千克左右。结球期氮、磷、钾、钙、镁、硫比为9∶3∶13∶8∶3∶1。第一次追肥、浇水后，莲座叶开始旺盛生长，叶面积迅速扩大。这时可适当控制浇水，进行中耕，促使植株长得壮而不过旺。当莲座叶基本封垄，球叶开始抱合时，进行第二次追肥，促叶球生长。结球期是甘蓝生长量最大的时期，此期的生长量占总生长量的70%～80%。这次追肥很重要，可每667米$^2$追施尿素15千克、硫酸钾10千克，或追奥磷丹复合肥30～40千克，追肥后随即浇水，或将肥料均匀随水冲施。结球期充足的肥水条件，有利于叶球生长，还有利于减少先期抽薹。当叶球紧实后，可及时分次采收。

【**防止干烧心**】 结球初期用米醋50克、过磷酸钙50克对水14升做2次叶面喷施。施生物菌肥，可不需补钙。在中温、高湿环境下，一般无须补钙。

## 17. 韭菜栽培

### 17.1 错误做法 ×

不懂得在种蝇期杀灭飞虫，用草木灰驱虫产卵，习惯于用有机磷剧毒农药浇灌韭菜根部土壤杀蛆，造成韭菜和土壤污染。不了解新、陈种子区别，采用陈种子致使发芽率低。不了解灰霉病引起的干尖症是缺钾症，习惯于喷施化学农药，不懂得施钾防治。

### 17.2 正确做法 ✓

【**类型品种**】 按韭菜可食部位，可分为叶用韭、根用韭、薹用韭、花用韭和叶薹兼用韭5个类型。棚室生产上以叶用韭为主。以采收鲜韭为主，韭菜营养生长旺盛，营养体生长较快，鲜韭产量高；叶片、叶鞘柔嫩多汁，辛香味浓，鲜韭品质好。目前，生产上的绝大多数韭菜属于叶用韭，这种类型生产上应用广泛，优良品种较多。如平丰1号、平韭1号、平韭4号、平丰6号、平丰8号和赛松等。

**(1)** 豫韭菜一号　河南平顶山市农业科学研究所选育。株高50

厘米左右，生长势强，叶簇披展，叶色深绿。叶片宽大肥厚，叶端下勾，叶片宽条状，叶背脊较明显，叶肉丰腴，叶长30～35厘米，单株重10克以上。分蘖力强，辛辣味浓，商品性状好，品质优良，较耐存放。鲜韭产量高，年收割鲜韭5～6刀，每667米$^2$产青韭8500千克以上，冬季回秧。夏季抗热性强，高温季节叶片干尖轻，抗逆性强。冬季回秧，春季萌发早，前期生长速度快、产量高，是供应早春市场的理想品种。适合全国各地早春保护地栽培。

**(2)** 豫韭菜2号　河南平顶山市农业科学研究所选育。株高50厘米以上，叶簇较直立。叶端向上，叶长40厘米，叶宽1厘米左右，叶色深绿，叶鞘横断面呈扁圆形。平均单株重12.5克，鲜韭商品性状好，辛辣味浓，品质优良，耐贮存。耐热性强，春、秋两季分蘖多，生长快，冬季回秧，春季早发，属冬季休眠类型。抗灰霉病、疫病能力强。年收割5～6刀，一般每667米$^2$产青韭9000千克以上。植株虽可抽薹开花，但雄蕊败育，后代不能获得种子，杂交种子千粒重5克以上。韭薹鲜嫩肥大，薹高55厘米以上，每667米$^2$产鲜韭薹1000千克左右。为品质独特的叶薹兼用韭。适合全国各地早春保护地栽培。

**(3)** 赛松　河南平顶山市农业科学研究所选育。株高50厘米左右，叶簇直立，叶端向上，宽条状，生长势强而整齐。叶色浓绿，叶鞘短而粗壮，叶鞘横断面呈圆形。平均单株重10克，分蘖力强。叶片鲜嫩，品质好。抗寒性极强，冬季基本不休眠，抗灰霉病、疫病能力强。产量高，一年收割6～7刀，可收获青韭10000千克左右。适合全国各地保护地栽培。

**(4)** 平韭4号　河南平顶山市农业科学研究所选育。株高50厘米左右，叶簇直立。叶片向上，宽条状，生长旺盛，叶片绿色，宽大肥厚，叶长40厘米左右，叶鞘粗壮，上部浅绿色，下部洁白色，分蘖力强，纤维含量少，口感鲜嫩，辛辣味浓，品质佳。春、秋季生长速度快，年收割6～7刀，一般每667米$^2$产青韭10000千克以上。抗寒性强，冬季基本不回秧，黄河以南地区露地栽培，12月上旬仍可收割青韭。春季萌发早，抗灰霉病、疫病。适合全国各地冬春季保护地栽培。

**(5)** 平丰6号　河南平顶山市农业科学研究所选育。叶簇直立，叶端向上，生长势强，株高50厘米以上。叶长约35厘米，叶背脊突出，叶尖钝尖，叶片宽大肥厚。叶鞘粗壮，叶鞘横断面扁圆形，平均单株重 11.5 克，分蘖力较强，生长速度快，叶片宽大，不易干尖。抗寒性特强，叶肉丰腴，叶色浓绿鲜嫩，辛辣味浓，粗纤维含量少，口感香辛，耐贮性强，年收割 6～7 刀，每 667 米$^2$ 收割青韭 11000 千克左右。抗韭菜疫病、锈病能力强，中抗灰霉病。适合全国各地冬、春季保护地栽培。

**(6)** 平丰 8 号　河南平顶山市农业科学研究所选育。叶簇直立，叶端斜生，生长势强。株高 55 厘米以上。叶片宽带状，深绿色，叶肉丰腴肥厚，叶长 35 厘米以上，叶背脊稍凸，叶正面平滑油亮，叶端钝尖，叶鞘粗壮，横断面扁圆形，平均单株重 11 克左右。韭薹肥大，抗寒性强，在黄淮地区冬季基本不回秧，稍加覆盖即可进行越冬生产。分蘖力较强，年收割 5～6 刀，每 667 米$^2$ 产青韭 11000 千克以上。抗病虫性好，抗韭菜灰霉病，较抗韭蛆，夏季基本无干尖现象。粗纤维含量少，香辛味浓，口感鲜嫩，商品性状好，抗逆性强。适合全国各地保护地栽培。

**(7)** 平丰 9 号　河南平顶山市农业科学研究所选育越冬保护地专用韭菜品种。株高 52 厘米以上，叶簇较开展，叶端斜生，宽长条状。叶深绿色，叶肉丰腴肥厚，叶长 39 厘米左右，叶背脊突出，叶端锐尖，叶片宽大肥厚，叶鞘圆形，粗壮，平均单株重 10 克左右，分蘖能力中等偏弱，抗热性较强，夏季无干尖，抗寒性强，冬季基本不休眠，越冬保护地栽培耐弱光，低温条件下生长速度快，一般每年可越冬生产 3～4 刀，每 667 米$^2$ 产青韭 6000～7000 千克。适合全国各地越冬保护地栽培。

**(8)** 平丰 1 号　河南平顶山市农业科学研究所选育。株高 45 厘米左右，叶簇较开展。叶端斜生，叶色深绿，叶片正面较凹，背面中心脉凸起，叶片横断面呈扁圆形，叶表面蜡质层较厚，单株重 10 克左右。辛辣味浓，品质好。耐干旱，分蘖力强，抗韭菜潜叶蝇、韭菜螟蛾，对韭菜灰霉病、疫病抗性强。耐热，夏季高温条件下基本不出现干尖、病斑现象。冬季休眠，春季发棵早而整齐，每 667 米$^2$ 产 9000 千克以上。适合全国各地早春保护地栽培。

**【设施与茬口】** 棚室栽培可用温室、日光温室和大棚。早春栽培一般在 3 月至 6 月中旬播种。品种可参照选用上述优良品种。

**【种子识别】**　韭菜种子常温下贮存寿命为一年。种柄颜色是区别新、陈种子的显著标志，新种子种柄呈白色，陈种子种柄呈黄色。当年生新种，种皮深黑色发亮，两年以上陈种子呈灰黑色发暗并伴有白霜。

**【浸种催芽】** 早春气温低，播前4～5天将种子放入40℃的温水浸泡1昼夜。用干净的纱布包好置于16～20℃处催芽，70%的种子露芽播种，出苗整齐一致，一般新种子发芽率达75%左右。

**【基肥】** 韭菜耐肥，按年收三刀，每667米$^2$产5000千克韭菜投肥，允许施有机碳素肥1倍，基肥可施含碳25%的牛马厩肥1250千克、鸡粪1250千克（或腐熟有机肥3000千克），草木灰209千克。或者施有机肥1000千克、过磷酸钙50千克和硫酸钾30千克作底肥。配合施生物菌肥可预防蛆、虫危害，避免用化学剧毒农药杀虫。

**【防止韭蛆】** 鸡、牛粪施前用EM生物菌分解碳素，不易生虫；9月份种蝇产卵期在田间挂矿灯或电灯套胶黏膜诱杀飞虫；在韭菜根部667米$^2$撒草木灰200～300千克，可避虫；韭蛆危害严重的地块每667米$^2$可用乐斯本500克或虫藤杀虫剂（中草药剂）1千克，在覆盖前灌入韭菜行杀虫。也可在整地做畦时，施入石灰氮杀灭地下害虫。

**【立夏追肥】** 5～6月份温差大，利于养根壮苗，每667米$^2$可施人类尿500千克，EM固体菌剂10千克，施后分次覆土。

**【高温期间遮荫除草】** 7～9月份高温期间，在设施上覆盖遮阳网、杂草或废塑料膜挡光降温。667米$^2$浇45%生物钾10千克，养壮鳞茎。中耕除草。夏季遮阳可增产。

**【立冬覆盖薄膜】** 11月中旬覆膜，继而盖草苫。韭菜出土后，谨防室温过高，使韭菜徒长而变纤细。在覆膜前每667米$^2$施锰锌制剂1千克，在韭菜生长期中，每隔7～10天喷施生物制剂，防治灰霉病。冬季在室内北墙挂反光幕和吊灯增光，薄膜应选用紫光膜。常用有益生物剂喷洒，可解症防病。韭菜12月中下旬至翌年2月中旬上市，一般每667米$^2$产一刀收割2000～3000千克。

**【叶面追肥】** 叶皱时，喷0.1%硼砂溶液；叶窄时，喷0.1%～0.3%硫酸锌溶液；叶尖弯曲时，喷钙溶液（每50克过磷酸钙兑米醋50克，兑水14升）。整株韭菜发黄时，喷补铁补镁；叶片薄时，喷钾溶液；叶片上有白点时，补铜，抗寒促长；韭菜长势弱时，每667米$^2$浇EM 1千克，或施生物钾使叶片增厚，抗真菌病害。

**【温湿度管理】** 白天温度保持在24～28℃，前半夜16℃左右，后半夜4～10℃，昼夜温差保持18℃左右。土壤持水量为50%～60%，空气相对湿度为65%左右，产量高，质量好。防止温度、湿度过高，徒长染病。一刀只浇1次水即可，并随水冲施复合肥15千克及尿素15千克和EM菌肥1～2千克。

## 18. 芦笋栽培

芦笋，学名石刁柏，多年生宿根草本植物，雌雄异株。因其嫩茎挺直，顶端鳞片紧包，形如石刁，枝叶展开酷似松柏针叶，富含多种氨基酸、蛋白质和维生素，特别是天冬酰胺和微量元素硒、钼、铬、锰等，具有调节肌体代谢、提高人体免疫力的功效，对高血压、心脏病、白血病、癌症等具有很强的抑制作用和药理疗效。作为一种高档营养蔬菜和保健食品，深受消费者的青睐，市场发展前景广阔。

### 18.1 错误做法 ×

芦笋栽植2～3年后产量、质量大幅提高，至第8年产量质量趋高、优态势，往往使不少种植者盲目投入。一次投入过多营养，可造成土壤浓度过大而死秧。夏秋季放任不管，让植株生长，杂草丛生，影响宿根积累营养，采收时细笋比例多，产量低。或定植密度过大，植株过旺、排水不畅，透光不良，追求高密度短期高产，追求短期效益，造成通风不良，易引起毁灭性病害。在高湿高温期，不对茎枯病和根腐病进行有效防治，造成芦笋大面积枯死。采收时，超长采收、伤及鳞芽盘上的嫩芽，造成伤口过大而染病，或不留母茎“剃光头”采收，导致总产量低。

### 18.2 正确做法 ✓

**【品种选择】** 选择抗病、优质、丰产品种，如美国玛丽华盛顿、王子、冠军、UC-800等品种。

**(1) 阿特拉斯** 美国近几年新培育的杂交一代种，植株高大，长势健壮，嫩茎肥大，大小整齐，嫩茎数较多，笋顶圆形，产量高，抗锈病能力强，不培土采收时，嫩茎色泽浓绿，不易散头，但抗茎枯病能力差。属白、绿兼用品种。

**(2) 玛丽华盛顿** 植株高大，生长旺盛，早熟，产量高，抗锈病能力强；嫩茎粗大、整齐，圆柱形；笋头圆形，鳞片紧密，高温时头部不易松散。缺点是嫩茎质地较粗糙，易老化。

**(3) 加州大学800（UC800）** 美国加州大学培育，植株高大，长势旺盛，茎秆组织坚硬，抗病性较强，单株抽发嫩茎数多而肥大，嫩茎整齐一致，笋尖鳞片抱合紧密，不易散头和变色，笋头较圆，产量高。

**(4)** 加州大学157　该品种长势中等，嫩茎稍细，粗细均匀，顶部较圆，鳞片抱合紧密，散头率低，分枝较晚，产量较高，抗病性中等，适于绿芦笋栽培。

**(5)** 太平洋紫芦笋　新西兰选育。顶端略呈圆形，鳞片包裹紧密，嫩茎紫罗兰色。嫩茎肥大，多汁、微甜、质地细腻，纤维含量少，尤其不易出现空心现象，品质优异，生食口感极佳。抗性强，不易感病，对根腐病、茎枯病高抗。起产晚，前期长势较弱，喜肥水，成年笋产量高，品质好，商品价值高。定植后第二年即可形成产量，成年笋产量达1500千克，是产量高、质地好的新紫芦笋品种。

**(6)** 鲁芦笋1号　中国芦笋研究中心选育。植株生长旺盛，叶色深绿，笋条直，粗细均匀，质地细嫩，空心率低，抗茎枯病能力强，适合高肥水栽培。一般情况下，成龄笋每667米$^2$产量可达1200千克以上。尤其是做白笋栽培时，笋条直，粗细均匀，直径在1.3～2.0厘米范围的占90%，遇低温时无空心笋。

**(7)** 芦笋王子　中国芦笋研究中心选育。植株生长旺盛，叶色深绿，笋条直，粗细均匀，抗茎枯病能力强，每667米$^2$产量达1500千克以上。宜做白笋栽培。

**(8)** 冠军　中国芦笋研究中心选育。植株生长旺盛，叶色浓绿，笋条直，均匀粗大，是直径在1.2～2.0厘米范围内的占90%的白、绿两用型品种。每公顷产量达17500千克以上，南方地区由于生长期长，产量会更高。

**【设施与茬口】**　芦笋为多年生宿根植物，一经种植，可连续采收10～15年，生产中多采用春播棚室设施育苗移栽。华北、东北及西北无霜期较短，采用春季播种育苗、夏季移栽定植或初秋移栽定植。塑料大棚或温室育苗，可于5月中下旬定植。绿芦笋进行大棚早熟栽培，即在已培育2年的根株上扣棚生产，比露地生产提早采收20～30天。或于11月份挖掘根株，移栽于日光温室或温室内进行促成栽培，采收期自12月份至翌年的4月份。

**【育苗技术】**　芦笋的育苗方式分露地大田育苗和设施育苗两种，采用阳畦或拱棚早春进行设施育苗，可以在当年形成比较大的幼苗，次年芦笋产量较常规露地育苗高。为保护根系，缩短缓苗期，可用穴盘、营养钵、纸筒等育苗。需进行种子处理和浸种催芽后行点播。待幼苗长到12～15厘米高时，用铜铵合剂500倍液（即硫酸铜25克、碳铵50克兑水12升）作叶面喷洒，连喷2～3次，防治病害。

**【定植】** 定植前开宽、深为40厘米左右的沟，活土与死土分放。将基肥与生物菌肥及表土混合后沟施，将死土风化以备芦笋根盘“跳根”上移后覆土用。定植的密度及方法：定植的密度要根据当地的土质、肥力水平、采收产品类型及田间的栽培管理水平而定，此外，还要考虑机械耕作的方便及短期效益和长期效益等问题。绿芦笋的定植行距为1.3米，株距20～30厘米；白芦笋的行距一般为1.4～1.6米，株距25～35厘米。植株封垄后，地面见光为15%左右时，在叶面喷植物诱导剂800倍液，控秧促根茎发育，提高光合强度。发现有茎枯病斑时，用铜铵合剂200倍液涂抹病斑处，涂1次即可痊愈；病斑较多时，可普遍喷硫酸铜配碳铵水溶液（1：1：300）防治。

**【施肥管理】** 基肥，以有机肥为主。芦笋每667米$^2$年采1000～2000千克的笋田氮肥需要量为全氮20千克、五氧化二磷12千克、氧化钾10千克、氧化钙8千克。可施用腐熟有机肥3000～5000千克，或施1000千克鸡粪、施2000千克牛粪及硫酸钾25千克左右。

追肥，分阶段进行。定植后追施应少量多次，以速效性肥料为主。第一次追肥在定植后30天进行，以尿素或氮、磷、钾复合肥为主。每667米$^2$施用量为尿素6千克，复合肥20～30千克，开沟条施或点施，浅沟离芦笋植株10～15厘米，施肥后浇水一次，以便芦笋根系更好地吸收利用。以后每隔30天左右再次追施2次。至临近采笋时要施有机肥或绿肥。留母茎采笋，进行采笋期施肥，以农家有机肥为主，适当加入氮、磷、钾复合肥。每667米$^2$施腐熟后的农家有机肥1000～2000千克，氮、磷、钾复合肥20～30千克。撒施后，培土起垄，在清园和松土后，开沟将农家有机肥及复合肥埋入土中，然后浇一次水。可采用根外追肥时，可用尿素与硼砂及磷酸二氢钾等混合喷施。尿素浓度为0.3%，硼砂浓度为0.2%，磷酸二氢钾的浓度为0.2%。采收结束后，施复壮肥，每667米$^2$施农家有机堆肥3000～4000千克，复合肥15～30千克。秋茎生长期可追施1～2次复合肥，保证秋茎生长旺盛，提高抗逆、抗病能力。

**【田间管理】** 做好清园。霜降后茎叶慢慢变黄枯干，应将干枯残叶清除出笋田外焚烧。清园后对根盘和行间进行土壤消毒，每667米$^2$用代森锰锌1千克或硫酸铜2千克冲施。

**(1)** 合理采收　当地上部的株丛生长繁茂健壮，粗壮的茎秆数达到或超过6根，植株的自然生长高度1.5米以上或新出土的嫩茎基部直径多数已超过0.7厘米时，进入投产采笋期。头年采收期为28天左右，以后每年采收期增加10天左右。进行硫酸钾和EM生物菌肥结合施用，可延长采收期5～27天，增产1～3倍。

**(2)** 消毒和防病　停采后撤垄晒根盘，用农抗120浇灌根盘。停采后新抽生的嫩茎长至12～15厘米时，用硫酸铜300倍液，用毛刷和棉球蘸药涂抹嫩茎基部伤口。在7～9月份多雨高温高湿季节，重点防治茎枯病。过密植株、畸形枝、弱枝、病枝、枯死茎秆应拔除或疏剪。每穴留健壮茎10个左右，以利于通风透光，防止病虫害。

**(3)** 母茎管理　对未成年芦笋田留足母茎，以提高总产量和总收入，延长采笋期，提高抗逆性。停采撤垄后，每667米$^2$可施含氮、磷、钾各15%的三元复合肥25千克，饼肥25～50千克拌生物菌液1～2千克，立秋后追施1次肥料，以养株壮根，为翌年芦笋稳产增产奠定良好的基础。

**【留母茎新技术】** 利用早春芦笋的光合作用，以提高芦笋产量。留母茎，是在培土垄上，于谷雨后10天左右，每丛株留2～3根茎株，让其长高，利用母茎叶面积进行光合作用积累营养，晚上将有机物转移到其他嫩茎上，加快生长速度，一般比不留母笋可增产1倍左右，采笋期可由2个月延长到4个月。母茎宜选直径为1～1.2厘米、茎直饱满、健壮无病的嫩茎，第一年留2～3株，以后每年增留1株，最多1丛不超过6株。母茎不宜留在1条平行线上，应错开，间隔6～8厘米；当植株长到约1米高时摘心，叶面喷植物诱导剂控秧防徒长，可提高光合强度0.5～4倍。

# 19. 菜豆栽培

## 19.1 错误做法 ×

许多菜农不了解菜豆的品种类型，选育品种不当。盲目重施氮肥，忽视磷钾营养，导致植株叶蔓疯长，造成减产。

## 19.2 正确做法 ✓

**【类型与品种】** 按生长习性又分为矮生菜豆（俗称地芸豆）和蔓

生菜豆及半蔓生品种。蔓生菜豆的茎蔓无限生长，一般蔓长2～3米，左旋生长。生长期较长，可陆续开花结荚，每株开花100～200朵。嫩荚的品质好，产量高。矮生菜豆，植株矮小，有限生长，每株开花30～80朵，成荚20～50个，开花和结荚期早，采收嫩荚的时间短且较集中。半蔓生品种介于两者之间。优良品种简介如下。

**(1)** 老来少　又叫白胖子架芸豆。蔓生类型，山东诸城市地方良种，栽培历史悠久，分布地区较广。蔓长2米以上，长势中等。抗病性强。叶色淡绿，花白色，边稍带紫红色。嫩荚外观似老，实际质嫩，纤维少，品质好。荚长18厘米，单荚重7～9克。子粒的表皮棕色，近肾形。一般在播种后60天左右采收嫩荚，75天种荚可以成熟。在我国华北等地，春秋均可栽培，每667米$^2$产量1500～2000千克。

**(2)** 丰收1号　又称泰国芸豆。蔓生类型，植株生长势强，耐热抗病。蔓长2～3米，分枝多。叶片大，绿色。花白色，嫩荚稍扁，淡绿色，扁条形，荚的表面光滑，略带凹凸不平，荚长18～20厘米，单荚重15～20克，纤维少，品质好，不易老化。子粒小，白色，肾形。一般在播种后52～60天可采收嫩荚，种荚74天成熟，适于春夏栽培，也可作秋季和冬春季的保护地栽培。一般每667米$^2$产量1700～2000千克。

**(3)** 芸丰架豆　辽宁大连市农业科学研究所选育。蔓生类型，茎蔓长势强，耐旱、耐病，抗贫瘠的土地。蔓长2～2.5米，叶绿色，花白色。嫩荚浅绿，近似圆柱形，荚长22厘米，单荚重14克左右，荚壁质地柔嫩，品质好。子粒灰色，肾形。播种后50天可采收嫩荚，属中熟品种，适于我国东北、华北各省和陕西、四川等地的春秋露地和保护地栽培，一般每667米$^2$产量1500～2000千克。

**(4)** 春丰4号　天津市蔬菜研究所选育。蔓生类型，茎蔓生长势强，蔓长3米以上。较抗锈病和病毒病，耐盐碱的能力也较强。叶绿色，花白色。嫩荚近圆棍形、绿色、稍弯曲，荚长20～22厘米，单荚重15～20克，肉质厚，品质好。子粒大，肾形，老熟后淡黄色。播种后50～55天可采收嫩荚，适于春季早熟栽培，每667米$^2$产量2000～2500千克。

**(5)** 绿龙　北京市大兴县育种场选育。蔓生类型，植株长势强，蔓长3～3.5米，分枝力强，可分5～6条侧枝。嫩荚绿色实心，纤维少，品质好，荚长28～30厘米，结荚期长，产量高，一般每667米$^2$

产量2000～3000千克，适于露地和温室、大棚栽培。

**(6)** 美国无架菜豆　矮生类型，植株高40～50厘米，粗壮直立。分枝3～5个，主茎5～6片叶即着生花序，每个叶腋均可着花。花淡紫色，每个花序可结荚5～6个。嫩荚圆棍形，绿色，长13厘米，单荚重8克左右，肉厚，纤维少，质脆，品质好。子粒紫红色，千粒重280克。播种后60天可采收嫩荚，适于早春阳畦或风障、小棚覆盖和春秋露地栽培，一般每667米$^2$产量1000～1200千克。

**(7)** 美国无蔓长菜豆　直立性强，植株高60厘米，分枝多达15个。荚长80厘米，单荚重30克左右，子粒密，每荚有子粒10～15个，肉厚质细，纤维少，耐贮藏，品质极佳。适应性强，抗倒伏，耐肥水，耐旱耐热，抗病，易管理。春播每667米$^2$产量3500～5000千克。适于我国华北地区种植。

**【设施与茬口】** 棚室菜豆栽培主要有早春大棚栽培和棚室越冬栽培。

早春栽培，白天利用阳光，夜间有草苫或保温被保温，一般不另行加温，生产菜豆成本低，收获期早，经济效益好。如华北地区可在1月下旬到2月初播种，4月初可以采收嫩荚；南方各省可在12月下旬播种，3月可采收嫩荚。无草苫覆盖或保温不好，播种期可适当推迟；如在大棚内加盖小拱棚和草苫，可提早播种，提早收获。菜豆早春栽培，宜选用耐寒性强、结荚早、优质丰产的蔓生品种。如丰收1号、早春4号、芸丰架豆等蔓生菜豆品种。在周边较低矮的畦中，可种植植株较矮的早熟矮生菜豆品种，提高土地的利用率，提早采收，增加经济效益。

越冬栽培的菜豆，一般晚秋播种育苗，初冬定植，生长期在冬季。应选用生长期短、分枝少、叶型较小、开花结荚较早的优质、丰产蔓生品种。如丰收1号、老来少、棚架2号等。在低矮的地片，可种植矮生菜豆品种，如美国无架菜豆等品种。

**【选种催芽播种】** 精选种子，剔除病、伤及种皮色泽暗淡无光泽的小粒，选择子粒饱满、种子表皮有光泽的作种。播种前应晒种1～2天，用50%福美双可湿性粉剂（种子量的0.3%）或50%多菌灵粉剂（1千克种子用5克）拌种，或用0.1%高锰酸钾溶液浸种20～30分钟后，再用清水冲洗几遍，然后播种，可有效防治炭疽病和枯萎病。催芽的适宜温度为20～25℃。经药剂处理过的种子，可直播，也可催芽后播种。如果进行催芽，可在药剂处理后，再浸泡1～2小时，沥去水分，晾干种皮后，用湿布包好放在20～25℃的地方，进行催芽，每天翻动一次，检查种子萌芽情况，经3～4天幼芽露出后，即可播种。

**【定植】** 早春大棚菜豆幼苗移植，选晴暖天气进行。在高畦上开沟或挖穴，按50厘米×30厘米或60厘米×25厘米的密度栽苗。栽苗后浇水，水量不宜过大，以湿透土坨为宜。每坨留健壮苗2～3株。覆土不可过厚，以埋住土坨为准，覆盖地膜。幼苗定植后，要保持较高的温度，白天不超过35℃，保持在20～25℃，夜间不低于15℃即可。

越冬栽培，南北向高畦，畦宽1.2米，畦高15～20厘米，每畦播种或栽植2行，畦间距离50～60厘米，畦内行距50厘米。每穴播3粒种子，穴距25～30厘米，大小行密植有利于通风透光、增加产量。播种时，先开沟浇水，待水渗下后播种覆土，也可在播后浇水、封沟。育苗移栽的，开沟栽苗后浇水，覆土1～2厘米。播种和栽苗覆土封沟后覆盖地膜保墒，促进幼苗生长。

**【肥料管理】** 基肥，结合翻地施足基肥，一般要深翻土壤30～40厘米，每667米$^2$施腐熟的有机肥5000千克，复合肥50～60千克，或生物有机肥300～500千克，耕翻后晒垡7～10天，然后浅耙1～2遍后做畦。

追肥，棚室菜豆栽培，进入旺盛生长期以后追施1次，每667米$^2$施用量为有机肥1000千克、复合肥40千克左右、生物有机肥150～200千克。开花结荚期，一般要结合浇水追肥2～3次，每次追速效复合肥20～25千克。结荚后期，叶面喷施0.5%的尿素加代森锌和0.01%～0.03%的钼酸铵溶液，可延长生长期，提高产量。

**【温度环境】** 早春栽培前期温度低，越冬栽培整个生长期间的外界温度都低，保证设施内的温度白天保持在25℃，夜间14℃，如遇寒流气温下降，应采取保温措施，保护菜豆正常开花结荚。定植后到抽蔓期为花芽分化期，设施内温度白天为20～25℃，夜间不低于15℃，最好在16～18℃之间。坐荚后降低夜间温度为14℃左右。9℃以下不分化花芽，高于27℃容易出现不完全花，低于14℃不易授粉受精，超过30℃要先遮阳降温，后通风降温。气温为0℃易受冻害，2～3℃时叶片失缘，升温到15℃能恢复生长，但会造成严重减产。

**【田间管理】** 当蔓生菜豆的茎蔓生长到30厘米以上时，应进行支架，防止茎蔓相互缠绕。每畦双行栽植时可用竹竿、枝条搭人字形架。可在畦内植株基部插上木桩，顶部顺行拉上铁丝，上下拴根吊绳，引蔓上架，使茎蔓均匀分布。充分利用设施内空间，充分接受阳光，改善通风透气条件，利于菜豆植株健壮生长。

早春栽培，第一批荚坐住以后，茎蔓开始陆续开花结荚和旺盛生长，在管理上应注意浇水，一般每5～7天浇一次水，保持土壤湿润。越冬栽培，卷须、尖头无干状不浇水，浇水后及时将室温调到20℃以上，通风排湿以防止徒长，以免导致引起落花、落荚或染病。

整枝。龙头长到2米高时，将生长点弯下，保持距棚膜20厘米左右，叶蔓在吊绳上分布均匀，将主蔓第一花序以下各节侧枝及早打掉，防止其爬到棚顶结成疙瘩蔓，影响光透过量和通风。

最低地温在15℃以上时不盖地膜，中耕松土，脱地表水分促根深扎；地温稳定在16℃时，及时去掉地膜，中耕透气，促进微生物活动和根系的再生力。

# 第三章
# 温室大棚蔬菜营养运筹技术

## 20. 温室大棚蔬菜的平衡施肥

包括蔬菜在内，植物生长发育必需的营养元素包括碳（C）、氢（H）、氧（O）、氮（N）、磷（P）、钾（K）、钙（Ca）、镁（Mg）、硫（S）、铁（Fe）、锰（Mn）、铜（Cu）、锌（Zn）、硼（B）、钼（Mo）、氯（Cl）等元素，其中，碳、氢、氧主要来源于空气和水，其他13种主要由根系吸收获得，其中氮、磷、钾即为通常所称的三大营养元素，铁、锰、铜、锌、硼、钼、氯为通常所称的微量营养元素或微量元素。设施内根际环境中各种营养元素含量与有效性，直接影响设施作物的生育、产量与品质。一般用营养液或土壤浸出液的EC值（电导率，单位毫秒/厘米）来表示。

### 20.1 错误做法 ×

近年来，在棚室蔬菜生产过程中，许多菜农认为只有加大肥料的投入才能获得高的产出，根据自己的经验判断，缺乏科学的数据基础，盲目加大氮、磷、钾化学肥料的投入使用，有时超过作物需求量的2～3倍，且偏施氮肥，肥料投入的氮、磷、钾等营养元素比例不合理，致使土壤日趋恶化，造成土壤次生盐渍化现象严重，引起植物营养不平衡，且易感染多种病害，其直接结果是造成蔬菜产量和质量双双大幅下降，感觉到棚室蔬菜越种越难种。

### 20.2 正确做法 ✓

平衡施肥，根据不同作物不同时期的生理需要和不同土壤类型的养分含量，合理地供给植物生长发育所必需的各种营养元素。因此，平衡施肥必须做到各种营养元素的平衡。

为此，首先要进行肥料种类的选择。选择何种肥料，必须结合棚室土壤条件综合进行考虑。最好是进行土壤取样测定后，根据实际情况来进行养分补充，即测土配方施肥。根据目前的调查结果，我国包括菜田在内的耕地，各种营养元素的含量不均，耕地缺素现象比较普遍，其中，大约51.5%缺锌、46.9%缺硼、21.3%缺锰、6.9%缺铜、5%缺铁。同时，随着我国工业化和城镇化的进程，原先的菜田被征用，新的蔬菜基地较老菜地，一般其有机质含量偏低，宜通过大量施用有机肥改良土壤。但随着现代社会生活节奏的加快和工作效率的提高，广大蔬菜产区对于积杂肥、堆沤秸秆肥、厩肥等应用寥寥无几，施用化肥只讲数量不讲营养平衡的现象也比较普遍，造成肥料浪费与造成肥害的情况屡见不鲜。即使是种植4年以上的老菜田，依然各种营养不平衡，普遍有机质偏低的占75%左右，还有其他营养不平衡，如山西省新绛县调查，58%的老菜田磷过剩，30%缺钾、14%钾过剩，42%有氮害、3%有氨害等，造成棚室生产失败。

其次，要进行施肥量的计算。可采用计划产量法进行。其施肥量计算式为：Q=(A－B)/C，式中，Q为所需增施肥料用量；A为作物达到某一产量所需总养分量；B为计划用肥料所能提供的养分量；C为所需增施肥料的利用率。例如，计划黄瓜每667米$^2$产量为6000千克，计划施用堆肥10000千克（含N 0.45%，当季利用率为20%），假如生产单位质量的新鲜黄瓜所需的标准养分量为4.0克/千克，N素化肥的当季利用率为0.4。计算所需增施速效肥的用量。可列式为：

达到计划产量需纯N量为：A＝6000×4.0÷1000＝24（千克）；

有机肥可提供的纯N量为：B＝10000×0.45%×20%＝9（千克）；

纯N的施用量为Q，Q＝(A－B)/C＝(24－9)÷0.4＝37.5(千克)

若施用尿素（含量46%），则需施用的尿素量为37.5÷0.46＝81.5（千克）

采用计划产量法进行施肥量计算，为比较经济有效、防止土壤盐分的积累，最好在施肥前测定土壤肥力状况，结合各种肥料的利用率来计算和确定施肥量。

计算公式为：

肥料用量＝(需要量－土壤含量－有机肥用量×元素含量×其利用率)÷(化肥元素含量×其利用率)

第三，要有科学的施肥技术。根据不同肥料的性质和特点，进行科学施用。例如氮肥易挥发，以沟施为好。磷肥易失去酸性与土壤凝结而失效，应与有机肥混合穴施或根施。钾肥不挥发，不失效，可将 1/3 左右作为基施使用，其余 2/3 以追肥形式根据蔬菜产出情况，分次随水冲施。土壤中一般不缺钙，钙在高温、低温期可作叶面喷施，冲施效果不佳。硅肥可冲施和根外喷施。硼肥需用热水化开，随水浇施，或在高温、低温期做叶面喷施。锌用凉水化开，单施或与其他肥混施。铜随水在苗期冲施、穴施，可杀菌、促长，也可进行叶面喷施。锰、钼以叶面喷施为好。铁进行叶面喷施或土壤浇施均可。再如，棚室蔬菜的基肥施用，以包括畜禽粪、秸秆肥、饼肥、腐殖酸肥等在内的有机肥为主，施用量以每 667 米$^2$ 施牛、鸡粪各 2500 千克左右为宜，新菜地可多施 50%左右。使用时，可添加施用 1 千克液体微生物菌肥或 10 千克固体微生物菌肥及钾肥（如硫酸钾、生物钾肥、磷钾矿粉 25～50 千克），做到营养均衡。

第四，根据棚室蔬菜作物的种类和不同生育阶段发育的需要，进行施肥补充其营养需求。一般而言，植物体含碳 45%、氧 45%、氢 6%。蔬菜生长所需碳氮比在 30：1 左右，其有机质含量为 3.5%。果菜类蔬菜，应注重施钾，补充磷、氮肥，生长前期要补氮扩叶，生长后期注重补钾长果，在其生长的早期注重补磷长根。针对植株不同阶段出现的一些典型症状，及时补充相应的营养，如植株叶薄时可补氮，僵化小叶出现时补锌，干尖发生时补钙，心腐发生时补硼，等等。

## 21. 温室菜地营养生态特点和肥源

### 21.1 错误做法 ×

不懂得栽培蔬菜的温室与外界形成相对封闭的环境，温室菜地的土壤缺乏营养及速效性，施肥时速效性营养供给不足，影响蔬菜植株正常生育；不了解温室土壤所含各种元素量与各种蔬菜作物对各元素的需求不相适应，不进行配方施肥，往往容易造成缺素症的发生；不清楚温室表层土壤含盐类浓度较大，大量甚至过度施肥，土壤肥力变化大，恶化速度快，一旦土壤恶化出现障碍，很难补救和改良。

## 21.2 正确做法

**【掌握土壤营养生态特点】** 温室进行秋冬茬、越冬茬、冬春茬等反季节蔬菜的生产过程中，因栽培季节地温低，不利于土壤微生物的活动，有机养分转化为无机养分率低，所以土壤养分缺乏速效性。一般温室内气温高于露地，全磷转化率比露地高 2～3 倍，最大吸附量和解吸量也明显高于露地，容易造成磷富集，磷富集影响锌的吸收，植株不活跃，从而导致缺素症，生长不良，品质下降。温室土壤水分运动方向与露地相反，室内随着水分自下而上运动，土壤盐分逐渐向土表聚集。温室内温度高、湿度大，有机肥施用量多，腐熟快，气温稍高会造成根际热害和浓度害。加之通风不良，土壤氧化还原能力低，蔬菜根系生长和抗病能力差。

温室蔬菜生产，虽然基肥中有机肥的施用量较大，为防止蔬菜作物在苗期或生育前期发生缺肥，需要添加速效性氮和磷，可在增施经过充分发酵腐熟的人粪尿、鸡粪、鸭粪、牲畜圈粪等有机肥和过磷酸钙混合作基肥的基础上，追肥时，尽可能施用一些速效性化肥，特别是营养元素全面而又不产生生理碱性、生理酸性的肥料。温室内土壤中各元素的含量与各种蔬菜对各种元素的需求不相适应，例如果菜类蔬菜对钾的需要量最大，氮次之，其次是钙和磷。针对蔬菜棚室栽培中易发生缺钾和缺钙，可采取配方施肥，以产量指标决定施肥料量，注意增加钾肥和钙肥的施用量。可根据地块化验或实际生长苗情，进行全面控肥和平衡补肥，采取夏季雨淋解害、冬季地面盖草、施用腐殖酸和有益菌肥等一系列措施，以提高土壤综合肥力，减轻乃至消除肥害。可施用活性钙肥，能够消除土壤里各种病菌，中和土壤里的酸根离子，促进硝态氮的转化，提高化学肥料的利用率，促进作物对土壤里有效养分的吸收，改良土壤的通气性能，调节土壤结构，保持作物根部环境生态平衡，促进根系发达，茎坚叶浓绿，抗倒伏能力和抗病虫害能力增强，发病率下降，在杀菌消毒的同时，释放出钙、镁、硅、硫等大量和微量元素，以及稀土元素，平衡营养，改善品质，增加产量 15%～35%。活性钙的施用方法和一般施用量是：可作基肥均匀地施于作物根周围区，也可于浇水前均匀地撒于土壤表层，水溶后渗到作物根部，沟施或穴施，一般施用量为：偏碱性的土壤每米$^2$施 0.15～0.2 千克，偏酸性的土壤每米$^2$ 施 0.2～0.25 千克。

**【掌握温室肥源因素】** 温室由于免受雨水的淋溶作用，施用的矿质元素肥料流失很少；土壤深层的盐分受土壤毛细管的提升作用，随土壤水分上升到土壤表层。这两种作用的结果使表层土壤溶液浓度加大，当达到一定浓度时，就会对作物产生盐害。在偏盐碱地区建造的冬暖棚室内的土壤返盐现象更为严重，土壤易返盐。且随着棚室使用年限的增加，表层土壤含盐类浓度呈现上升趋势。影响作物正常生长发育，一般表现矮小，生育不良，叶色浓，严重时从叶开始干枯或变褐色，向内或向外翻卷，根变褐色以致枯死。预防措施主要有：①避免盲目施肥，选择不带副成分的肥料施用，如尿素、磷酸二铵、硝酸钾等；②作物拉秧倒茬后，增施有机肥料，翻地压盐，要求翻地深度达 30 厘米，在伏季倒茬农闲期，大量灌水冲盐；③在生产季节，采取地膜覆盖栽培，减少通过土壤毛细管的蒸发作用而返盐；④对盐害严重的，采取换土，即把棚内原来盐碱严重的土刨出运出棚外，换上肥沃的菜园地无盐碱现象的好土壤。

## 22. 大量营养元素对蔬菜增产的作用

### 22.1 错误做法 ×

许多菜农不掌握蔬菜所需的大量营养元素及其作用的科学知识，因而对因元素缺乏或过量导致的植株营养元素生理失衡症状知之甚少，在生产管理过程中，不能科学均衡地供应大量营养元素，仅凭经验或盲目生产，造成不必要的损失。

### 22.2 正确做法 ✓

植物生长必需的 9 种大量营养元素，包括碳、氢、氧、氮、磷、钾、钙、镁、硫。

其中，碳、氢、氧是构成植物体的主要元素，在植物体中，这 3 种元素共占干物质总重的 96%。地球上所有的有机物都是由碳、氢、氧构成的，它们是有机物的基础。植物体内各种重要的有机化合物，如碳水化合物、蛋白质、脂肪、有机酸等都离不开碳、氢、氧。它们不仅是构成有机物的基本原料，还有着其他功能，例如氢和氧所形成的水在植物体内也有很重要的作用。植物体内含有大量的水，由于水的比热容高，在炎热的夏天和强烈阳光照射下，虽然吸热而不致剧烈升温，同时植物通过蒸腾使体内的水分汽化，带走大量的热，对植物体温又起到调节作用。同时，植物吸收水分主要靠蒸腾拉力，蒸腾拉力也是依靠氢键产生的内聚力来实现使水分沿着导管上升的，而其他营养元素又都是溶解在水中的，将随着水的运动为植物所吸收利用。由此可见碳、氢、氧在植物生长中的重要作用。

氮、磷、硫这三种营养元素是构成生命物质的关键性元素，与构成有机物骨架的碳、氢、氧一起，是构成生命的基础物质，即蛋白质、核酸及其他多种对生命活动极其重要的物质。

氮是蛋白质的主要成分，蛋白质的平均含氮量为16%～18%。一切有机体都处于蛋白质不断合成和分解的过程中，这种新陈代谢一停止，生命也将结束；氮素是核酸的重要成分，核酸是植物生长发育和生命活动的基础物质，大量存在于细胞核和植物顶端的分生组织中，是携带遗传特性的重要物质；氮素是叶绿素的组成元素，植物通过叶绿素利用、吸收太阳能，进行光合作用，生成有机物质；氮素是植物体内许多酶的组成成分，酶在植物体中对各种代谢过程具有催化作用，酶系统控制着许多化学反应的方向和速度；氮素也是一些维生素和生物碱的组分，如维生素和烟碱、茶碱等。缺少氮素就不能形成这些物质。

磷是植物体内许多重要有机化合物的组成成分，有些化合物中虽然不含有磷，但在其形成和转化过程中，也必须有磷参加。磷素是植物体内细胞核的组分，磷也是核酸的主要组分，这些物质对植物的生长发育和代谢作用都极为重要，核酸是携带遗传特性的物质。磷素有促进植物根系发育、健壮生长及新器官形成等作用。磷也是磷脂的重要组分，在植物体内磷脂类化合物种类很多，磷脂还可以和糖脂等膜脂物质一起构成原生质内外表面的生物膜，成为保证和调整物质出入细胞的门户，它对物质出入具有选择性，能够调节生命活动。磷素还参与植物体内碳水化合物、含氮化合物、脂肪等的代谢作用，在这些过程中磷也随之转化形成各种不同的含磷有机化合物，所以磷对植物干物质的积累、淀粉合成积累、糖分、含油量等都有明显的作用。由于磷促进了作物体内的各项代谢过程，能使作物生育期相对提前，有利于促进早熟。磷还能提高作物的抗逆性和适应外界环境条件的能力，可以提高作物的抗旱能力，增强抗寒能力。磷素在植物生长发育中的功能作用是十分重要的。

硫是蛋白质的重要组成元素之一，也是许多辅酶和辅基的结构成分。在作物体内，含硫的有机化合物还参与氧化还原过程，对作物的呼吸作用，硫有特殊的功能。缺少硫则蛋白质的形成受阻，而非蛋白质态氮却有所积累，因而影响到体内蛋白质的含量，最终影响作物的产量。缺少硫也会使叶绿素含量降低，叶色变浅，成为淡绿色，并缩短叶片寿命，降低光合作用。硫元素对豆科作物的根瘤形成有促进作用。硫元素也是洋葱、大蒜及十字花科芥子油等具有挥发性、特殊气味的含硫化合物的重要成分之一。

钾在植物体内是以离子状态存在的，是植物需要的唯一的一价金属阳离子。钾呈离子状态存在于植物汁液中，或吸附在原生质胶粒的表面，在植物体内钾分布很广，流动性很强，非常活跃，其流动规律是由衰老的部位流向生长旺盛的部位，一般在幼芽、幼叶中钾的含量较高，钾在植物体内是可再利用性很强的营养元素，这与钾的活泼化学性质及其在植物体内不构成有机物质有关。钾虽然不是植物体中重要有机化合物的组分，但它以酶的活化剂形式广泛影响植物的生长和代谢。钾具有可高速度透过生物膜的特性，因此，植物组织中钾离子的浓度往往要比其他阳离子高。钾能促进光合作用，因此能有效地进行碳素同化作用。钾能明显地提高植物对氮的吸收和利用，并使之很快转化为蛋白质。钾能增强豆科作物根瘤菌的固氮作用。钾能促进碳水化合物的代谢并加速同化产物向贮藏器官输送。钾还能增强作物的抗逆性，如抗干旱、抗低温等。钾还有部分消除因施过量的氮和磷所造成不良影响的作用。钾还对作物品质的改善有很大影响，如钾供应充足，可显著增加叶菜类蔬菜钾的含量，增加番茄果实钾的含量。

钙是构成细胞壁的重要元素。大部分钙与多果胶酸结合形成果胶钙，永久固定在细胞壁中，有助于细胞壁的形成和发育。钙能与蛋白质分子相结合，是质膜的重要组分，有降低细胞壁的渗透性，限制细胞液外渗的作用。钙对碳水化合物的转化和氮素代谢也有良好的作用。钙还是某些酶的活化剂，如钙对淀粉酶的激活，能积极影响碳水化合物的代谢。钙能活化某些具有刺激花粉萌发和花粉管伸长的酶类。钙还能与有机酸结合形成盐类，对代谢过程中所产生的有机酸有中和解毒作用，如可中和体内草酸含量过多，形成不溶解的草酸钙，就可防止作物受害，并调节作物体内的酸碱度。钙离子能降低原生质胶粒的分散度，与钾离子配合，以调节原生质所处的胶体状态，使细胞的充水度、黏滞性、弹性以及渗透性等均适合作物正常生长，保证代谢作用顺利进行。钙对防止发生真菌病害也有作用，如钙不足，番茄易生青枯病，莴苣易感染灰霉病。钙在不同种类的作物中、同一作物不同部位含量不同，以叶中含量最高，且老叶比幼叶含钙量高。钙是属于不能转移和再度利用的营养元素，与钾元素是可移动并可再利用的特点相反。

镁是叶绿素的重要组成成分，它在植物生活中有着重要作用，叶绿素是叶绿体在光合作用中捕集光能并能把它转变为化学能的物质。镁也是许多酶的活化剂，能加强酶的催化作用，有助于促进碳水化合物的代谢和作物的呼吸作用。镁在作物体内和磷酸盐的运转有密切关系，镁离子既能激发许多磷酸转移酶的活性，又可作为磷酸的载体促进磷酸盐在作物体内运转，含磷较多的作物，镁的含量也较高。镁还参与脂肪的代谢，镁也能促进作物合成维生素 A 和维生素 C，有利于提高蔬菜品质。在植物体中，以叶片中镁的含量最高。镁在作物体内的移动性也较强，可向新生组织中转移，所以镁也是可以再利用的营养元素。

## 23. 微量营养元素对蔬菜增产的作用

### 23.1 错误做法 ×

许多菜农不了解蔬菜所需的微量营养元素及其作用的科学知识，对其缺乏或过量引起的缺素症或中毒症知之甚少，在生产管理过程中误认为是病害而加以防治，造成不必要的浪费和损失。

### 23.2 正确做法 ✓

植物必需的 7 种微量营养元素是铁、锰、锌、铜、钼、硼、氯，占不到植物干重总量的 1%，虽在植物体内含量甚微，但在植物生长中的重要作用，是与 9 种大量营养元素一样的，各有其特点。

铁是形成叶绿素的必要条件，虽不是叶绿素的组成成分，但在叶绿素的生物合成过程中，需要含铁的酶进行催化，因此缺铁，叶色呈淡黄色，出现失绿病症。铁是一些酶的组分，如细胞色素氧化酶、过氧化氢酶、过氧化物酶等，因而可以催化生物呼吸作用。铁常易由还原态（2 价）转变为氧化态（3 价），因而铁参与了作物体内所有氧化还原过程，并在呼吸过程中占有重要位置。铁离子在作物体内是较为固定的元素之一，流动性很小，也是不能被再度利用的营养元素。铁决定了茄果紫黑度。喷施硫酸亚铁 800 倍液，可防止作物新叶黄白、果实表面色淡等症。

锰是植物体内许多酶的组分和活化剂，能促进碳水化合物和氮的代谢，与蔬菜作物生长发育和产量都有密切关系，能促进种子发芽和幼苗早期生长，加速花粉管伸展，提高结实率。锰与光合作用、呼吸作用都有密切关系。锰促进授粉受精，保花保果。锰 650 倍液可提高作物光合强度，降低呼吸作用。锰促进植物体内硝酸还原过程，有利于合成蛋白质，因而可提高氮肥的利用率。锰在植物体内对于体内的氧化还原过程有重要作用，锰对维生素 C 的生成及加强茎的机械组织都有作用。锰同铁元素一样在植物体内移动性差，缺锰叶失绿，变褐坏死。

锌是植物体中许多酶的组成成分和活化剂，如锌是碳酸酐酶等多种酶的组分，对作物体内的水解、氧化还原，以及蛋白质合成等过程均有重要作用。如碳酸酐酶大量地存在于叶绿体内，促进光合作用中二氧化碳的固定，对碳水化合物的形成很重要。锌还与碳水化合物的转化有关，可提高作物子粒重量，调节并改变子粒与茎秆的比例。锌不足可使植物体内的蛋白质合成数量下降，酰胺化合物的数量增加，表明氮的代谢受到严重影响。锌在植物体内还参与生长素的合成，缺锌影响细胞的正常伸展，会使叶子的大小和茎节长度减小，形成小叶和簇生状，常称为“小叶病”。锌决定了蔬菜根系和生长点的长度和生长速度。喷施硫酸锌 700 倍液，能预防秧苗矮化、黄化、萎缩以及感染病毒病引起的畸形果、圆面果、僵硬果等。

铜是植物体内多种氧化酶的组成成分，如抗坏血酸氧化酶、多酚氧化酶等，参与植物体内的氧化还原过程，直接参与呼吸作用。铜对叶绿素有稳定作用，可避免叶绿素过早地遭受破坏，有利于叶片更好地进行光合作用。铜供应不足，叶绿体中的铜含量显著下降，植物降低对二氧化碳的吸收，光合作用减弱，因此，铜不仅和呼吸作用有关，而且对光合作用也是重要的。铜还参与了蛋白质和糖类的代谢作用。铜对植物正常开花及豆科作物根瘤的形成与生物固氮效果均有重要作用。铜能增厚植株皮的密度，愈合伤口。喷施铜 500 倍液，可增加叶色绿度，抑制真菌、细菌病害，保护植株，特别对防治土传菌引起的死秧、死苗具有明显效果。

钼是植物必需元素中需要量少的营养元素，在植物生活中的作用却是同等重要的。钼是硝酸还原酶的组成成分，参与硝酸态氮还原到亚硝酸的过程。钼还能促进过氧化氢酶、过氧化物酶和多酚氧化酶的活性。钼是固氮酶的组分，对豆科蔬菜作物及自生固氮菌有重要作用。钼也和蔬菜植物的磷代谢有关，有利于无机磷向有机磷的转化。在光合作用中钼参与碳水化合物的代谢过程。钼供应不足，植株矮小，生长缓慢，叶片失绿，在十字花科植物中，特别是花椰菜因缺钼可产生典型的“鞭尾病”。5%钼决定植株气孔的闭开力，可防止干旱植株因脱水而萎蔫干枯。喷施钼5000倍液，可防止卷叶、冻害、叶果腐败，抑制抽薹开花，提高作物的抗旱性，预防病毒侵害。

硼是植物所需的微量元素，虽不是植物体的组成物质，在植物体内多呈不溶状态存在，但对植物的某些重要生理过程有特殊作用。硼有利于糖的运输，影响酶促过程和生长调节剂、细胞分裂、细胞成熟、核酸代谢、酚酸的生物合成以及细胞壁的形成等。硼有增强作物输导组织的作用，能促进碳水化合物的正常运转。硼还有利于蛋白质的合成和豆科作物的固氮。硼能促进生殖器官的发育，可以刺激作物花粉的尽快萌发，可使花粉管的伸长迅速进入子房，有利于受精和种子的形成。硼供应不足，花药和花丝萎缩，花粉管形成困难，妨碍受精作用，易出现花而不实或穗而不孕，形成不结实或子粒不饱满、缩果畸形等现象。此外，硼还能增强作物抗寒和抗旱的抗逆能力。硼决定了茄果的丰满度和亮泽度。喷施硼砂1000倍液，能防止蔬菜空秆、空洞果、叶脉皱、心腐等症状。

氯是植物必需的微量元素，以阴离子态被植物吸收利用，氯与植物的光合作用有关。氯离子也是细胞液渗透压的调节剂。某些植物缺氯时出现叶子萎蔫的症状，也是因氯离子缺乏引起膨压丧失有关。植物如严重缺氯，就会出现病症，如番茄首先在叶尖端发生凋萎，接着叶片失绿，进一步变为青铜色并发展到坏死，由局部遍及全叶，最后植株不能结实。氯在植物体内有多种生理作用，可能主要是少部分氯参与生化反应，大部分氯以离子状态维持各种生理平衡。氯可促进植株纤维化，蔬菜秧蔓尤其抗病，茎秆变硬，抗病、抗倒伏，促进各种营养的运输和贮藏。

虽然在7种必需微量元素中，植物对氯的需要量最多，但大多数作物可以从雨水或灌溉水中获得所需要的氯，所以植物缺氯的症状并不常出现。

# 24. 秸秆的施用及其对蔬菜的增产作用

## 24.1 错误做法 ×

许多农民认为秸秆没有肥力，将其当成废物甚至烧掉。不懂得秸秆可提供碳氢氧等大量营养。施秸秆不与人粪尿、鸡粪、牛粪、碳铵或EM生物菌混合，致使碳元素不能充分释放，且易产生地下害虫。只注重施鸡粪和化肥，既造成浪费，产量又很低。施用秸秆时，不懂得适当补充氮素，促进微生物分解，会造成植物缺氮素。

## 24.2 正确做法 ✓

传统上，人们认为作物生长所必需的三大元素是氮、磷、钾，实际上这三大元素只占作物干物质重的6%左右，真正的三大元素是碳、氧、氢，占植物干物质总重的95%以上。出现这种认识，在于碳、氢、氧三大元素的来源广，在一些条件下不是限制产量的主导因素，这是农业生产研究和认识上的一大缺失和不足。

棚室蔬菜生产施用秸秆，不仅直接补充秸秆中含有的氮、磷、钾、镁、钙及硫等元素，并且秸秆中有机质含量平均为15%左右，可增加土壤有机质含量，改善土壤物理性状。使新鲜腐殖质在土内形成，利于促进土壤团粒结构的形成，改善了土壤物理性状（孔隙、土温、蓄水抗旱、通透性等）。秸秆施用提供了营养和碳源，促进了微生物的活动，固氮和保存氮素能力增强，同时促进了土壤中养分的有效化，增加了土壤养分。

新建棚室表层阳土往往多被打墙所用，在整地填土前，可在地下埋入15厘米厚、切成10厘米左右的秸秆段，每667米$^2$再泼施人粪尿、鸡粪500千克或碳铵30千克，然后浇水覆土，每隔20天翻倒1次，让碳氢物质充分分解，定植前覆土25～35厘米厚再栽秧。

可在空闲季节将秸秆切成5～6厘米的段，撒施在老菜园地表，深翻与耕作层土壤拌匀，浇施入EM生物菌肥或CM生物菌肥分解有机物。

将秸秆粉碎后拌鸡粪、碳铵、人粪尿或生物菌肥，覆土沤制50天左右再施入田间。一般每667米$^2$产果实10000千克的田间，一般基施秸秆3000～4000千克拌鸡粪1000～2000千克即可。

以干玉米秸秆为例，其含碳45%、氧45%、氢6%，而碳元素又是形成碳水化合物的主要成分。据测算，每千克碳元素可供产鲜茎秆与果实10～12千克。

在棚室蔬菜生产上应用秸秆，能够起到壮秆、厚叶、膨果等作用，促进蔬菜产量与品质形成。其原因一是含碳秸秆本身就是一个配比合理的营养复合体，通过生物分解释放出二氧化碳，利用率占25%，可将空气中的二氧化碳由一般浓度提高到800毫克/千克，满足或部分满足作物光合作用对二氧化碳的需求，即生物法进行$CO_2$补充。棚室黄瓜、番茄、茄子通过秸秆施用（配合添加鸡粪），增产10%～30%，每667米$^2$较对照节本增效800～1200元。

由于禾本科作物秸秆的碳氮比高达（100～80）：1，施用时，要注意其会影响到微生物的繁殖和活动，使秸秆的分解缓慢进行，而且也会使微生物吸收土壤中的有效氮素，造成微生物与植物争夺土壤中的氮素，使植物暂时缺氮。由于秸秆分解时会放出大量的热，再加上通气不好，会引起反硝化作用或脱氮过程，对植物生长不利。因此，在施用碳氮比大的禾本科作物秸秆时应同时适当补施速效性化学氮肥。

## 25. 有机质在棚室蔬菜生产中的作用

### 25.1 错误做法 ✕

前茬收获后放置不管，待要新种时，匆匆清理田间，马上翻耕整畦播种，人粪尿未经彻底腐熟和无害化处理就使用，导致出现烧苗等粪害；将人粪尿、碳酸氢铵等碱性物质混合混用，或将人粪晒制粪干使用等，引起氮素损失；鸡粪超量施用，引起烧苗。

### 25.2 正确做法 ✓

土壤中的有机质，包括原有的和外来的所有动植物残体的各种分解的产物和新形成的产物。主要有腐殖物质、有机残体和微生物体，是土壤固相物质中最活跃的部分。含量仅1%～3%，但对土壤性状的影响极大。按化学组成可分为腐殖物质和非腐殖物质两大类。腐殖物质是一种特殊的颜色深暗的天然有机化合物，是有机质的主体，约占有机质总量的50%～60%，参照问题26。非腐殖物质则是一般的有机化合物，如多肽、氨基酸、其他各种碳水化合物、蜡质等，其中未分解或半分解的植物残体约占有机质总量的6%～25%。土壤有机质是植物养分的主要来源，可改善土壤的物理和化学性质，给微生物提供主要能源，给植物提供一些维生素、刺激素等。

有机质在棚室蔬菜生产上的作用，主要是棚室土壤的培肥，增加棚室蔬菜产量和改善蔬菜产品的品质。有机质及其制作的肥料，提供植物需要的养分，且养分较完全（既有多种大量元素，又有各种微量元素）。同时，有机质在矿质化过程和腐殖化过程中，产生的各种酸既可促进土壤矿质成分溶解释放养分，又可络合金属离子，减少金属离子对磷的固定，提高棚室土壤中磷的有效性。提高棚室土壤保肥性和缓冲性，土壤腐殖质可吸附大量的阳离子，且可对酸碱离子起缓冲作用。促进棚室土壤团粒结构的形成，改善土壤物理性质，提高土壤生物活性和酶活性。加速棚室蔬菜生产的种子发芽，增强植株根系活力，促进作物生长。减轻或消除农药等有机污染物的毒性，对有机污染物在土壤中的生物活性、残留、生物降解、迁移和蒸发等过程有重要影响。

棚室蔬菜生产中，提高土壤有机质的措施主要是施用有机肥、适当施用氮肥和调节土壤温度、湿度、通气状况等途径。

常见有机肥料的品质特性如下。

**(1)** 人粪尿　人粪尿中有机物含量5%～10%，N 0.5%～0.8%，$P_2O_5$ 0.2%～0.4%，$K_2O$ 0.2%～0.3%，有机物含量较低，磷钾也较少，但氮含量较多，且碳氮比小，易分解，利用率较高，肥效迅速，被称为细肥。

多当作速效氮肥施用，施用时一般稀释3倍左右泼浇。由于含有一定盐分，一次用量不可过多。人粪尿应专缸贮存，并加盖，添加少量苦楝，夏季贮存半个月、春秋季贮存1个月。

**(2)** 猪圈粪　猪圈粪是猪粪尿加上垫料积制而成的厩肥，有机物含量25%，N 0.45%，$P_2O_5$ 0.2%，$K_2O$ 0.6%，含有较多的有机物和氮磷钾养分，氮磷钾比例在2∶1∶3左右，质地较细，碳氮比小，容易腐熟，肥效相对较快，是一种比较均衡的优质完全肥料。猪圈粪多作基肥秋施或早春施。积肥时多以秸草垫圈，起圈后在肥堆外部抹泥堆腐一段时间再用。

**(3)** 马厩肥　马（骡驴）厩肥中含土等非有效成分少，肥料质量较高，有机物含量25%，N 0.58%，$P_2O_5$ 0.28%，$K_2O$ 0.53%。马厩肥质地疏松，在堆积过程中能产生高温，是热性肥料，肥效较快，一般不单独施用，与猪圈粪混合积存，多用作早春肥或秋肥基施；单独积存时，要把肥堆拍紧，堆积时间要长，使其缓慢发酵，以防养分损失。

**(4)** 牛栏粪　牛栏粪有机物含量20%，N 0.34%，$P_2O_5$ 0.16%，$K_2O$ 0.4%，质地细密，但含水量高，养分含量略低，腐熟慢，是冷性肥料。牛栏粪肥效较缓，堆积时间长，最好和热性肥料混堆，堆积过程中注意翻捣。可以作晚春、夏季、早秋基肥施用。

**(5)** 羊圈粪　羊圈粪有机物含量32%，N 0.83%，$P_2O_5$ 0.23%，$K_2O$ 0.67%，质地细，水分少，肥分浓厚，发热特性比马厩肥略次，是迟速兼备的优质肥料。羊圈粪运用性广，可作基肥或追肥施用，用于西甜瓜一类作物穴施追肥比较适宜。堆制方便，容易腐熟，注意防雨淋洗即可。

**(6)** 兔窝粪　兔窝粪肥分高，含N 0.78%，$P_2O_5$ 0.3%，$K_2O$ 0.61%，发热特性近似于羊圈粪，易腐熟，肥效较快，适用性广，可作追肥施用，施用特性同于羊圈粪。

**(7)** 禽粪　禽粪养分含量高（鹅粪因含水多而略低），有机物含量25%，N 1.63%，$P_2O_5$ 1.5%，$K_2O$ 0.85%，含氮磷较多，养分比较均衡，是细肥，易腐熟，是热性肥料，可作基肥、追肥，用作苗床肥料较好。禽粪中含有一定的钙，但镁较缺乏，应注意和其他肥料配合。

**(8)** 秸秆堆肥　秸秆堆肥有机物含量15%～25%，N 0.4%～0.5%，$P_2O_5$ 0.18%～0.26%，$K_2O$ 0.45%～0.7%，碳氮比高，是热性肥料，分解较慢，但肥效持久。堆肥的适用性广，多作基肥施用。积造堆肥时应注意使堆肥水分控制在60%～75%，适当通气，加些粪肥调节碳氮比。

**(9)** 沼渣与沼液　沼渣与沼液是秸秆与粪尿在密闭嫌气条件下发酵后沤制而成的，其养分含量因投料的不同而有差异。沼渣是养分比较完备的迟性肥料，质地细，安全性好，可作基肥，沼液是速效氮肥，可作追肥或叶面喷肥。

**(10)** 草木灰　草木灰是含有丰富矿物元素的速效钾肥，主要成分是碳酸钾，含$K_2O$ 5%左右，是碱性肥料，一次用量不可过多，可作基肥或追肥。不能同其他粪肥混合，应单独贮存，防止淋水。草木灰适用性广，但应优先用于喜钾作物。

**(11)** 饼肥　饼肥是热性肥料，养分含量高，碳氮比小，肥效略快且稳长，可作基肥或追肥。可以粉碎后直接施用，无土栽培时最好进行沤制后使用。

**(12)** 绿肥　以堆肥使用为宜。

上述肥料中，猪圈粪、马厩肥、牛栏粪、秸秆堆肥、绿肥以混合堆制较好，有助于克服各自存在的缺点。其他肥料可单积单存。在能进行沼气发酵时，尽量进行沼气发酵。

有机质肥料的种类、有机肥的制作与无害化处理以及熟度的判断，请参照本书问题32相关内容。

不同有机质肥料，以搭配施用较好，如甜瓜施肥，基肥可以施用混合厩肥、饼肥、禽粪、草木灰，团棵期可以少量使用羊圈粪、兔窝粪或浇施沼液，膨瓜后施肥与团棵期相似，但用量可以多些，并视具体情况可以泼浇人粪尿，也可以再施用些草木灰。叶菜类施肥，基肥可以施用混合厩肥、禽粪、人粪尿，中期可以泼浇人粪尿、沼液。茄果、瓜类蔬菜，基肥可以施用混合厩肥、饼肥、禽粪、草木灰，苗期可以适当施用沼液，盛果期用草木灰、人粪尿分别对水施用。

## 26. 腐殖酸在棚室蔬菜生产中的作用

### 26.1 错误做法 ✕

不清楚腐殖酸是有机质，多数人认为腐殖酸对作物增产的效果有限而且来得慢，不了解土壤中腐殖酸的作用和土壤缺乏的情形，不了解腐殖酸要与生物菌肥、碳铵配合，能将有机质中的固态碳分解转化为气态碳供植物吸收利用。错误地认为化肥和鸡粪肥力大、肥效快，往往只重视单一地施鸡粪或化肥，在生产过程中引起棚室生产出现各种病症和障害，造成减产。

### 26.2 正确做法 ✓

**【性质与种类】** 腐殖酸是高分子的有机化合物，为黑色或棕色的无定形胶体物质，是以芳香核为主体，含有多种官能团结构、组成、性质的酸性物质聚合体。有很大的内表面和良好的胶体表面性质，如吸附力、黏结力和高度分散性等，是由碳、氢、氧、氮、硫和磷等元素组成的。能与多种金属离子形成络合物，兼有有机肥料和化学肥料的某些特征，是一种多功能的有机无机复合肥料，其产生的作用是多方面的。它既可以改良土壤，促进作物生长和提高作物抗逆性，又可对氮、磷、钾以及微量元素产生不同程度的增效作用。

腐殖酸类肥料是以腐殖酸含量较多的泥炭、褐煤、风化煤等为主要原料，加入一定量的氮、磷、钾和某些微量元素所制成的肥料。如腐殖酸钠、腐殖酸钾、腐殖酸铵等复合肥料，又简称为腐肥。

种类主要有腐殖酸类、硝基腐殖酸类及提纯腐殖酸类产品，前两者多与氮、磷、钾及微量元素制成腐殖酸复混肥，主要用作基肥。提纯腐殖酸主要用于浇灌或喷洒农作物，作为生长调节剂。

**【作用】** 腐殖酸在棚室蔬菜生产上，施用于不同作物有不同肥效。对番茄等蔬菜类作物肥效最明显，其次是对块根、块茎类具有增产和改善品质等多重作用。

腐殖酸中含胡敏酸38%，用氢氧化钠可使胡敏酸生成胡敏酸钠盐和铵盐，施用后能刺激棚室蔬菜根系发育，增加根系的数目与长度。根多而长，植物就耐旱、耐寒、抗病，生长旺盛。蔬菜具有深根系主长果实，浅根系主长叶蔓的特性，故发达的根系是决定果实丰产的基础。

腐殖酸解磷固氮释钾作用。磷是植物生长需要的主要元素之一，是决定根系的多少和花芽分化的重要元素。磷是以磷酸的形式供植物吸收的，一般当时当季利用率只有15%～20%，大量的磷素被水分稀释后失去酸性，被土壤固定，失去了被利用的功能，只有同有机肥结合穴施或条施才能持效。腐殖酸中的胡敏酸与磷酸结合，不仅能保持有效磷的持效性，还能分解无效磷，提高磷素的有效利用率。无机肥料过磷酸钙施入田间极易氧化失去酸性而失效，利用率只有15%左右，腐殖酸拌磷肥利用率比单用过磷酸钙高2～3倍，利用率达到30%～45%。肥效能均衡供应，使蔬菜根多、蕾多、果实大而饱满，而且味道好。尤其是腐殖酸与难溶微量元素发生螯合反应后，易被植物吸收，从而提高肥料的利用率。

提高氮碳比，增加蔬菜植物的吸氧能力。蔬菜高产所需要的氮、碳比为1∶30左右。腐殖酸肥中含碳45%～58%，增施腐殖酸肥，蔬菜增产幅度达15%～50%。腐殖酸肥是一种生理中性抗硬产品，与一般硬水结合一昼夜不会产生絮凝沉淀，能使土壤保持足氧态。因为根系在土壤19%含氧态中生长最佳，有利于氧化酸活动，可增强水分、营养的运转速度，提高光合强度，增加产量。腐殖酸肥中含氧31%～39%，施入田间时可疏松土壤，贮氧吸气及氧交换能力强。所以腐殖酸肥又称呼吸肥料和解碱化盐肥料。

提高棚室蔬菜植物的抗虫抗病作用。腐殖酸肥中含芳香核、碳基、甲氧基和羧基等有机活性基因，对虫有害，特别对地蛆、蚜虫等害虫有避忌作用，并有杀菌、除草作用。腐殖酸中的黄腐酸本身有抑制病菌的作用，若与农药混用，将发挥增效缓释能力。对土传菌引起的植物根腐死株，施此肥可杀菌防病，也是生产有机绿色产品和无土栽培的廉价基质。

改善棚室蔬菜产品品质。钾素是决定产量和质量的大量元素，土壤中钾存在于长石、云母等矿物晶格中，不溶于水，如腐殖酸肥中含这类无效钾10%左右，经风化可转化10%的缓性钾，速效钾只占全钾量的1%～2%，经化学处理7天后可使全钾以速效钾释放出80%～90%，土壤营养齐全，病害轻。腐殖酸肥中含镁丰富，镁能促进叶的光合强度，植物必然生长旺，产品含糖度高，口感好。

**【用法与用量】** 一般在苗期、生长旺盛期，如种子萌发期、幼苗移栽期以及开花等时期，效果明显。种类主要有腐殖酸类、硝基腐殖酸类及提纯腐殖酸类产品，前两者多与氮、磷、钾及微量元素制成腐殖酸复混肥，主要用作基肥。提纯腐殖酸主要用于浇灌或喷洒农作物，作为生长调节剂。同时也可用作浸种，能提高发芽率，培育壮苗。

基肥，每667米$^2$用含腐殖酸0.02%～0.05%的水溶液300～400千克与农家肥拌施，或开沟、挖坑基施。

追肥，幼苗期和抽穗期，每667米$^2$用含腐殖酸0.01%～0.1%的水溶液250千克，浇灌在根系附近（勿接触根系），可随水灌施或泼浇，提苗、壮穗，促进生长发育。

根外喷洒，开花后期，根外喷洒2～3次，每次每667米$^2$喷施含腐殖酸0.01%～0.05%的水溶液50～75千克，可使籽粒饱满，增加千粒重，降低空瘪率。以下午2～6时喷施为好。

浸种，用含腐殖酸0.01%～0.05%的水溶液浸泡蔬菜种子5～10小时，可提高发芽率，提早出苗，增强幼苗发根能力。

蘸根，蔬菜等移栽作物，移栽前用0.05%～0.1%的腐殖酸钠、腐殖酸钾溶液浸根数小时，发根快，增加次生根，缩短缓苗期，提高成活率。

**【注意事项】** 腐殖酸肥料作基肥、种肥比作追肥好，集中施比撒施好，深施比浅施好。同时腐肥不能完全替代无机肥和农家肥，必须配合化肥、有机肥料施用，尤其与磷肥配合使用效果更好。各类腐肥物料投入比不同，制造方法不同，养分含量差异很大，在施用时需掌握适宜的浓度。腐殖酸钾、钠为激素类肥料，应注意温度，施后天冷见效慢，天热见效快，一般温度需在18小时以上见效。若气温高于38℃时，会加速作物的呼吸作用，降低干物质积累，造成减产，应停止施用或减少施用次数及用量。腐铵肥料只有土壤水分充足、灌溉条件好的地方，才能充分发挥肥效。

## 27. 有益菌对有机质的分解作用及其增产效应

### 27.1 错误做法 ×

农业低效益的原因，主要是对自然界能源利用效率低。如太阳光能利用率低。单位面积上太阳光的利用率在1%以下，即使是合理密植的作物在生长旺盛期，太阳能的利用率也只有6%～7%。养分利用率低。有机肥的营养平均利用率在24%以下，化肥的合理施入的利用率也仅为10%～30%，盲目施入的浪费量高达90%以上。而对空气中含量为70%的氮营养利用率也在1%以下。

鉴于目前人们对应用有益菌的认识不足和重视不够，有益菌的应用依然不普遍，致使农作物的生产效益得不到应有的提高。

### 27.2 正确做法 ✓

**【有益菌的种类】** 棚室蔬菜生产，目前有益菌主要有有益微生物群和复合微生物群两大类。

有益微生物群（Effective Microorganisms，简写为EM）是由5科10属80多种微生物复合培养而成的多功能微生态制剂组成，包括光合细菌、乳酸菌、酵母菌、放线菌等对人类和动植物有益的微生物，是包括好气性微生物和嫌气性微生物在内的所有再生型微生物的有机共生复合体。自20世纪90年代引入我国后，经对引进的EM进行科技攻关和消化、吸收及改进，研制出系列产品及不同剂型的产品，目前我国已有多种EM产品投入市场，其中液体产品6种，即

EM1（含全部的EM菌，即通常所说的EM）、EM2（以放线菌为主）、EM3（以光合细菌为主）等。

复合微生物群（Compound Microorganisms，CM），是在EM配方的基础上对各种菌类重新组配而成，国内产品有例如山西生产的CM亿安神力（种植业用）和CM亿安奇乐（养殖业用）等。CM可将植物残体中的长链分解成短链，将碳、氧、氢、氮等营养组装到新生植物体内，形成不通过光合作用而产生的合成，且合成速度快、数量大。

**【分解作用】** 有益菌的分解作用，在棚室蔬菜生产上主要体现在对土壤有机物以及植物残体的分解上。

CM和EM施入田后，能改变土壤性质，分泌出的有机酸、小分子肽、寡糖、抗生物质等，能杀灭腐败菌，占领生态位。能将腐败菌团分解的硫化氢、甲烷等有害物质中的氢分解出来，将有害物质变为无害物质，并固定合成为糖类、氨基酸、维生素、激素等物质，使分解菌繁殖加快，为植物提供丰富的营养。其中的乳酸菌、放线菌、啤酒酵母菌、芽孢杆菌等在酶的作用下，能将纤维素（木质素）、淀粉等碳水化合物分解成各种糖，以及将蛋白类分解成胨态、肽态、氨基酸态等可溶性有机营养，直接被植物利用。

有机物在有益菌作用下，碳氢化合物被分解成多糖、寡糖、单糖和有机酸，可被植物直接吸收；蛋白质分解成胨态、肽态、氨基酸态等可溶性物质，也可被新生植物直接吸收。这种以菌丝体形态的有机循环，既不浪费有机能量能源，又使碳、氮、氢、氧等以植物可利用形态被利用，使作物生长平衡快速生长发育。据分析测算，CM等有益菌施入田后，其地下暗化生长作用比地上光合作用生长量大数倍。

**【增产效应】** CM菌与根结线虫、韭蛆、蚜虫、白粉虱、斑潜蝇等害虫接触，使成虫不会产生变态酶（脱皮素）而不能产卵，卵不能成蛹，蛹不能成虫。CM菌中的乳酸菌和放线菌不仅能抑制腐败菌和病毒，且其分解有机体形成的肽、抗生素、多糖可防治叶霉病、晚疫病等病害。CM菌能将难溶态的锌、硼、钾、碳等营养分解成可溶状态，达到抗菌、增产作用。

利用有益菌的固氮解磷功能和直接进行有机物转换作用，施用加入有益生物的碳素后，可减少氮、磷肥投入量的60%～80%，减少化肥对棚室土壤和蔬菜产品的污染，取得低投入、高产出的效应。例如，茄果类蔬菜每667米$^2$用CM有益生物菌肥100～150千克，与鸡粪、牛粪各2500千克拌施后，补充施入大量秸秆（含碳45%），在结果期施用45%硫酸钾100千克，不施用其他肥，在EM菌的作用下，产量可达10000千克以上。在EM菌的作用下，只需补充少量钾肥，其他15种营养素就可基本调节平衡。CM液体肥中含有益生物菌10亿～350多亿个/克，固体CM菌肥含有益生物菌2亿～10亿个/克。根据测算，每667米$^2$菜地施用液体CM菌1～2千克或固体CM菌肥100千克左右后，每季可分解有效磷2～4千克（相当于过磷酸钙10～50千克，提高磷肥利用率77.4%）、分解有效钾6.8千克左右（相当于硫酸钾13.6千克）、提高有机氮利用率22%左右（相当于碳酸氢铵30～50千克），可吸收空气中的氮，减少氮、磷肥投入50～80千克，同时可分解牛粪和秸秆3000千克以上。起到平衡土壤和作物营养，控病抑虫，解除肥害，使有害病菌降低70%左右，增加植株根量70%左右的作用。

实践表明，有益菌与有机质或氮素粪肥（如秸秆、牛粪、腐殖酸肥等）拌施或冲施，能使有益菌占领棚室土壤生态位，改善土壤理化性状和酸碱平衡；即使在连续阴天及弱光等不利条件下，也能使植株增加抗逆性，抑制因粪害、肥害等引起的根茎坏死现象，促生新根。有利于棚室蔬菜实现节本高效优质生产。

## 28. 复合微生物菌肥的制作

### 28.1 错误做法 ×

很多农民不会制作复合微生物菌肥，把生物菌剂直接洒在有机肥上使用，有益菌繁殖慢，肥效差；不清楚生物菌与碳素肥混合施用才能发挥其巨大作用，在生产中单一施用或配料不科学，达不到良好的应用效果。

### 28.2 正确做法 ✓

影响复合微生物菌肥的因素主要是菌种、配料和环境条件。

**【菌种选择】** 不同微生物菌及代谢产物是影响生物有机肥肥效的重要因素，微生物菌通过直接和间接作用，如固氮、解磷、解钾和根际促生作用等影响到生物有机肥的肥效。确定菌种是否有固氮微生物根瘤菌、磷细菌、钾细菌、菌根真菌、纤维分解菌及抗生菌等微生物及其含量、比例。

**【配料】** 有机物质的种类和碳氮比，是影响复合微生物菌肥肥效的重要因素。有机物中含碳量高则有利于真菌的增多；含氮量高，有助于细菌增多，碳、氮比协调则放线菌增多。有机物中含硫氨基酸含量高，对病原菌抑制效果明显。几丁质类动物废渣含量高，将带来木霉、青霉等有益微生物的增多；有益微生物的增多和病原菌的减少，均会提高生物有机肥的肥效。不同生物有机肥的组成，其养分含量和有效性不同，如含动物性废渣、禽粪、饼肥高的生物有机肥，其肥效高于畜粪、秸秆含量高的生物有机肥。

碳氮比是微生物活动的重要营养条件，适于微生物繁殖的碳氮比为（20～30）：1。一般，猪粪碳氮比平均为 14：1，鸡粪为 8：1。单纯用粪肥不利于发酵，需要掺和高碳氮比的物料进行调节。掺和物料的适宜加入量，稻草为 14%～15%，木屑为 3%～5%，菇渣为 12%～14%，泥炭为 5%～10%。谷壳、棉籽壳和玉米秸秆等均为良好的掺和物，一般加入量为 45%～50%。

可将鸡、鸭、鹅、猪、牛、羊粪、秸秆（尤其是豆类秸秆最好）、甜菜渣、甘蔗渣、酒糟、豆饼、棉籽饼、食用菌渣、风化煤等为原料。

根据自选配方，并将各成分粉（切）碎后混匀，将其含水量调节为 30%～70%；碳、氮比为 30：1。

**【接种】** 每 1000 千克料种可接种复合微生物菌 1～2 千克。接种时，将菌种稀释后，均匀喷洒到配好的物料上。

**【环境条件】** 菌液存放的适宜温度。温度为 4～20℃，密封，避免阳光直晒。如发现液面有少量白色漂浮物（菌膜）或底部有少量黄白色沉淀均属于正常现象，摇匀后即可使用。复合微生物菌肥制作时，要用井水、干净的沟渠水或河水，若用有消毒剂的自来水时，应晾 24 小时后再使用。微生物肥料一般不和抗菌素、化学杀菌剂同时混合使用。

将接种后的物料堆放在发酵棚里压实堆制，堆宽 2 米左右，堆高 80 厘米左（以操作方便为宜），长度不限；发酵时间 10～15 天（视环境温度而定）。当料温达到 50～55℃后维持 3～4 天时间，以彻底杀灭杂菌和虫卵。如果只需做到普通的有机肥，保持好氧发酵，直到发酵完成即可；如果进一步制作生物有机肥，在除虫杀菌完成后继续厌氧发酵，堆温控制在 35℃，会逐渐产生酒糟香味。

# 29. 有益菌的施用

## 29.1 错误做法 ×

有益菌最好要与牛粪、植物诱导剂、硫酸钾等配合施用，才能取得理想的效果。部分菜农往往单独施用有益菌或有机肥，产量增幅小、仅10%～30%，效果相对较差。

## 29.2 正确做法 ✓

**【种类】** 应用于农业生产的有益菌主要有以下6类。

**(1)** 固氮菌　具有独特的、固定空气中氮素供应植物吸收的作用，如根瘤菌与豆科作物的根共生形成根瘤，在根瘤中固定空气里的氮素；自生固氮菌、光合细菌和固氮蓝藻则可在土壤中生活，直接固氮；还有一种螺旋状固氮菌可利用植物根系在土壤中的分泌物生长发育，固氮活性高于一般的自生固氮菌。

**(2)** 磷细菌　土壤中的磷绝大多数处在难溶性的无效状态。磷细菌可以把土壤中处于无效状态的有机磷、无机磷化合物分解，释放出其中所含的磷供应根系吸收。

**(3)** 钾细菌　可将土壤里难溶性的含钾矿物分解，释放出所含的钾供应根系吸收。钾细菌是从蚯蚓体内筛选出来的菌种，菌体含钾量可达33%～38%，有的钾细菌菌种还具有固氮和抗菌的能力。

**(4)** 菌根真菌　土壤中某些真菌形成的菌丝能附在植物根表面，或者长入根中共同生活。这些菌丝吸收水和磷的能力很强，不仅能满足自身的需要，而且可以供应植物，等于扩大了根系的生长范围，有利于植物的生长发育。

**(5)** 纤维分解菌　利用作物秸秆制造堆肥或直接耕翻入土壤时，秸秆分解很慢。此时，加入促进纤维分解的微生物如木霉等，可使秸秆快速腐熟。在日本这类微生物肥料的产品较多。

**(6)** 抗生菌　土壤中存在有许多致病微生物可引起植物病害，如导致番茄晚疫病的镰刀菌等。抗生菌能够产生壳多糖酶，分解病原菌的细胞壁，抑制或杀死病原菌，同时还产生抗生素物质，对30多种植物病原菌有抑制作用。

**【施用】** 由于有益菌是活的微生物，其发挥作用，须保证施入土壤之后必有适宜其活动的条件，如土壤温度、土壤湿度、通气程度、土壤有机质含量等，都要合乎微生物活动的要求，靠施入土壤后微生物的生命活动才能释出氮、磷、钾等养分，才能发挥其肥效。

须深施入土，避免阳光直接照射；及时灌溉，保持土壤适宜含水量；集中沟施发挥群体优势，促进农作物生长发育。

实践表明，CM菌肥能将根周围与土壤中的营养调节平衡，特别是可将锌、硼、钙、钾、碳等几种防病膨果的营养分解成可溶性元素，达到抗病增产作用。CM菌肥还能平衡土壤和植物营养，控病抑虫，解除肥害，使有害病菌降低70%。植物诱导剂可增根70%左右。50%硫酸钾每100千克可供产果6000千克左右。有益菌与有机质碳素粪肥（秸秆、牛粪、腐殖酸肥等）拌施或冲施，可有利于有益菌占领生态位，改良恶化的土壤，减轻因粪害、肥害等引起的根茎坏死，抑制枯死，促生新根，双向调节土壤酸碱平衡。有益菌与有机碳、氢、氧肥结合，只需补少量钾肥，无缺素症引起的病害，无须再补充其他元素，保证高产稳产。以棚室茄子生产为例，一茬茄果类蔬菜每667米$^2$用生物菌肥（含有益菌）50～100千克与鸡、牛粪各2500千克拌施后，只需在结果期再施100千克钾肥，不用补充其他化肥，产量可达10000千克左右。

## 30. 钾对平衡蔬菜田营养的增产作用

### 30.1 错误做法 ×

不注重用钾，不了解钾是提高品质和产量的重要营养元素，不仅能增强作物的抗逆性，如抗干旱、抗低温等，还能防治病害，甚至可以部分代替农药。了解钾对作物增产的作用，盲目超量用钾，一次施用量超过30千克/667米$^2$，营养不均衡导致减产。或者施氮肥过多抑制钾的吸收。习惯用速克灵等高效杀菌剂防治灰霉病，无补钾、钙防治病害意识，虽能起一时作用，但难以彻底根治，往往造成损失。

### 30.2 正确做法 ✓

钾在植物体内以离子状态存在，是植物需要的唯一的一价金属阳离子。在植物体内钾分布很广，流动性很强，非常活跃，其流动规律是由衰老的部位流向生长旺盛的部位，一般在幼芽、幼叶中钾的含量较高，钾在植物体内可再利用性很强，它以酶的活化剂形式广泛影响植物的生长和代谢。钾能促进光合作用，就能有效地进行碳素同化作用。钾能明显地提高植物对氮的吸收和利用，并使之很快转化为蛋白质。钾能增强豆科作物根瘤菌的固氮作用。钾能促进碳水化合物的代谢并加速同化产物向贮藏器官输送。钾还能增强作物的抗逆性，如抗干旱、抗低温等。钾还有部分消除因施过量的氮和磷所造成不良影响的作用。钾还对作物品质的改善有很大影响，如钾供应充足，可显著增加叶菜类蔬菜钾的含量，增加番茄果实钾的含量。

由于钾肥不挥发，不下渗，无残留，土壤不凝结，利用率几乎可达100%，一般不会出现反渗透而烧伤植物，宜早施、勤施。钾肥施用量，可根据有机肥和钾早期用量，浇水间隔的长短，土壤沙、黏程度，植株大小，结果情况等灵活掌握，一般每667米$^2$一次可施入24～30千克。

按国内外公认的标准计算，一般生产93～244千克果实，需要1千克纯钾。因此，土壤中每667米$^2$施入1千克纯钾，可以满足100～200千克果实生长需要。

从钾肥的使用效果来看，其不仅是果菜类蔬菜作物结果所需的首要元素，而且作为植物体内酶的活化剂，能增加根系中淀粉和木糖的积累，促进根系发展、营养的运输和蛋白质的合成，可使植株茎壮叶厚充实，增强抗性，降低真菌性病害的发病率，促进硼、铁、锰吸收，有利于果实膨大，花蕾授粉受精等，对提高蔬菜产量和质量十分重要。棚室蔬菜生产上因施磷、氮过多出现僵硬小果，一般施钾肥后3天果实会明显增大变松，皮色变紫增亮，产量大幅度提高。

因富钾土壤施钾对蔬菜有增产作用。棚室设施生产土壤钾素缓冲量有所降低，土壤钾素相对不足较普遍。有机肥中所含的钾和自然风化产生的钾只作土壤缓冲量施用，土壤钾浓度只有达到240～300毫克/千克时，棚室蔬菜生产才能获得丰产。

因此，棚室蔬菜生产，菜田因普遍缺钾。一般补充钾肥可增产10%～23%，严重缺钾者可增产1～2倍。因土壤常量元素氮、磷、钾严重失调，特别是缺钾，已成为影响最佳产量效益的主要因素。每667米$^2$计划蔬菜产量10000千克，需投入含量50%的硫酸钾200千克左右，增产效果显著。

钾素主要是壮秆膨果。蔬菜盛果期22%的钾素被茎秆吸收利用，78%的钾素被果实利用。钾是决定茄果产量的主要养料。

另外，对高湿、低温期植物缺钾、缺铜引起的化瓜，果肉下陷，果皮薄、感染后软腐的病害，每667米$^2$施45%硫酸钾24千克，可充实果肉，叶面喷400～500倍液的硫酸铜，可增厚果皮，使灰霉病不能严重发展。可用草木灰驱虫。注意土壤缺钾时每667米$^2$最多冲施含量为50%的硫酸钾24千克。

## 31. 不同蔬菜钾肥的用量与效果

### 31.1 错误做法 ✕

不知道棚室土壤的钾素情况，到底缺多少，施钾带有很大的盲目性；生产前期施钾过多，造成植株茎秆过粗或外叶过厚、肥大；钾肥选择施用氯化钾，使土壤板结造成生长不良，氯过多造成伤根、产品品质下降；施用含氮磷钾复合肥过多，氮多叶旺造成减产或氨害，磷多又浪费肥料，或使土壤板结。钾不与有机肥、有益生物菌肥等配合施用，单施造成土壤和植物营养不平衡，有机肥不能充分发挥作用，不仅造成浪费，而且钾素不能起到促进果实生长、增强植物抗病抗逆性的作用，蔬菜产品品质差、产量低。

### 31.2 正确做法 ✓

**【用量与方法】** 有条件的情况下，进行棚室土壤的测土施肥，即了解土壤中钾素的含量，做到心中有数。一般而言，棚室土壤，不管是新菜田还是老菜地，特别是新菜田缺钾比较普遍。蔬菜植物对钾需要量大，往往成为影响产量的主要元素，在实际生产管理中必须施钾补充。

一般，棚室蔬菜生产，每667米$^2$施硫酸钾50千克可供6500千克植株整体吸收，果菜类减去20%左右植株茎秆吸收，施硫酸钾50千克可供形成5000千克左右果实。因此，缺钾土壤第一年可多施，一般按每667米$^2$硫酸钾（含量45%）50千克产菜4000千克为施钾标准，若选用硫酸钾，因其易溶于水，随水追施极为方便，在结果盛期勤施、多施，每次施入量为8～24千克，浇水勤的作物（如黄瓜）一次可少施，浇水少且间隔时间长的作物（如番茄）一次可多施。避免生产前期施钾过多，造成植株茎秆过粗或外叶过厚、肥大。

**【肥源选择】** 棚室菜地常用的钾肥主要为氯化钾和硫酸钾，草木灰也是经常使用的含钾丰富的农家肥料。

**(1)** 氯化钾　含钾50%～60%，易溶于水，吸湿性不太强，但贮存时间长和空气中湿度大时会结块。氯化钾施入土中后，钾离子被作物根系吸收，或被土壤吸附，而氯离子则残留在土壤中，与氢离子相互作用会形成盐酸，所以氯化钾是一种生理酸性肥料。氯化钾含氯量可达45%～47%，作物吸入过多的氯会降低产品品质，所以瓜果类蔬菜、葡萄、烟草、马铃薯等都不宜用。氯化钾可作基肥和追肥，不宜作种肥和叶面喷肥。施用时应深施至轻湿润土层中。

**(2)** 硫酸钾　灰黄、灰绿或浅棕色，含钾50%。商品硫酸钾含量有33%、45%和50%之分。易溶于水，吸湿性小，易结块，贮运使用均较方便。硫酸钾的水溶液呈中性，施入土中后，所含钾离子被作物吸收，残留的硫酸根离子则会使土壤变酸，是生理酸性肥料。它与氯化钾的最大差别在于硫酸钾残留的是硫酸根离子。许多喜硫忌氯的作物，特别是蔬菜等经济作物，为了提高品质都选用硫酸钾作钾肥。硫酸钾可作基肥和追肥，可用作叶面喷肥。由于硫酸钾制造成本高，售价较氯化钾贵，因此在生产中主要用于忌氯、喜硫的农作物。

**(3)** 草木灰　是植物体燃烧后残留的灰分，含钾量视草木灰来源而异。一般含钾（$K_2O$）10%左右，稻草灰含钾1.8%，麦草灰含钾13.8%，向日葵秆灰含钾最高，一般可达35%左右。草木灰中的钾主要是碳酸钾，其水溶液呈较强的碱性。还含少量氯化钾和硫酸钾，为速效性钾肥。含有较多的磷和钙、镁等养分对作物有效。草木灰可作基肥和追肥，可在播种后作盖种肥，盖于地表有吸热保温作用。草木灰碱性较大，不能与铵态氮肥混存混用。

**(4)** 有机生物钾　将氧化钾附着于有机质上，通过EM、CM有益菌分解携带进入植物体，使钾利用率达100%。有机生物钾能改善生态环境，提高产品的质量；同等体积的果实，施生物钾的重量高20%左右。施有机生物钾的果实丰满度、色泽度和生产速度均好。

**【应用范例】**　安徽和县农民大棚生产西葫芦，每667米$^2$施用25千克硫酸钾，产量可达6000千克以上，增产1500千克，产值在10000元左右。山西农民大棚韭菜生产，每667米$^2$施25千克硫酸钾，一次采收产量在2000千克以上，增产1倍左右。日光温室黄瓜在缓苗期、根瓜坐果期和盛瓜期，每667米$^2$用800倍有机生物钾溶液喷施3次，比对照增产600千克，产值增加900元，投入产出比为1：55。

## 32. 有机蔬菜施肥技术

有机蔬菜在生产过程中不使用化学合成的农药、肥料、除草剂和生长调节剂等物质以及基因工程生物及其产物。遵循自然规律和生态学原理，采取一系列可持续发展的农业技术，协调种植平衡，维持农业生态系统持续稳定，其生产技术的关键是依靠有机肥料和生物肥料来满足作物对养分的需求。

### 32.1 错误做法 ×

不懂得有机蔬菜的肥料种类，误以为只要是有机肥，在有机蔬菜生产上施用含有污染物的城市垃圾制作的有机肥。或者错误地认为，有机蔬菜只能施用有机肥，对于允许的矿物质不敢采用。不懂得或不掌握肥料的无害化处理方法与技术等。

### 32.2 正确做法 ✓

**【肥料种类】** 有机蔬菜施肥，肥料需经认证机构认证。主要有有机肥料、矿物质肥料、有机专用肥和微生物肥料等。有机肥料，包括动物的粪便及残体、植物沤制肥、绿肥、草木灰、饼肥等；矿物质，包括钾矿粉、磷矿粉、氯化钙等矿物肥；另外还包括有机认证机构认证的有机专用肥和部分微生物肥料。

**【有机肥料制作】** 原料一般以新鲜的畜禽粪和农作物秸秆为主，但以畜禽粪配合适量秸秆粉生化反应的有机肥效果最好。生化反应前，夏天应选择通风、阴凉处作发酵场地，冬天则选择背风、向阳处或在室内进行。原料主要选用鲜鸡粪、猪粪、牛粪、羊粪等按80%～90%的比例作为主料，农作物秸秆（粉碎或切成小段）按10%～15%的比例作为辅料，可添加发酵菌作为发酵助剂。生化反应时，先将主料与辅料按比例混匀，含水量保持在55%～60%。每吨主辅料中加入5千克稀释的发酵助剂，一次堆料4米$^3$，高度70～80厘米，环境温度保持在15～20℃以上，温度过低时设法升温。当物料温度达到50～60℃时即开始翻倒，堆温超过65℃时，则应再次翻倒。经1周左右，当物料散发出淡淡的氨气味和生物发酵后的芳香味，堆内布满大量白色菌丝时，即可施用。注意生态有机肥在生化反应时，如果用果渣、醋糟、酒渣等偏酸性物料，要提前用生石灰将其 pH 值调至 7～8。辅料以选用干燥、无霉变的粉料为宜。有机肥养分全，供肥时间长，在有机蔬菜生产中一般速生类蔬菜宜作基肥一次性施入较好，底施、穴施、沟施均可。其他蔬菜也可以作基肥和追肥施用。有机肥料与其他肥料合用时，基肥每 667 米$^2$ 施用量占总施肥量的 60% 左右，追肥每 667 米$^2$ 用量占总追肥量的 40% 左右。

**【无害化处理】** 有机肥在施前 2 个月须进行无害化处理，将肥料泼水拌湿、堆积、覆盖塑料膜，使其充分发酵腐熟。发酵期堆内温度高达 60℃以上。可有效地杀灭农家肥中带有的病虫草害。且处理后的肥料易被蔬菜作物吸收利用。

**【熟度鉴别】** 常用的肥料熟度的鉴别方法有发芽试验法、塑料袋法和蚯蚓法 3 种。

**(1)** 发芽试验法　将风干产品 5 克放入 200 毫升烧杯或其他容器中，加入 60℃的温水 100 毫升浸泡 3 小时后过滤，将滤出汁液取 10 毫升，倒进铺有两层滤纸的培养皿中，排种 100 粒蔬菜，如白菜、萝卜、黄瓜或番茄的种子，进行发芽试验过程。另设对照，培养皿中使用的是蒸馏水，种子与发芽试验方法与上述相同，一般认为发芽率为对照区的 90% 以上，说明产品已腐熟合格。此法对鉴定含有木质纤维材料的产品尤其适用。

**(2)** 塑料袋法　适用于以畜禽粪尿为主的堆肥。做法：将以畜禽粪尿为主的堆肥产品装入塑料袋密封。若塑料袋不鼓胀，就可断定堆肥产品已腐熟。

**(3)** 蚯蚓法　准备几条蚯蚓以及杯子、黑布。杯子里放入弄碎的产品，然后把蚯蚓放进去，用黑布盖住杯子，如蚯蚓潜入产品内部，表示腐熟，如爬在堆积物上面不肯潜入堆中，表明产品未充分腐熟，内有苯酚或氨气残留。

**【使用方法】** 施肥量，种植有机蔬菜使用肥料时，使用动物粪便和植物堆肥的比例应掌握在 1∶1 为好。一般每 667 米$^2$ 施有机肥 3000～4000 千克，追施有机专用肥 100 千克。将施肥总量 80% 用作基肥。结合耕地将肥料均匀地混入耕作层内，以利于根系吸收。巧施追肥，对于种植密度大、根系浅的蔬菜作物可采用铺施追肥方式。当蔬菜长至 3～4 片真叶时，将经过晾干制细的肥料均匀撒施，并及时浇水。对于种植行距较大、根系较集中的蔬菜。可开沟条施追肥，及时浇水。对于种植株行距较大的蔬菜，可采用开穴追肥方式。

# 33. 营养元素间的相互作用及其对蔬菜生长的影响

## 33.1 错误做法 ×

棚室蔬菜产量的高低、品质的优劣，从养分供应的角度上讲，主要取决于营养供应是否平衡，蔬菜作物的多种病害的发生是生态环境与营养不平衡综合造成的结果。因此，棚室蔬菜生产，根据土壤营养状况和作物的需求，作物需要什么营养元素及其需要量和比例而确定，而不是一味盲目增加或减少，才能获得高产优质的蔬菜。棚室蔬菜生产施肥重视氮肥、磷肥，轻视钾肥，造成作物硼、锌、钾、铜、铁等元素的缺乏，结果使病害加重，产量降低，品质变坏。传统的缺啥补啥，不缺不补的施肥方法是错误的。

## 33.2 正确做法 ✓

营养元素之间存在着互助或互抑（拮抗）作用，所以在给作物补充各种营养元素和调节生长时，需掌握少量施用、勿过量以免造成生理失衡的原则。

做到平衡施肥，考虑作物养分的平衡，土壤自身的平衡、施肥与环境的平衡。蔬菜作物各种养分元素之间存在平衡制约关系。某种养分元素过量使用会影响其他养分元素的吸收，如氮多抑制作物对钾、硼、镁的吸收，磷多抑制作物对锌、铜、钾、铁的吸收，钾多抑制作物对硼、镁的吸收，铜多抑制作物对铁、锰的吸收，锌多抑制对铁的吸收，锰多抑制植物对铁、钼的吸收，镁多抑制作物对磷、钾、钙的吸收，钙多抑制作物对镁、锌、硼、钾、锰、铁的吸收。

从棚室生产蔬菜植株的表现来看，由于营养元素的不均衡，导致出现各种异常，影响植株生长发育和产量品质的形成。具体如下。

磷和镁有协助吸收关系，施磷叶色墨绿，光合作用强盛；磷过多植株矮化叶小，原因是磷能阻碍对钾的吸收，使植株僵化、果实细小。磷能阻碍锌吸收，使植株细胞不能纵向拉长，可防止徒长，使生长点萎缩；但过多能阻碍对铜、铁的吸收，使植物抗病性减弱，叶色变淡变硬。

钾能促进硼的吸收，使果实丰满充实；钾能协助铁的吸收，使新叶褪绿不明显，并能促进对锰的吸收，使叶面无孔不入、网状失绿；钾过多可阻碍对氯的吸收，使植株秆粗叶小，且抑制对钙的吸收，使叶片干枯、果实脐腐等；并阻碍对镁的吸收，使整株叶发黄、软凋。

钙与镁有相助作用，可使果实早熟，硬度好；钙过多会阻碍对氮、钾、镁的吸收，使新叶变小、焦边，茎秆变细变短，叶色变淡。

镁与磷有很强的相助作用，可使植株叶片生长旺盛，雌花增加，并与硅有互助作用，所以能增强植株抗病性。镁与钾有显著的拮抗作用，镁过多可使植株秆细、果实小。

硼可促进钙素的移动，使植株营养能调节平衡，钙的指挥控制作用，能减少很多生理障害，特别是在气温不定期过低、过高时，对提高果实产量和质量的效果尤为突出。但硼过多会抑制对氮、钾、钙的吸收，使叶片出现黄褐色条斑甚至坏死。

锰与氮、钾有互相促进吸收的作用，使下部位叶不褪绿，植株生长旺盛；但锰过多会阻碍对钙、铜、铁、镁的吸收，使叶脉变褐，叶肉变为金黄色等，出现勺状叶、心叶变小等。

铁可促进对钾的吸收，使果丰叶艳；铁过多会抑制对钙、磷、锰、锌、铜的吸收，使心叶变小、色暗等。

锌能促进植物体内自生赤霉素，使根尖和中长点伸长，从而促进对各种元素的吸收。但钙、磷、氮、钾、锰过多，会阻碍锌元素的吸收，使植株老化。

钼与磷、钾有互助作用，使植株抗旱、抗病、抗冻。钼对铁、锰、钙、镁、铵、硫酸有阻碍吸收的作用。

铜可促进钾、锰、锌的吸收，使作物茎秆变粗，心叶变绿，色泽变亮，抗性增强；铜过多可阻碍对钙、氮、铁、磷的吸收，使叶片软化变黄。

根据以上各元素之间协助、拮抗、阻碍的作用，应掌握好施用量，以趋利避害，才能取得良好的效果。

## 34. 氮在蔬菜生长发育中的作用

### 34.1 错误做法 ×

棚室蔬菜生产，氮素投入过多且不均衡较为普遍。氮素过多，蛋白质和叶绿素大量形成，细胞分裂加快，使营养体徒长，叶面积增大，叶色浓绿，下部叶片互相遮荫，影响通风透光，使营养生长过旺或抑制老化，蔬菜产量和质量下降，如发生空洞果、茎腐病和异常茎等。氮肥一次投入量过大，多余的氮会很快散失到空气中，浪费率高达30%～70%。有机肥和氮素化肥均会产生氨气、亚硝酸气，在棚室相对密闭的条件下，一次施氮肥过量，可能会引起叶片熏染中毒，使叶片凋萎、干枯或使叶色墨绿硬化。

## 34.2 正确做法

包括棚室生产在内，我国绝大部分耕地土壤氮素供应不足，在生产中氮素往往成为限制产量的主导因素，施用氮肥均可普遍增产。

**【生理功能】** 氮是植物体内合成蛋白质、组成细胞核酸以及许多酶的组成部分。作物体内含氮化合物主要以蛋白质形态存在，蛋白质是构成生命物质的主要成分。氮是植物体内许多酶的组成成分，通过酶而间接影响植物体内的各种代谢过程。氮是核酸的组成成分，参加叶绿素的组成。植物缺氮时，体内叶绿素含量减少，叶色呈浅绿色或黄色，叶片的光合作用就会减弱，碳水化合物含量降低。植物体内一些维生素如维生素 $B_1$、维生素 $B_2$、维生素 $B_6$ 等也含有氮。

**【缺素症与过剩】** 植物缺氮，生长受抑制，植株矮小、瘦弱，叶片薄而小，整个叶片呈黄绿色，严重时下部老叶几乎呈黄色、干枯死亡；根系最初比正常色白而细长，但数量少；后期根停止伸长，呈现褐色；茎细、多木质、分蘖少或分枝少。因为植物体内的氮素化合物有高度的移动性，能从老叶转移到幼叶，所以缺氮的症状通常从老叶开始出现，逐渐扩展至上部幼叶。这与受旱引起的叶片变黄不同，受旱叶片变黄，几乎是全株上下叶片同时变黄。

氮素过剩，容易促进植株体内蛋白质和叶绿素的大量形成，使营养体徒长，叶面积增大，叶色浓绿，叶片披垂，相互遮荫，影响通风透光。氮素过多，枝叶徒长，作物营养生长过旺而抑制生殖生长，不能充分进行花芽分化，抑制多种元素的正常供应，必然会造成花蕾细长，子房小，花粉粒不饱满，易落花落果或果实不大，且果实品质差、缺甜味、着色差、熟期晚。

**【营养特性】** 氮素以游离子形态运动，在空气中占73.1%～78.3%。在土壤和有机质中招致大量微生物来固氮并随水被根系吸收，动、植物残体较多，微生物活动量大，固氮量亦多。如土壤中每施1000千克秸秆，可固定7千克氮，随着秸秆体内的分化，一茬作物结束后，仅存2千克左右，植物体能吸收2千克，大半又散发于空气中。氮素可以随水向下层扩散移动和随水溶解漂动而流失，是肥料中最易流失的元素。

**【用量标准】** 在温室内栽培蔬菜，以100克干土中有10～30毫克可溶性氮为宜，以此换算，每667米$^2$则应合7～14千克可溶性氮，按每667米$^2$投入10千克纯氮计，1500千克秸秆或杂草可固定10千克氮，利用过程要包括挥发流失的10千克，如果是新菜田还需增加土壤贮存量的5千克左右，则折合施秸秆4000千克为宜。如施秸秆过多，浓度过大，会危害作物根系。

**【氮肥种类】** 菜地常用的氮肥有硫铵、尿素、碳铵等，有些复混肥料中含有氯化铵作氮源。

**(1)** 硫铵（硫酸铵） 含氮量20%～26%，物理性状良好，不吸潮也不结块，便于贮藏和使用。硫铵易溶于水，是速效性氮肥，属生理酸性肥料。可作基肥、追肥和种肥，在各种土壤和作物上都有较稳定的肥效，所以我国将它作为标准化肥，商业上所谓“标氮”，即以硫铵的含氮20%作为统计氮肥商品量的单位。可撒施于土表，但在石灰性土壤中硫铵会挥发损失，所以也宜深施，及时浇水。硫铵在贮运时不宜与石灰、钙镁磷肥等碱性物质接触，以免引起分解和氨挥发而受损失。在酸性土壤上施用时可视土壤酸度和硫铵用量配施一些石灰。

**(2)** 尿素 含氮量46%，是我国当前固体氮肥中含氮量最高的肥料。一般市场上出售的商品尿素是白色小珠状颗粒，易溶于水，在20℃时每100千克水中可溶52.5千克尿素，水溶液呈中性。尿素施入土壤后被土壤中的脲酶分解，脲酶的活性随温度而升高，所以这种分解过程在夏季约需1～3天即可全部完成，冬季则需一周左右时间。尿素分解后以碳酸氢铵的形态存在于土壤中，可能会造成氨的挥发，特别在棚室生产中，往往会因氨挥发而使蔬菜植株受害。尿素中含有一定量的缩二脲，我国规定肥料用尿素中缩二脲含量为0.5%～1.0%，超过此标准即为不合格产品。尿素是一种高浓度的优质氮肥，可作基肥、追肥施用，不宜用作种肥，必须作种肥时数量宜少。用于叶面施肥，浓度应控制在0.5%～2.0%之间。

**(3)** 碳铵（碳酸氢铵） 含氮量16%～18%，易溶于水，水溶液呈碱性。易分解挥发。商品碳铵带有3.5%左右的吸湿水，易潮解，水分含量越高，潮解越快。温度影响碳铵的挥发，一般来说，温度在10℃左右时，碳铵基本不分解，20℃时开始大量分解，温度超过60℃，碳铵分解剧烈，形状无定。所以在贮藏、运输时必须注意，避免温度过高、破包和受潮。深施入土，易被土壤吸附，较少随水流失。在土壤中无残留部分，其铵离子供作物吸收，碳酸根离子一部分供应作物根部碳素营养，一部分变成二氧化碳释放到空气中，提高空气中的二氧化碳浓度，对于棚室蔬菜有二氧化碳施肥的作用。可用作基肥、追肥，不宜作种肥。

**(4) 氯化铵** 含氮24%～26%，易溶于水。常混有0.6%～1.0%的氯化钠，易吸湿潮解。肥效稍慢于其他氮肥。氯离子过多会降低果实和薯块的糖度和淀粉含量，施用时会因氯离子过多而影响蔬菜品质，慎用。

**【氮害解除】** 土壤浓度过大时，浇大水降温，稀释土壤浓度，通过中耕排气，保护根系；施氮肥后及时通风换气，保护叶片；植株矮化时，可喷硫酸锌700～1000倍液缓解调整植株；高温、低温期在植株叶面上喷硼、钾、钙营养800倍液；发生氮害时，遮阳降温，植株叶面喷水，切勿通风造成脱水蔫秧。

## 35. 磷在蔬菜生长发育中的作用

### 35.1 错误做法 ✕

磷肥一次使用量过多，磷素会失去酸性而被土壤凝结造成失效；磷积聚过大会使土壤板结，破坏土壤团粒结构，使植物根系呼吸作用增强而老化。目前，许多棚室土壤并不缺磷，表现出缺磷症状多是施用氮肥、锌制剂和石灰过多，或光照不足所致。一些地区因磷肥施用量过多而引起植株早衰。棚室蔬菜盲目施磷，使植株的呼吸作用超常发挥而消耗大量积累的营养物质，致使生殖系统器官运转加快，过早地发育和衰退。同时，磷素过多将抑制对锌、铁、镁等元素的吸收，导致叶子老化，却误以为是叶面喷肥引起的副作用。此外，磷素过多使土壤中离子的正常交换受到极大的影响，由于磷的过量施用，易造成土壤中的离子失衡。

### 35.2 正确做法 ✓

**【生理功能】** 磷的平衡供应，有利于细胞的分裂和增殖，增加根系数目和促其伸展，促进花芽分化和生长发育。磷的主要功能是形成细胞分裂所需的核酸与核苷酸，尽管氮过多不利于磷素的吸收，但磷却能促进氮素的代谢。氮素含量高，占主导地位时，磷能促进光合作用和能量有效转化，利于碳水化合物的合成运转。因此，磷能提高蔬菜对外界环境的适应能力，如抗旱性、抗寒性等。

**【缺素症与过剩】** 植株缺磷时，细胞不能正常分裂，能量不能及时转化，碳水化合物不能平衡运转，使各种代谢过程受到不同程度的抑制，植株生长迟缓，矮小瘦弱而直立，根系不发达，致使细胞发育不良、不分裂及花芽分化失常，雌花着生少。叶色呈暗绿色或灰绿色，缺乏光泽。缺磷有助于铁的吸收，可加速叶绿素的形成，叶色深暗，间接地促进丁花青素的形成，黏附在被滞留的碳水化合物上，因而叶色有紫红色斑点或条纹，严重时叶片生理失调、枯萎脱落，症状从基部老叶开始，逐渐向上部发展。这种情况在温室蔬菜上时有发生。花少、果少、果实迟熟，易出现秃梢、脱荚或落花、落蕾，种子小而不饱满，千粒重下降。作物含磷量过高时，由于吸收作用过强，养分大量消耗，也会发生不良症状。由于磷的吸收过多而减少作物对锌、铁、锰、镁和硅的吸收，会使作物产生这些元素缺乏症状。

**【营养特征】** 磷在土壤中移动性小，集中穴施不易流失，以磷酸游离形态溶解后，极易被根系吸收利用，易被水溶，稀释游离酸后被土壤吸附而固定，并逐渐转变成难以利用的状态。过磷酸钙对土壤无酸化作用，能给作物提供硫和钙；磷矿粉在酸性土壤中可渐渐转为有效磷态，是价廉特效肥料，均为有机蔬菜准用磷肥，硝酸磷和磷酸二铵在绿色产品生产中限用和禁用。

**【用法与用量】** 因土质、磷肥种类和施用方法而异。

过磷酸钙易被作物吸收利用，适用于各种土壤。磷矿粉、钙镁磷肥在酸性土壤上施用效果好，易分解；石灰性、碱性土壤中可用，肥效较差，若混合有机肥和菌肥施用，能提高肥效。

磷肥与酸性有机肥、厩肥、腐殖酸肥（动、植物残体）混施效果好。过磷酸钙作基肥、种肥、追肥均可，作基肥、种肥以条施、穴施、深施为佳，作追肥以少量多次为宜。钙镁磷肥以拌种或蘸根为佳，磷矿粉以早施或与酸性有机肥堆腐后能提高肥效。

磷肥以新菜田、缺磷田和露地为多，如每 667 米$^2$ 施有机肥超过 5000 千克，特别是牛粪、秸秆肥超过 3000 千克，不需再施磷肥。每 667 米$^2$ 基肥最大投入量，若以过磷酸钙为标准，可达 100 千克，中后期每次施5～10千克即可。

【肥料种类】 化学磷肥按其所含磷化物溶解度的大小可分成水溶性、枸溶性（弱酸溶性）和难溶性三大类。常用磷肥有普通过磷酸钙、重过磷酸钙和钙镁磷肥等。

**(1)** 普钙（普通过磷酸钙） 其主要成分是水溶性磷酸一钙，有效磷含量12%～18%，产品中含有多种副成分，如石膏、硫酸铁、硫酸铝等，还有微量元素和少量游离酸，有酸味，易结块。水溶液呈酸性。施入土壤后发生多种变化，使所含磷酸一钙转化成水不溶性或难溶性磷酸盐，称为磷的固定或失活，当季利用率较低，但有3～5年的后效。颗粒状普钙使用效果良好，适用于各类土壤和各种作物，可作基肥、追肥和种肥。普钙中除磷之外，还有40%～50%的石膏，有利于碱土和贫瘠沙土的土壤改良，对于喜硫作物，如豆科、十字花科及大蒜等肥效更好，有提高品质的作用。与有机肥料混合施用可减少普钙中磷的固定，提高其利用率。

**(2)** 重钙（重过磷酸钙、三料磷肥） 有效成分是水溶性磷酸一钙，含磷40%～50%，是普钙的3倍，性质和施用方法均和普钙相似，其含磷量高，施用量相应较普钙为少，因其石膏含量很低，在改土和供硫能力上不如普钙。

**(3)** 钙镁磷肥 不溶于水。成分复杂，主要含磷12%～18%，钙（CaO）25%～38%，镁（MgO）8%～18%，因其钙、镁含量很高，微碱性，玻璃状粉末，无毒、无臭，不吸湿，不结块，不腐蚀包装材料，长期贮存不易变质。可被作物和微生物分泌的酸和土壤中的酸溶解，逐渐供作物吸收利用，肥效较慢。在酸性土壤中，其肥效和普钙相似，在石灰性土壤中，肥效低于普钙。因其肥效较慢，宜作基肥施用，与有机肥混合堆沤，可提高其肥效。

【磷害解除】 土壤速溶性磷以24～60毫克/千克为准，如磷过剩，可增施微生物菌剂解磷；通过深耕土壤，增加透气性；以及填土、换土等措施解除或减轻磷积累危害。

## 36. 钙在蔬菜生长发育中的作用

### 36.1 错误做法 ×

一般认为，华北地区属于石灰性土壤，普遍不缺钙，这是事实。

由于钙元素在土壤中易被凝固，特别在干旱期、高温和低温期，植物钙吸收利用困难，往往被多数人所忽略。许多菜农经常往田间大量施钙肥，造成浪费。华北地区土壤中不缺钙，只要注重施生物菌和有机肥，就无须补施钙素肥料。在高温、低温期，在叶面上喷一些钙素营养即可。补钙能防止蔬菜生长点萎缩、干烧心、叶缘枯干和果脐腐等症。

## 36.2 正确做法

**【生理功能】** 钙素是植物细胞壁的主要组成部分。缺钙细胞不分裂，植株不生长。多数人知道缺钙会引起茄果的脐腐病。钙与蛋白质分子相结合，是质膜的重要组分，有降低细胞壁的渗透性，限制细胞液外渗的作用。钙对碳水化合物的转化和氮素代谢有良好的作用。钙是淀粉酶的活化剂，影响碳水化合物的代谢。钙能活化某些具有刺激花粉萌发和花粉管伸长的酶类。钙与有机酸结合形成盐类，对代谢过程中所产生的有机酸有中和解毒作用，可防止作物受害，调节作物体内的酸碱度。钙离子能降低原生质胶粒的分散度，与钾离子配合，以调节原生质所处的胶体状态适合作物正常生长，保证代谢作用顺利进行。钙可防止发生真菌病害，钙不足，番茄易生青枯病，莴苣易感染灰霉病。干旱、温度过高或过低影响作物对钙的吸收。

**【缺素症】** 缺钙的植株矮小或藤生状，组织坚硬，病态先发生于根部和地上部的幼嫩部分，未老先衰或容易腐烂死亡；幼叶、茎、根的生长点首先出现症状，轻则呈现凋萎，重则生长点坏死；幼叶变形，叶尖往往出现弯钩状，叶片皱缩，边缘向下或向前卷曲，新叶抽出困难，叶尖相互粘连，有时叶缘成不规则的锯齿状，叶尖和叶缘发黄或焦枯坏死；有些结球的十字花科蔬菜，如大白菜缺钙时，包被在中间的叶片焦枯坏死呈“干烧心”，与细菌性软腐病的症状相似（但缺钙的“干烧心”叶片失水干燥、无臭味，细菌性软腐病叶片腐烂、有臭味，可明显区分）；缺钙植株不结实或少结实，有时在果实脐部出现圆形干腐病斑症状，多在幼果期开始发生（如番茄的脐腐病）。

土壤过湿，根系缺氧、钙，植株会徒长或沤根死秧；土壤干旱，钙素凝结不能随水流入植物体内，将使植株矮化不长；气温过高水分蒸腾量大，钙会出现流动障碍，心叶内卷果实软腐；低温期水分蒸腾量小，根系不活跃，钙素移动缓慢，会造成叶凋叶薄；氮、磷多时抑制钙移动，幼苗会僵化，所以育壮苗在较瘠薄床土上安全。蔬菜落果，是因为钙难以从茎叶向果实移动，从而使果小脐腐或形成离层脱落。条腐果也是缺钙、钾、硼诱发的土壤酸化的结果。钙吸收受阻还会造成裂果、裂茎。缺钙在干旱、高温、低温期，病菌生存受到抑制，表现为生理病害，温、湿度适宜时，病菌活力强，表现为真菌、细菌病害，成为传染性病源。

**【营养特征】** 钙在植物体中属难移动元素，易固定，不易倒流或再利用，钙在众多营养元素中起协调吸收作用，即植物徒长时施钙，可抑制对锌的吸收而使植株健壮；矮化时停止施钙可促长，还能起平衡调控营养作用，即生长点和花序处生长活跃，钙协助和促进众多元素向生长活跃处运转。因而，缺钙先在生长快的地方有所反应，表现为幼叶卷曲、畸形，新生叶易腐烂，继而使硝酸等在叶内积累而造成酸害，出现叶缘焦枯现象，叶片出现灼烧状，生长点萎缩、干枯。

**【用量与用法】** 酸性土壤每667米$^2$可施石灰70～100千克；碱性土壤每667米$^2$可施氯化钙20千克或石膏50～80千克。高温、低温期叶面喷施0.3%～0.5%氯化钙溶液或过磷酸钙300倍液或米醋浸出液。

干旱期傍晚浇水和生物菌剂，在适温期溶解分化土壤钙素，促进植物吸收。

在作物易发生缺钙阶段和已有缺钙症状时，停施氮、磷、钾肥，追施硼、锰、锌肥予以缓解。有机肥充足无需补钙，只需经常浇施些生物菌肥以分解土壤和有机肥中的钙素供应。低温、高温期可于叶面喷施补钙，以免导致生理病害造成损失。结果期少施磷肥，以每次每667米$^2$施5～8千克为宜，可防止土壤板结，出现钙质化僵皮果。在果实膨大初期，叶面应喷施钙素、米醋300倍液。

**【肥料种类】** 目前尚无专用的钙肥。多种化肥的副成分中含有钙，如普钙中含钙18%～20%，钙、镁、磷肥中含钙20%～24%可作为钙肥施用。有机肥料中也含有一定数量的钙，如猪、牛、羊厩肥中钙含量为0.1%～0.3%，虽含量不高，但因其施用量大，故有机肥料可补充一部分钙。石灰、石膏等均在调节土壤酸度、改良土壤物理性状的同时，兼用作钙肥。石膏溶解度小，肥效较慢，宜作基肥施用。

## 37. 镁在蔬菜生长发育中的作用

### 37.1 错误做法 ×

目前，我国棚室蔬菜生产过程中菜农没有施用镁的习惯和意识。

在有机肥和生物菌肥使用充足的情况下，一般可不考虑施镁。由于大量施氮、磷复合肥，土壤盐渍化后，使叶片发生生理障碍而失绿，被误认为是缺镁症。镁决定叶片的光合强度，但不少人发现植株叶片发黄只知补氮，不知补镁，致使叶片黄化。

## 37.2 正确做法

**【生理功能】** 镁不仅是植物叶绿素的组成成分，还是许多酶的活化剂，参与脂肪代谢和氮的代谢，对调节植物体内酶的活性十分重要。镁含量本身是一个重要的质量标准，增施镁肥可增加产量，适量施镁可增加叶绿素、胡萝卜素及碳水化合物的含量。

**【缺素症与过剩】** 植株缺镁的症状在叶片上的表现特别明显，首先在中下部叶片的叶脉间色泽褪淡，叶绿素含量下降，由淡绿色变黄再变紫，随后向叶基部和中央扩展，但叶脉仍保持绿色，蔬菜的叶脉间叶肉变黄失绿，逐渐从淡绿色转为黄色或白色，出现大小不一的褐色或紫红色斑点或条纹，在叶片上形成清晰的网状脉纹；严重缺镁时，整个植株的叶片出现坏死现象，叶片枯萎、脱落。根、冠比降低，开花受抑制，花的颜色苍白。后期叶缘向下卷曲，由边缘向内发黄，使作物提早成熟，但产量不高。在一年生植物上，缺镁症状一般在生长后期出现，有时也可以在苗期出现，在雨季表现更为明显。对于多年生蔬菜或者长季节栽培，长期缺镁，则阻滞生长，较为严重时，果实小或不能发育。

在田间条件下，一般不会出现镁过多造成蔬菜植株生长不良的情况。但有时镁素过多会使根的发育受阻，茎秆木质部不发达。

**【用量与用法】** 常用的含镁肥料主要有硫酸镁、氯化镁、硝酸镁、氧化镁、钾镁肥等水溶性镁肥，可溶于水，易于被作物吸收利用。钙镁磷肥、磷酸镁铵、白云石等肥料中也含有镁，为微水溶性或难溶于水，肥效缓慢，适用于酸性土壤。

**(1)** 硫酸镁　为中性盐，不能用它来中和酸性，适用于 pH 值大于 7 的土壤。可用于配制混合肥料，或配入液体肥料做叶面喷施。

**(2)** 白云石　为碳酸镁和碳酸钙组成的复盐，含氧化镁 21.7%，氧化钙 30.4%。可用来中和土壤酸性，改良土壤。常用于配制混合肥料。

**(3)** 钾镁铵　为长效复合肥料，含镁 20%，含钾 33%，钾、镁溶于水，所含养分全部有效。

上述 3 种镁肥宜与其他肥料一起配合施用，可作基肥、追肥和叶面肥。

微溶于水的白云石等宜在酸性土壤上作基肥浅施，按镁的需要量计算，一般每 667 米$^2$ 施用 1～1.5 千克。硫酸镁宜在碱性土壤中施用，作追肥时宜早施，每 667 米$^2$ 用 1%～3% 硫酸镁或 1% 钾镁肥液 50 升左右，连续喷几次。钾镁肥喷施效果优于硫酸镁。

镁肥的肥效取决于土壤、作物种类和施用方法。镁肥主要施用在缺镁的土壤，如砂质土、沼泽土、酸性土、高度淋溶性的土壤上和需镁较多的蔬菜作物上。镁肥在番茄上施用效果好。在大量施用钾肥、钙肥、铵态氮肥的条件下，易造成作物缺镁，宜配合施用镁肥。水溶性镁肥宜作追肥，微水溶性镁肥宜作基肥施用。有机肥充足可不补镁，需施生物菌肥 1 千克。整株叶片黄化时需补镁，一次可施腐殖酸肥 100 千克。结果期追施钾镁肥，含镁 20%，含钾 33%，每 667 米$^2$ 一次施用量为 30 千克左右。

## 38. 硫在蔬菜生长发育中的作用

### 38.1 错误做法 ✕

许多肥中部含有硫，特别在有机质肥充足的情况下，没有必要再施硫，许多菜农没有意识到这一点，继续施用硫肥，造成了不必要的浪费。

### 38.2 正确做法 ✓

**【生理功能】** 硫是含硫氨基酸、蛋白质和许多酶的组成成分，参与氧化还原反应和叶绿素的形成，可活化某些维生素，形成并存在于洋葱、蒜和十字花科植物中的糖苷油等物质中。作物缺硫会降低蛋白质质量和生物价。土壤中一般不缺硫，但近年来，有些地区棚室蔬菜生产长期施用高浓度的不含硫的化肥，如尿素、磷酸二铵、氯化钾等，导致一些需硫较多的作物，如葱、蒜类等施硫后表现出明显的增产效果。

**【缺素症与过剩】** 缺硫植株的症状往往先出现在幼叶（与缺氮老叶先出现症状不同）。初期，幼叶黄化，叶脉先缺绿，然后遍及全叶，严重时，老叶变为黄白色，但叶肉仍呈绿色；缺硫植株茎细小，根稀疏，根系细长不分枝，支根少；开花结实期延迟，果实减少。缺硫症状还会受氮素供应的支配，氮素供应充足时，缺硫症状发生在新叶；氮素供应不足时，缺硫症状发生在老叶。蔬菜过量施硫症状：田间施硫肥过多会引起蔬菜植株的非正常生长和代谢，叶色暗红或暗黄，叶片有水渍区，严重时发展成白色的坏死斑点。

**【肥料与用量】** 生产上常用的含硫化肥主要有石膏、硫黄、普通过磷酸钙、硫酸铵、硫酸钾等。

**(1)** 石膏 最重要的硫肥，由石膏矿石直接粉碎而成，呈粉末状，微溶于水，一般应过 60 目筛孔才能施入菜田。农用石膏有生石膏、熟石膏和含磷石膏 3 种。生石膏即普通石膏，含硫 18.6%。呈白色或灰白色，微溶于水。使用前应先磨细，通过 60 目筛。熟石膏也称雪花石膏，由生石膏加热脱水而成，容易磨细，颜色纯白，吸湿性强。吸水后变为普通石膏，易成块状，应存放在干燥处，含磷石膏是硫酸分解矿粉制取磷酸后的残渣，其主要成分是石膏，约含石膏 64%，含硫 11.9%，呈酸性、易吸湿。

用石膏作肥料施入土壤，不仅能提供硫肥，还能提供钙肥。当土壤中有效硫含量低于 10 克/千克时，应施用石膏，可作基肥、追肥或种肥施用。在旱地作基肥施，每 667 米$^2$ 用 15～25 千克石膏粉撒施于地表后耕耙混匀；作种肥，每 667 米$^2$ 用量一般为 3～4 千克。

石膏除用作肥料外，主要用于改良碱性土壤。施用石膏时，应撒施于土面后深翻，并结合灌溉洗去盐分。石膏后效长，除当年见效外，有时第二年、第三年的效果更好，不必每年都施。

**(2)** 硫黄 粉状，难溶于水。不宜加入复混肥中。一般用膨润土造粒。在淋溶强度大的土壤中肥效好于干旱地区土壤。可作基肥施用和追肥施用。一般每 667 米$^2$ 用量为 5 千克左右，施用时应尽量与土壤混匀。将硫肥作基肥撒施时，每 667 米$^2$ 用量为 1～2 千克。如将硫肥用于改良碱土，其施用方法与石膏相同，但用量应相应减少。

**【注意事项】** 气温高、雨水多的地区，有机质不易累积，硫酸根离子流失较多，为易缺硫地区。砂质土也容易发生缺硫现象。当土壤中有效硫的含量低于 10 克/千克时，蔬菜植株极有可能缺硫。但土壤渍水，通气不良，也可能发生硫元素的毒害现象。因此，硫肥应施用于缺硫土壤。高产田和长期施用不含硫肥的地块应注意增施含硫肥料。

## 39. 锰在蔬菜生长发育中的作用

### 39.1 错误做法 ✕

锰是作物所需的微量元素，锰能抑菌防病。棚室蔬菜生产在有机肥施用充足的田间条件下，不需补锰。一些菜农不考虑土壤中是否缺锰，盲目施用锰肥，造成了锰中毒。

以锰元素为基质生产的植物保护性有机农药被广泛应用，效果显著，但将其作为肥料施用补充营养，使作物提高抗病性和授粉受精效果，以及它的保花保果效果，至今被许多菜农所忽视。

### 39.2 正确做法 ✓

**【生理功能】** 锰是叶绿体的组成物质，起叶绿素的合成催化作用，决定叶片的光合强度。锰是许多酶的活化剂，能促进硝酸还原，提高氮的有效利用率，可减少氮肥的投入。锰有利于蛋白质合成，改善糖等物质向根与果实的运输效果，还能降低生长期呼吸强度，减少营养消耗，起到控秧促根、控蔓促果的作用，进而提高果实产量。锰能促进核酸的磷以酯类与总核苷的磷发生较强交换，使蔬菜果实籽粒饱满。总之，锰既能促使植物地上地下平衡、营养生长和生殖生长平衡，还能使体内各种营养协调平衡，特别在低中温期补锰，能使植物体相对活跃，使花粉正常发芽，花粉管平衡生长，果实均衡膨大，增强作物抗病性。

**【缺素症与过剩】** 多种蔬菜对锰的需要量较高，土壤供锰不足时容易引起缺锰而减产。蔬菜中需锰较多的有洋葱、莴苣、豌豆、大豆、马铃薯、菠菜、芜菁等；需锰中等的有萝卜、胡萝卜、番茄、芹菜、甜菜等；菜花、甘蓝则需锰较少。一般作物叶片内含锰量小于20毫克/千克时即需要施锰肥，番茄等蔬菜作物叶片缺锰临界值在40毫克/千克左右。

植株缺锰，植株矮小，呈缺绿病态。锰在植物体内不易移动，一般新叶开始出现症状，叶肉失绿，叶脉仍为绿色，叶脉呈绿色网状，严重时，失绿叶肉呈烧灼状、小片、圆形，相连后枯叶，停止生长；叶片厚硬，中位叶边缘失绿严重，叶缘下垂；叶近叶柄处失绿严重，叶尖叶色深绿。整叶褪绿变淡绿色，叶脉间有小褐点；褪绿部分呈黄褐色或赤褐色斑点；有时叶片发皱、卷曲甚至凋萎；叶片中部褪绿严重，继而褐腐、干枯。对缺锰敏感的植物有：豌豆、马铃薯、黄瓜、萝卜、菠菜、莴苣等。

锰过剩引起植株中毒的症状表现为老叶边缘和叶尖出现许多焦枯棕褐色的小斑，并逐渐扩大，但不出现失绿症。有些植物锰中毒后出现丧失顶端优势而侧枝增多，形成丛枝。

**【用法与用量】** 一般情况下，棚室蔬菜生产有机肥施用充足，如每 667 米$^2$ 施有机肥 5000 千克，可不补施锰肥。沙性土壤、石灰性土壤和碱性土壤，每 667 米$^2$ 基施硫酸锰 5～10 千克，中性土壤每 667 米$^2$ 施硫酸锰 7～10 千克。硫酸锰可作基肥、追肥或叶面喷肥施用。叶面喷肥的效果明显高于土施。

盐渍化重的老菜田土壤缺乏有效态锰，可每 667 米$^2$ 追施硫酸锰 2 千克左右。缺锰时停施碳酸钙肥，以免降低锰的活性。干旱时勤浇水，可促进锰还原，提高锰的有效性。干旱期、低温期、中温期每隔 7～15 天叶面喷 1 次多菌灵锰锌、乙磷铝锰锌等含锰农药，既可抑菌杀菌，又可防病促长，还能使花粉粒饱满、花粉管伸长而提高授粉坐果率。

# 40. 锌在蔬菜生长发育中的作用

## 40.1 错误做法 ✕

锌能打破僵秧，使根尖和生长点纵向生长，还可防止病毒病。一些菜农不管菜田里是否缺锌，盲目施用，造成锌过量，使植株纤细、徒长，易感染真菌、细菌病害。不少菜农认为肥多产量高，鸡粪肥力大，每 667 米$^2$ 施用鸡粪甚至高达 5000 千克，造成氮、磷过多，抑制硼、锌素的供给，造成畸形果。

## 40.2 正确做法 ✓

**【生理功能】** 锌是酶的辅酶组分，对很多酶具有催化活性，能催化二氧化碳的水合作用，提高光合强度，增加物质积累。锌参与植物体的生长素如吲哚乙酸、赤霉素的合成。蔬菜缺锌生长发育会出现停滞状态，叶片变小，节间缩短，形成小叶簇生，心叶变黑变厚、果实变僵硬。锌与碳、氮代谢关系密切，缺锌时碳氢化合物结合形成糖和淀粉大量累积，不仅影响糖和淀粉的生成，而且运转停滞或变慢，使植株矮化；果实因对硼、钾的吸收受阻而变小，花药长度变短，只有正常花药的1/3左右；花柱和子房比正常植株略粗壮，使花蕾不能开放而脱落，不能正常授粉受精而形成僵果。锌能调节蔬菜对磷的吸收，从而提高花蕾坐果率。蔬菜植物体接触到锌，锌素会随酶很快地被运转到生长点、根尖和花序处而产生大量生长素，对蔬菜药害僵硬叶、冻害衰败叶、肥害老化叶、氨害灼伤叶、盐害黄化叶、碱害矮化秧，因病毒病引起的缩头秧、卷叶、小叶、簇叶以及伤根、伤头引起的无头秧、龟缩头、老小弱苗等生理障害解症，促长效果突出；并能促进老株再生新芽、新根、新叶，定植缓苗快，增根量可达70%以上；可平衡土壤、植物营养，使秧与根、叶与果、蔓上下协调健壮生长，抵御真菌、细菌和病毒侵入。

**【缺素症与过剩】** 植物缺锌，光合作用减弱，叶片脉间失绿或白化，节间缩短，植株矮小，生长受抑制，产量降低；缺锌除叶片失绿外，在枝条尖端常出现小叶、节间缩短呈簇生状。对缺锌敏感的蔬菜有：番茄、甘蓝、莴苣、芹菜和菠菜等。番茄缺锌时卷叶。黄瓜缺锌时叶片僵硬、黄化。

锌过剩中毒症状主要表现为根的生长受阻，植株矮小，长势不良，叶片黄绿并逐渐枯黄，根系短而稀疏，产量低。

**【用量与用法】** 我国西北和华北地区土壤大范围缺锌，另外在江苏北部、湖北、安徽等地的石灰性土壤中锌的含量也较低。土壤中有效锌的丰缺指标，北方地区土壤有效锌含量小于1.0毫克/千克，南方地区土壤小于1.5毫克/千克就需要施用锌肥。一般作物叶片中锌含量低于20毫克/千克时就需要施锌。

常用的锌肥有硫酸锌、氧化锌和氯化锌等。硫酸锌是最常用的含锌微肥，工业品硫酸锌有七水硫酸锌，含锌22%，易溶于水。氯化锌，含锌40%～48%，白色结晶，易溶于水。这两种锌肥均是水溶性的，宜作追肥和叶面喷肥或作拌种施用，也可作基肥。叶面喷肥浓度为0.2%～0.3%，拌种每千克种子用1～3克锌肥，须先和钙镁磷肥等混匀后再拌种。氧化锌不溶于水，宜作基肥施用，每667米$^2$施用量为1.0～2.5千克。

棚室蔬菜生产，低温期用96%硫酸锌700倍液、高温期用1000倍液进行叶面喷洒；灌根时每穴用96%硫酸锌1000～1500倍液浇0.3～0.5L；随水浇施时每667米$^2$限量1千克，以单用效果明显，每茬作物限用1～2次，以防止过量施用使植株徒长。

实践证明，有机质含量与有效锌呈正相关，但土壤有机质（如炭土）过高，则有效锌含量会呈下降趋势，土壤有效锌与碳酸盐含量呈负相关，土壤浓度在6500毫克/千克以上，有效锌含量较低，所以蔬菜栽培苗期除施用1次促长根系外，其他时期待出现有害症状时再基施有机肥（鸡粪、牛粪2500千克）和生物菌肥，施足碳素，疏松土壤。番茄定植前后用植物诱导剂灌根1次，以增加根系。夏秋茬每667米$^2$施1千克硫酸锌，预防缺锌卷叶。

## 41. 铁在蔬菜生长发育中的作用

### 41.1 错误做法 ✕

棚室蔬菜生产，在有机肥施用量大的情况下可不考虑补铁，但不少菜农盲目大量施硫酸亚铁等铁肥，往往导致蔬菜铁中毒，使蔬菜植株萎蔫或枯死。发现蔬菜生长点发黄，下位叶发黑，多为土壤浓度过大而造成铁吸收障碍，错误地认为是土壤缺铁，不知道采取冲施生物菌肥或硫酸锌等进行缓解。

### 41.2 正确做法 ✓

**【生理功能】** 铁是形成叶绿素的元素，是多种酶的成分和活化剂，是光合作用中许多电子传递体的组成成分，参与核酸和蛋白质的合成。

**【缺素症与过剩】** 由于铁在植物体内是不易移动的元素，所以缺铁时症状首先在蔬菜植株的顶端等幼嫩部位表现出来，植株矮小失绿，叶片的叶脉间出现失绿症，在叶片上明显可见叶脉深绿，脉间黄化，黄绿相间很明显。缺铁严重时，叶片可出现坏死斑点，并逐渐枯死；茎、根生长受阻，根尖直径增加，产生大量根毛等，或在根中积累一些有机酸；幼叶叶脉间失绿呈条纹状，中、下部叶片为黄绿色条纹，严重时整个新叶失绿、发白。

铁素过多易导致植株中毒。铁中毒常与缺锌相伴而生。在老叶上有褐色斑点，根部呈灰黑色，根系容易腐烂。

**【肥料种类】** 适用于棚室蔬菜的铁肥主要有3种。

**(1)** 硫酸亚铁　俗称铁矾或绿矾，为常用铁肥，含铁19%，淡绿色结晶，易溶于水。在潮湿空气中吸湿，并被空气氧化成黄色或铁锈色后，不宜再作铁肥施用，故应密闭贮存防潮。硫酸亚铁可用作基肥施、叶面喷施和注射，作基肥施用时应与有机肥混合施用，可提高其效果。主要进行叶面喷施，可在喷液中加入少量的黏着剂，可增强其在叶面上的附着力，提高喷施效果。

**(2) 硫酸亚铁铵** 含铁14%，淡绿色结晶，易溶于水。其施用方法同硫酸亚铁。

**(3) 有机络合态铁** 常用的为乙二胺四乙酸铁（含铁9%～12%）、二乙三胺五醋酸铁（含铁10%），两者均溶于水，施入土壤或作喷施的效果显著高于无机铁肥。乙二胺四乙酸铁适宜在酸性土壤上施用，稳定而有效，但对pH值高的土壤不适用。当pH值大于7.5时，最好用二乙三胺五醋酸铁。一般用于喷施。

**【用法与用量】** 土壤缺铁比较普通，尤其是石灰性土壤更为普遍。酸性土壤中过量施用石灰或锰时，蔬菜植株都会出现诱发性缺铁。栽培土壤的水、气状况严重失调，温度不适，也会影响蔬菜根系对铁的吸收。铁肥多采用叶面喷施，较少基施。一般在土壤有效铁小于10毫克/千克时施铁，有不同程度的增产效果；土壤有效铁大于10毫克/千克时，施铁基本无效。在缺铁土壤上对茄果类作物施用铁肥，增产幅度可达5.8%～12.9%。硫酸亚铁主要进行叶面喷施，浓度为0.2%～0.5%，一般需多次喷施，现配现用。

## 42. 钼在蔬菜生长发育中的作用

### 42.1 错误做法 ✕

只有少数菜农知道钼可抑制作物抽薹开花。很多人不清楚钼对蔬菜的抗旱促长作用，不知道利用钼来抗旱保苗。

### 42.2 正确做法 ✓

**【生理功能】** 钼在人体内可抑制亚硝胺类致癌物的合成和吸收。钼在扁豆中的含量为12.8毫克/千克，萝卜缨中为10毫克/千克，菠菜中为6毫克/千克，黄瓜中为5.7毫克/千克，白菜中为1.7毫克/千克、萝卜中为1.25毫克/千克等。

钼是作物生长所需的微量元素。作物缺钼生理机能受到影响。钼是多种酸的组成成分，是酶新陈代谢中许多环节的纽带。当作物吸收各种无机物质后，要将其转变成有机物质如蛋白质等，而钼参与促进光合产物和物质转换，分解和利用光合产物，即可改善细胞原生质胶体化学性质，促进各种营养素的平衡吸收，增强植物对不良环境因素的抗逆性。钼能使作物增强抗旱性，并参与蔬菜植株糖类代谢，在恶劣环境中保持植物营养体正常运输。

钼对提高植物抗逆性，促进生长有奇特的作用。曾有一个发生于20世纪50年代的故事，有一年新西兰出现长期的高温干旱天气，牧草矮小干枯，濒临死亡，牛羊饿死无数。但牧场中奇怪地发现有一条1米多宽的小径两旁的牧草依然茂盛。经考察原来牧场上方有一钼矿，矿工来回所穿的靴底下沾着钼矿粉，使小径两侧牧草吸收到钼营养，因此长势顽强。

**【缺素症与过剩】** 植物缺钼症状有两种类型。①脉间叶色变淡、发黄，类似于缺氮和缺硫的症状，但缺钼的叶片易出现斑点，边缘发生焦枯并向内卷曲，且由于组织失水而呈萎蔫，一般老叶先出现症状，新叶在相当长时间内仍表现正常。定型的叶片有的尖端有灰色、褐色或坏死斑点，叶柄和叶脉干枯。②叶片瘦长畸形，成鞭状或螺旋状扭曲，老叶变厚，焦枯。

植物吸收过量的钼素可引起中毒，但一般不出现症状。茄科植物对钼素过量较敏感，常表现为叶片失绿，小枝上呈现红黄色或金黄色。

**【用法与用量】** 土壤中钼的可给性与土壤酸碱度有关，酸性土壤容易缺钼，随着土壤增加，土壤钼对植物的有效性提高。我国北方的黄土高原和以黄土为母质形成的土壤也因含钼量低而易缺钼。土壤有效钼的丰缺指标为0.15毫克/千克。

有机秸秆肥中钼含量适中、增施有机粪肥可不施钼。土壤pH值在6以上时，钼有效性提高，碱性土壤须补钼。酸性土壤施石灰可提高钼的可给性，可追施钼酸铵、钼酸钠等钼肥，保持土壤含钼量为0.2毫克/千克。磷硫肥施用过多，磷、硫肥较足时可导致缺钼，蔬菜植株矮化，需补钼促长。锰与钼有拮抗作用，要防止锰肥和含锰农药用量过大、过频而造成钼吸收障碍，使蔬菜叶片褪绿干枯。在干旱和高温、低温期，叶面喷施0.02%钼酸铵，可明显增强蔬菜的抗逆性。使蔬菜植株能忍受6℃的低温。干旱时，钼能降低水分蒸腾，使植物体内水分保持长时期相对平衡，可减缓旱灾造成的叶枯茎秆和落花落果，并能防止病毒侵入，避免感染病毒病。

常用钼肥为钼酸铵与钼酸钠。钼酸铵含钼50%～54%，白色或浅黄色菱形结晶，易溶于水。钼酸钠含钼35%～39%，白色棱状结晶，也易溶于水，主要用于叶面喷肥，浓度一般为0.01%～0.1%。施用时先将钼肥用少量热水溶解，再用冷水稀释到所需要的浓度。

## 43. 氯在蔬菜生长发育中的作用

### 43.1 错误做法 ×

不了解氯具有促进蔬菜抗倒伏的特性。为降低成本，用氯化钾代替硫酸钾，不懂得氯过多能抑制植物根系活性，使植物老化早衰，使蔬菜纤维化，品质下降。每667米$^2$一次施用量甚至超过25千克，严重影响蔬菜的生长和品质形成。

### 43.2 正确做法 ✓

**【生理功能】** 氯在植物体中较活跃，能促进植物纤维化作用，增强病害抵抗性，使根茎坚韧，不易倒伏。高氯含量对植物的影响是降低叶绿体含量和光合强度，氨基酸增加而有机酸减少，脂肪饱和度下降，角质层加厚，生长和开花延迟。

生产实践证明，蔬菜适当施用氯肥可减少用药量，提高产品硬度和商品性状，提升贮运性能。现代膳食科学证明，蔬菜纤维通过胃酸可分解出多种营养，供人体平衡吸收，并能起到消耗脂肪及防止细胞癌变的作用，其原因是脂肪细胞必须在碳水化合物中才能燃烧分解产生热能。另外，人在食用纤维素时多咀嚼，具有固齿和增加唾液的作用。常吃含纤维素多的食品，对人体健康大有益处。

**【缺素症与过剩】** 植物缺氯的一般症状为叶片失绿、凋萎，有时成青铜色，逐渐由局部遍布全叶而坏死，根系生长不正常，根细而短，侧根少。

植物的氯素中毒现象比缺氯更常见。氯素中毒表现为叶尖、叶缘呈灼烧状，早熟性发黄及叶片脱落。氯中毒症状一般发生在某一叶层的叶片上，过一段时期后，症状逐渐消失，生长能基本恢复正常。这种对氯敏感的生育期称为“氯敏感时期”。植物的氯敏感时期多在苗期或幼龄期，如大、小白菜在4～6叶期。因此在氯敏感期内，必须避免环境中有高浓度的氯化物。

**【用法与用量】** 常见的氯肥有氯化钾、氯化钠（食盐）、氯化铜、氯化锰等。

每 667 米$^2$ 每次追施氯化钾 8～10 千克；氯化钾以 300 倍液做叶面喷施，氯化钠、氯化铜为 500 倍液，氯化锰为 1000 倍液，均做叶面喷施。根系吸收氯肥营养液浓度为 140 毫克/升，可防止蔬菜茎秆过嫩而染病或被虫害或倒伏。

温室蔬菜越冬生产，早期可适当喷洒氯肥，起到壮秆、硬果、防病的作用。早春在大通风后，蔬菜不可再施氯，以防止果实过早纤维化，商品性降低。

# 44. 铜在蔬菜生长发育中的作用

## 44.1 错误做法 ×

很多菜农对铜的认识不足，知道施铜能起杀菌作用，但不知道施铜还具有愈伤、避虫和使蔬菜增色等功能。有的菜农一茬菜施用两次铜或每 667 米$^2$ 一次施用铜超过 6 千克，造成浪费和危害。

## 44.2 正确做法 ✓

**【生理功能】** 铜是植物体内多种氧化酶的组成成分，参与植物体内的氧化还原过程，直接参与呼吸作用。铜对叶绿素有稳定作用，可避免叶绿素过早地遭受破坏，有利于叶片更好地进行光合作用。铜供应不足，叶绿体中的铜含量显著下降，植物降低对二氧化碳的吸收，光合作用减弱。铜还参加蛋白质和糖类的代谢作用，对植物正常开花及豆科作物根瘤的形成与生物固氮效果均有重要作用。

蔬菜枯萎病、蔓枯病、疫病、黄萎病均是由于生态环境不良、植株缺铜而引起的病害。这些病危害秧、蔓的共同特征是在结果初期导致死蔓、死秧、毁叶，许多菜农对此束手无策，用有机农药防治没有明显效果。而无机杀菌剂硫酸铜，是一种蔬菜作物保护性菌剂，发病前施用具有预防作用，发病初施用不仅具有快速杀死病菌的功能，还有刺激伤口愈合的作用。其药液附着在作物体和菌体表面，铜离子进入菌体内与细胞蛋白质共同发生作用，使菌体和虫卵不能进行代谢活动，不能侵入植物体危害植物。同时，硫酸铜能分解分化土壤中的钾、磷、硼、硫、锌等营养元素，有刺激作物生长和增肥增产作用，是目前所有无机杀菌农药无法取代的杀菌促长良药。

**【缺素症与过剩】** 植物缺铜一般表现为幼叶褪绿、坏死、畸形及叶尖枯死；植株纤细，木质部纤维和表皮细胞壁木质化及加厚程度减弱。蔬菜植物缺铜，叶片卷缩，植株膨压消失而出现凋萎，叶片易折断，叶尖呈黄绿色，果实小，果肉僵硬。

铜对植物的毒害首先表现为对根细胞质膜的危害，致使植株主根伸长受阻，侧根变短，新叶失绿，老叶坏死，叶柄和叶背变紫。

**【用法与用量】** 酸性土壤中铜的有效性高，在 pH 值为 7 左右的中性土壤中有效铜含量最低，碱性土壤中有效铜含量又变高。农作物缺铜较多发生在泥炭土、沼泽土和部分石灰性土壤中。

常用铜肥是五水硫酸铜，含铜量 24%～25%，蓝色结晶，易溶于水，水溶液呈酸性，有毒，可直接作农药防治病害。作基肥施用时，每 667 米$^2$ 用量 1～2 千克，在蔬菜播种前半个月或空闲期随水浇入菜田，隔 3～5 年施用一次。叶面喷肥用浓度为 0.2%～0.3%，可在溶液中加入少量熟石灰（0.15%～0.25%）以防药害。用 2 千克拌碳铵 9 千克，闷 12～24 小时，定植菜苗时穴施在根下，可彻底防治蔬菜死秧和杀菌护秧，净地有效期可达 12～16 个月。用硫酸铜配石灰、碳酸氢铵或配肥皂防治蔬菜叶茎病害，效果十分显著。

## 45. 硼在蔬菜生长发育中的作用

### 45.1 错误做法 ×

硼对蔬菜壮秆膨果的效果和防止花而不实发生的作用十分明显，但如果施用过量也有害。很多菜农在棚室蔬菜生产过程中连续多次使用硼肥，每 667 米$^2$ 一茬施用量超过 1 千克，或叶面喷施浓度超过 200 倍液，结果蔬菜发生硼中毒，叶片受到伤害，导致减产。

### 45.2 正确做法 ✓

**【生理功能】** 硼是植物必需的非金属微量元素，虽不是植物体的组成物质，在植物体内多呈不溶状态存在，但硼对植物的某些重要生理过程有特殊作用。硼有利于糖的运输，影响酶促过程和生长调节剂、细胞分裂、细胞成熟、核酸代谢、酚酸的生物合成以及细胞壁形成等。硼有增强作物输导组织的作用，促进碳水化合物的正常运转。硼还有利于蛋白质的合成和豆科作物的固氮。硼能促进生殖器官的发育，可以刺激作物花粉的尽快萌发，可使花粉管的伸长迅速进入子房，有利于受精和种子的形成。硼供应不足，花药和花丝萎缩，花粉管形成困难，妨碍受精作用，易出现花而不实或穗而不孕，形成不结实或子粒不饱满、缩果畸形等现象。此外，硼还能增强作物抗寒和抗旱的抗逆能力。

**【缺素症与过剩】** 缺硼植物叶色暗绿，生长点受抑萎缩明显变细，茎节间短促，生长点生长停滞，甚至枯萎死亡，顶芽弯曲枯死后，腋芽萌发，侧枝丛生，形成多头大簇；根系发育不良，根尖伸长停止，呈褐色，侧根加密，根茎以下膨大，似萝卜根；老叶增厚变脆，叶色深，无光泽，叶脉粗糙肿起，新叶皱缩，卷曲失绿，叶柄加粗短缩，叶片积累花青素而形成紫色条纹；茎矮缩，严重时出现茎裂和木栓化现象；蕾花脱落，花少而小，花粉粒畸形，生活力弱，常花而不实，结实率低；果皮无光泽，有爪挠状龟裂，果肉变褐，近萼部果皮受害明显，生长慢，产量低；瓜条、果肉部分畸形、木栓化严重，块根类植物根部产生裂纹、空洞或心腐。

硼素过多可引起中毒，一般在中下部叶片尖端或边缘褪绿，随后出现黄褐色斑块，叶片下凋，叶缘上卷，叶尖、叶缘出现灼伤，甚至坏死焦枯。叶脉呈辐射状的双子叶植物整个叶缘枯焦如镶金边，由鲜紫绿色变为暗紫黑色，叶脉近处无锈斑。硼中毒属生理性病害，叶片无水渍状印染和霉毛，近期不易感染真菌、细菌；褐锈色叶肉钙化，韧性强，继而近叶脉处叶肉褪绿、变黄，整叶内卷，潮湿 15 天左右整叶腐败，在明暗面着生真菌菌丝。老叶比新叶严重。

**【用法与用量】** 棚室蔬菜生产若每 667 米$^2$ 施牛粪、鸡粪肥各超过 2500 千克，土壤不缺硼；在低温期冲施 EM、CM 生物菌，可充足供硼。华北地区土壤普遍缺硼，需补硼，每 667 米$^2$ 冲入硼酸或硼砂 750 克（用热水化开），1 茬作物施 1 次即可。叶面喷施，按 1000 倍液硼浓度，可喷 2～3 次，以高、低温期喷施为宜。

施硼用量以少为佳，谨防超量中毒，土壤浓度以 3 毫克/千克为妥。症状轻的地块每 667 米$^2$ 用硼砂 0.5 千克，症状重的田块施用 0.7 千克，一般叶面喷洒的浓度以 1000～2000 倍液为好，浓度上限为 700 倍液，用 700 倍液做叶面喷洒保蕾膨果明显，无硼害症状。

**【毒害解除】** 因硼中毒植物体呈微酸性，可叶面喷 240 倍液的石灰水解毒。植株中毒田施钙、镁、钾肥，可凝固和降低硼素活性而解毒。干旱时硼的有效性降低，施硼过多时控制浇水可减少有效硼的移动，避免和减轻硼中毒而沤根。酸性土壤有效硼在 1.2 毫克/千克时植物会中毒；每 667 米$^2$ 施用石灰 50～80 千克，固定硼素，缓解硼害，石灰性土壤或撒上石灰，有效硼达 3～4 毫克/千克，植株不会中毒。

## 46. 硅在蔬菜生长发育中的作用

### 46.1 错误做法 ×

很多农民不了解硅的作用，不清楚硅能提高土壤营养利用率，控蔓促果。不懂得用硅防治病虫害。每 667 米$^2$ 施用秸秆肥超过 1000 千克时，土壤中无须补硅。

### 46.2 正确做法 ✓

**【生理功能】** 硅能促进氮、磷、钾的吸收、提高作物的抗性、提高叶片光合效率、提高作物品质。硅元素促进磷、钾、钙、镁、铜等元素的吸收，具有增强茎蔓的硬度和抗病害侵染作用。同时硅元素能吸取消耗虫体质液，使害虫脱水而死，具有防虫伤和防止害虫传染病毒的作用。增施硅肥可降低电导率和细胞膜相对透性，减轻因干旱造成的叶细胞伤害。硅能使蔬菜机械组织细胞硅质化，在表皮细胞的外侧胞壁中，纤维素微闭空隙被硅胶充满，与角质层形成一硅质双层结构，使之茎叶硬度增强，从而抗倒伏能力增强。黄瓜、番茄和豇豆等植株吸收硅后可减轻白粉病、猝倒病、枯萎病、蔓枯病、灰霉病和锈病等病害的发生。适量加硅可显著提高蔬菜的抗盐性，降低蔬菜盐害。

**【缺素症】** 蔬菜缺硅，首先是生长点停止生长，新叶畸形而小，下部叶出现坏死，并向上发展，坏死比例增大，叶脉仍保持绿色，叶肉变褐色，下位叶片枯死，花药退化，花粉败育，开花而不受孕。使蔬菜产量下降 4%～26%。缺硅时，蔬菜叶易感染霉菌，尤以附着黑褐色煤污为重。

**【营养特征】** 作物生长需硅量很大，土壤含硅量上限为 95～105 毫克/千克。施硅有增产作用。硅能促进磷的吸收，蔬菜作物特别是种子内含磷和需磷量大，施硅能减少磷肥投入，减缓磷多造成的土壤板结和氮、铁、锰过剩对作物的毒害。硅能促进根系氧化能力，并能在叶面形成上下角质双硅层，可降低水分蒸腾强度30%左右，起到抗旱和防治虫害的作用。

**【用量标准】** 碱性至中性和石灰性土壤含硅丰富，含硅300毫克/千克左右的，每667米$^2$可用硫酸锌1千克、硫酸锰1千克加硅肥6～10千克做冲施，过多无增产作用。含硅量超过380毫克/千克的土壤，每667米$^2$冲施EM生物菌液2千克或菌肥50千克，分解后即可满足对硅的需要。酸性土壤（pH值为4左右），含硅量在80毫克/千克以下的土壤，硅肥可与锌肥、锰肥或生物菌肥作基肥酌情施用。

棚室蔬菜生产，每667米$^2$施有机厩肥超过4000千克或腐殖酸肥超过200千克的情况下无须施用硅肥。

在蔬菜旺长期及产品形成期，每667米$^2$可用多效硅肥水溶液叶面喷施，提高叶绿素含量和光合强度，增加茎秆负重，提高抗倒伏性，减少病毒病发生90%以上，平均可增产20%以上。

# 第四章

# 棚室蔬菜栽培疑难与关键技术

## 47. 温室建造与应用

温室是各种类型园艺设施中性能最为完善的一种，可以进行冬季生产，世界各国都很重视温室的建造与发展。

我国近十几年来温室生产发展极快，尤其是塑料薄膜日光温室，由于其节能性好、成本低、效益高，在－20℃的北方寒冷地区，冬季可不加温生产喜温果菜，这在温室生产上是一项突破。各地根据当地的气候土壤条件和经济技术条件，选择应用适宜的温室类型。

**【类型】**

**(1)** 普通型日光温室　原始型温室为直立窗，受光面积和栽培面积都很小，室内光照较弱，后期随着发展，逐渐将直立的纸窗改为斜立的玻璃窗，同时把后屋顶加长，形成普通型温室。

**(2)** 改良型日光温室　对普通型温室进行了改造，因而产生了北京改良温室、鞍山一面坡立窗温室和哈尔滨温室。进一步加大了温室的空间和面积，改善了采光和保温条件，方便了作物栽培和田间作业，增加了作物产量。

**(3)** 发展型日光温室　为了进一步扩大温室的栽培面积，改善室内光照、温度、通风条件，按不同地理纬度确定温室屋面角度，设计出了高跨比适宜的钢骨架无柱式温室，更加适合作物的生育和田间作业，这就是发展型温室。自20世纪70年代发展的斜立窗无柱式温室和三折式温室等，到80年代开始发展起来的日光温室均属于发展型温室。由于这类温室建造简单、成本低、效益好，因此很受生产者的欢迎。

结合本地实际，选择已有的优型结构的日光温室。注意日光温室的下列性能与特点：①具有良好的采光屋面，能最大限度地透过阳光；②保温和蓄热能力强，能够在温室密闭的条件下，最大限度地减少温室散热，温室效应显著；③温室的长、宽、脊高和后墙高、前坡屋面和后坡屋面等规格尺寸及温室规模要适当；④温室的结构抗风压、雪载能力强。温室骨架要求既坚固耐用，又尽量减少其阴影遮光；⑤具备易于通风换气排湿降温等环境调控功能；⑥整体结构有利于作物生育和人工作业；⑦温室结构要求充分合理地利用土地，尽量节省非生产部分的占地面积；⑧在满足上述各项要求的基础上，建造时应因地制宜，就地取材，注重实效，降低成本。

**(4)** 现代化大型温室　现代化大型温室具备结构合理、设备完善、性能良好、控制手段先进等特点，可实现作物生产的机械化、科学化、标准化、自动化，是一种比较完善和科学的温室。这类温室可创造作物生育的最适环境条件，能使作物高产优质。要注意结合当地的生态气候条件选择适宜的温室。目前生产上常用和常见的是各类连栋温室。覆盖材料主要采用塑料薄膜、聚碳酸酯（PC）板或玻璃。

连栋温室是将两栋以上的单栋温室在屋檐处连接起来，去掉连接处的侧墙，加上檐沟（天沟）而成的。主要有圆拱形屋顶、尖拱形屋顶、大双坡或者小双坡屋顶、锯齿形屋顶等形式。生产性温室，规模较大，面积 3000～10000 米$^2$，温室环境调控系统完备，包括：采暖系统、通风系统、降温系统、灌溉系统、施肥系统、控制系统。单栋跨度与温室的结构形式、结构安全、平面布局直接相关。研究和应用结果表明，我国从低纬度的南方到高纬度的北方，跨度应逐渐加大，一般南方地区 4～6 米，黄河流域至京津 8～10 米，东北、内蒙古 12 米左右。以保持良好环境条件下的良好经济性。一般生产型连栋温室的檐高在 3.5 米左右。加大了温室的规模，适应大面积甚至工厂化植物生产的需要；保温比大，保温性较好；单位面积的土建造价省；占地面积少；较单栋降低了造价，节省了能源。

温室的结构构件和设备设计使用年限 15～20 年。

连栋温室的辅助设施一般较完善，如水、暖、电等设施、控制室、加工室、保鲜室、消毒室、仓库及办公休息室等。

**【日光温室】** 日光温室是我国近 20 多年来发展较快的蔬菜保护设施之一。一般的日光温室三面是较厚的墙，一面覆盖塑料薄膜，太阳光线通过塑料薄膜照射到日光温室内，使室内温度提高，夜间在透光屋面覆盖草帘等保温材料。利用日光温室在一年中温度最低、光照最弱的冬季不加温生产瓜果类蔬菜，是近年来我国设施蔬菜生产技术上的一项重大突破，具有显著的经济效益和社会效益。我国北方的冬季，低温弱光及随时出现的风、雪、雾、连阴天气会给设施生产带来很大的困难和很高的风险，为确保该季蔬菜生产的丰产、稳产、优质和高效，普及日光温室南瓜栽培技术十分必要。

结构和类型　我国的日光温室分布广泛，结构类型繁多，名称也不尽统一。从屋面形状分，有拱形屋面、半拱形屋面、单拱屋面、双拱屋面和平面之分。从后坡形状分，有长后坡、短后坡和无后坡之分。从骨架材料分，有竹木结构、钢筋混凝土结构、钢筋结构和装配镀锌管结构。从室内立柱的有无可分为有立柱温室和无立柱温室。几种主要的日光温室介绍如下。

**(1)** 单坡面日光温室　前屋面为单一坡面，温室长度一般在30～60米，南北宽度为5～6米，后墙高1.6米，中柱高2.5米，前柱高1.3米，中柱距前柱2.1米，前柱距南沿2.3米，坡面与地面的夹角为30°左右。骨架多为竹竿、木棍或钢材。这种类型的日光温室坡面角度较大，有利于采光。此外，空间小，容易覆盖，升温快，保温效果好。不足之处是前部低矮，作业不便。多用于低矮作物栽培和育苗。

**(2)** 一立一斜式日光温室　也称双折面式日光温室。与单坡面日光温室相比，其前沿增加了60～80厘米高的立窗，垂直于地面或稍向后倾斜，其日光温室的前屋面为平面，高度2.8～3.2米，跨度6.5～13米，前屋面多为竹木结构，屋面上每隔3米设一个直径5～7厘米粗的竹竿作拱架，拱架上每40厘米横拉一道8号铁丝固定于东西两山墙外的地锚上，铁丝上拱架间每隔60～75厘米固定一道细竹竿，上覆塑料薄膜，薄膜上再压细竹竿（直径2.5厘米），于膜下细竹竿用细铁丝捆绑在一起。后墙高度1.8～2.2米，后墙厚度1.2～2.2米，后坡长1.2～1.5米，立柱多为钢筋混凝土预制。这种结构型的日光温室派生出了多种类型：表现在骨架材料上，有竹木结构、混凝土结构，钢架结构；在立柱数量上，每3米设1根立柱，共一排立柱或2～3排立柱；后墙建设上，有的采用砖混结构，中间加保温材料或炉灰渣，有的采用土墙，有的采用砖墙土心。总之，这类温室棚高，跨度大，后坡短，弱光带小，增温、增光性能强，温室空间大，立柱少，便于操作管理，目前应用较为广泛。宜用作喜温蔬菜越冬生产。

**(3)** 短后坡高后墙半拱形日光温室　屋面为半拱形，与长后坡、矮后墙半拱形日光温室相比，增加了后墙高度，中脊后移，屋面延长。一般后墙高度 1.5 米以上，中脊在 2.8 米以上，棚内宽度 6.5 米以上，后墙厚度 1.2～2.2 米，骨架材料采用钢花架或镀锌管骨架，立柱有或无。这类温室棚高、跨度大、后坡短、冬季光线可直接照到后墙，春秋光照充足，夏季的弱光带小，增温、增光性能强，温室空间大，立柱少，便于操作管理，目前应用较为广泛。宜用作喜温蔬菜越冬生产。

**(4)** 拱圆形日光温室　前屋面为拱圆形，一般宽为 6～7 米，中脊高 2.5～3.2 米，无后坡，后墙直立，温室骨架有竹木结构、钢筋混凝土预制结构、钢管骨架等。这种棚型近年应用较少。

**(5)** 装配镀锌管温室　为固定棚型，前屋面为半拱形。

## 48. 大棚的建造与应用

用于棚室蔬菜生产的大棚，形式多样。依据其棚架跨度，分为小拱棚、中棚和大棚。

**【小拱棚棚型和结构】** 小拱棚的型式主要有拱圆形、半拱圆形和双斜面形三种类型。

**(1)** 拱圆形小拱棚　生产上应用最多。主要采用毛竹片、细竹竿、荆条或钢筋等材料，弯成宽 1～3 米、高 0.5～1.5 米的弓形骨架，骨架上覆盖 0.05～0.10 毫米厚的聚乙烯薄膜，外用压杆或压膜线等固定薄膜而成。

通常，为了提高小拱棚的防风保温能力，除了在田间设置风障之外，夜间可在膜外加盖草苫等防寒物。为防止拱架下弯，必要时可在拱架下设立柱及横梁。拱圆形小拱棚多用于多风、少雨、有积雪的北方。

**(2)** 半拱圆形小拱棚　又称改良阳畦、小暖窨等。这种小拱棚为东西延长，在棚北侧筑起约 1 米高、上宽 30 厘米、下宽 40～50 厘米的土墙，拱架一端固定在土墙上，另一端插在覆盖畦南侧土中，骨架外覆盖薄膜，夜间加盖草苫防寒保温。通常棚宽 2～3 米，棚高1.0～1.5 米。薄膜一般分为两块覆盖，接缝处约在南侧离地 60 厘米高处，以便扒缝放风。土墙上每隔 3 米左右留一放风口，以便通风换气。放风口对于春季的育苗及栽培是非常重要的。

**【小棚应用】** ①春提早、秋延后或越冬栽培耐寒蔬菜。由于小棚可以覆盖草苫防寒，因此与大棚相比，早春可提前栽培，晚秋可延后栽培。种植的蔬菜主要以耐寒的叶菜类蔬菜为主，如芹菜、香菜、菠菜、甘蓝等。②春提早定植果菜类蔬菜。如黄瓜、番茄、青椒、茄子、西葫芦等。③早春育苗。可为塑料大棚或露地栽培的春茬蔬菜及西瓜、甜瓜等育苗。④春提早栽培蔬菜瓜果。如甜瓜。

**【塑料中棚】** 面积和空间比小拱棚稍大，人可在棚内直立操作，是小棚和大棚的中间类型。常用的中拱棚主要为拱圆形结构。

**【中棚结构】** 拱圆形中拱棚一般跨度为3～6米。在跨度6米时，以高度2.0～2.3米、肩高1.1～1.5米为宜；在跨度4.5米时，以高度1.7～1.8米、肩高1.0米为宜；在跨度3米时，以高度1.5米、肩高0.8米为宜。另外根据中棚跨度的大小和拱架材料的强度，来确定是否设立柱。一般在用竹木或钢筋作骨架的情况下，棚中需设立柱。而用钢管作拱架的中棚不需设立柱。按材料的不同，拱架可分为竹片结构、钢架结构，以及竹片与钢架混合结构。

**(1)** 竹片结构　拱架由双层5厘米竹片用铅丝上下绑缚在一起制作而成。拱架间距为1.1米。中棚纵向设3道横拉，主横拉位置在拱架中间的下方，用钢管或木杆设置，主横拉与拱架之间距离20厘米，用立吊柱支撑。2道副横拉各设在主横拉两侧部分的1/2处，用直径12毫米的钢筋做成，两端固定在立好的水泥柱上，副横拉距拱架18厘米，用立吊柱支撑。拱架的两个边架以及拱架每隔一定距离在近地面处设斜支撑，斜支撑上端与拱架绑住，下端插入土中，竹片结构拱架，每隔2道拱架设立柱1根，立柱上端顶在横拉下，下端入土40厘米。立柱用木柱或水泥柱，水泥柱横截面为10厘米×10厘米。

**(2)** 钢架结构　拱架分成主架与副架。跨度为6米时，主架用钢管作上弦，中间以12毫米钢筋作下弦制成桁架，副架用钢管做成。主架1根，副架2根，相间排列。拱架间距1.1米。钢架结构也设3道横拉。横拉用直径12毫米的钢筋做成，横拉设在拱架中间及其两侧部分1/2处，在拱架主架下弦焊接，钢管副架焊短节钢筋连接。钢架中间的横拉距主架上弦和副架均为20厘米，拱架两侧的2道横拉，距拱架18厘米。钢架结构不设立柱，呈无柱式。

**(3)** 混合结构　混合结构的拱架分成主架与副架。主架为钢架，其用料及制作与钢架结构的主架相同，副架用双层竹片绑紧做成。主架1根，副架2根，相间排列。拱架间距1.1米。混合结构设3道横拉。横拉用中12毫米的钢筋做成，横拉设在拱架中间及其两侧部分

1/2 处，在钢架主架下弦焊接，竹片副架设小木棒连接。其他均与钢架结构相同。

**【中棚应用】** 可用于春早熟或秋延后生产绿叶菜类、果菜类蔬菜及瓜果等蔬菜栽培。

**【塑料大棚】** 塑料大棚是用塑料薄膜覆盖的一种大型拱棚。它和温室相比，具有结构简单，建造和拆装方便，一次性投资较少等优点；与中小棚相比，又具有坚固耐用，使用寿命长，棚体高大，空间大，必要时也可安装加温、灌水等装置，便于环境调控等优点。目前，在全国各地的春提早及秋延后蔬菜栽培中，大棚被广泛地应用，南方部分气候温暖地区，也可进行冬季生产。

**【大棚类型】** 目前生产中应用的大棚，从外部形状可以分为拱圆形和屋脊形，但以拱形占绝大多数。拱圆形中又分为柱支拱形、落地拱形和多圆心拱形。从骨架材料上划分，则可分为竹木结构、钢架混凝土柱结构、钢架结构、钢竹混合结构等。塑料大棚多为单栋大棚，也有双连栋大棚及多连栋大棚。我国连栋大棚屋面多为半拱圆形，少量为屋脊形。

**【大棚结构】** 塑料大棚应具有采光性能好，光照分布均匀；保温性好；棚型结构抗风雪能力强，坚固耐用；易于通风换气，利于环境调控；利于园艺作物生长发育和人工作业；能充分利用土地等特点。塑料大棚的骨架是由立柱、拱杆（架）、拉杆（纵梁）、压杆（压膜线）等部件组成的。俗称“三杆一柱”。这是塑料大棚最基本的骨架类型，其他类型都是由此演化而来的。大棚骨架使用的材料比较简单，容易造型和建造。但大棚结构是由各部分构成的一个整体，因此选料要适当，施工要严格。

**(1)** 竹木结构单栋拱形大棚　这种大棚的跨度为 8～12 米，高 2.4～2.6 米，长 40～60 米，每栋生产面积 333～667 米$^2$。由木立柱、竹拱杆、竹（木）拉杆、木（竹）吊柱、棚膜、压杆（或压膜线）和地锚等构成。

① 立柱　立柱起支撑拱杆和棚面的作用，纵横成直线排列。原始型的大棚，其纵向每隔 1.0～1.2 米一根立柱，横向每隔 2 米左右一根立柱，立柱的粗度以直径 5～8 厘米为宜，中间最高，一般2.4～2.6 米，越向两侧越逐渐变矮，形成自然拱形。竹木结构的大棚立柱较多，使大棚内遮阴面积大，作业也不方便，因此可采用“悬梁吊柱”型式。即将纵向立柱减少，而用固定在拉杆上的小悬柱代替，小

悬柱的高度为30厘米左右，在拉杆上的间距为1.0～1.2米，与拱杆间距一致。一般可使立柱减少2/3，大大减少立柱形成的阴影，有利于光照，同时也便于作业。

② 拱杆　拱杆是塑料大棚的骨架，决定大棚的形状和空间构成，还起支撑棚膜的作用。拱杆可用直径3～4厘米的竹竿或宽3～4厘米、厚约1厘米的毛竹片按照大棚跨度要求连接为一定长度构成。拱杆两端插入地中，其余部分横向固定在立柱顶端成为拱形，通常每隔1.0～1.2米设一道拱杆。

③ 拉杆　起纵向连接拱杆和立柱，固定压杆，使整个骨架成为一个整体的作用。通常是使用直径3～4厘米的细竹竿作为拉杆。拉杆长度与棚体长度一致。

④ 压杆　压杆位于棚膜之上两根拱架中间，起压平压实绷紧棚膜的作用。压杆两端用铁丝与地锚相连固定后埋入大棚两侧的土壤中。压杆可用光滑顺直的细竹竿为材料，也可以用铅丝或尼龙绳代替，目前有专用的塑料压膜线，可取代压杆。压膜线为扁平状厚塑料带，宽约1厘米，两边内镶有细金属丝，既柔韧，又坚固，且不损坏棚膜，易于压平绷紧。

⑤ 棚膜　棚膜可用0.1毫米厚的聚乙烯（PE）薄膜以及0.08～0.1毫米的醋酸乙烯（EVA）薄膜或者采用无滴膜、长寿膜、耐低温防老化膜、多功能膜，这些专用于覆盖塑料大棚的棚膜，其耐候性及其他性能均与非棚膜有一定差别。薄膜幅宽不足时，可用电熨斗加热粘接。为了以后放风方便，也可将棚膜分成3～4大块，相互搭接在一起（重叠处宽约20厘米，每块棚膜边缘烙成筒状，内穿一根麻绳，以后从接缝处扒开缝隙放风，接缝位置通常是在棚顶部及两侧距地面约1米处）。若大棚宽度小于10米，顶部可覆盖一块顶膜，不留通风口；若大棚过宽，难以靠侧风口对流通风，就需在棚顶设通风口，顶部就需覆盖两大块顶膜。

⑥ 门、窗　大棚两端各设供出入用的大门，门的大小要考虑作业方便，太小不利于进出，太大不利于保温。塑料大棚顶部可设出气天窗，两侧设进气侧窗，也就是上述的通风缝。

**(2)** 钢架结构单栋大棚　用钢筋焊接而成。特点是坚固耐用，中间无柱或只有少量支柱，空间大，便于作物生育和人工作业，但一次性投资较大。大棚因骨架结构不同可分为：单梁拱架、双梁平面拱架、三角形断面（由三根钢筋组成）拱形桁架及屋脊形棚架等形式。

通常大棚宽10～12米，高2.5～3.0米，每隔1.0～1.2米设一拱架，每隔2米用一根纵向拉杆将各排拱架连为一体，上面覆盖棚膜，外加压膜杆或压膜线。钢架大棚的拱架多用直径12～16毫米的圆钢材料；双梁平面拱架由上弦、下弦及中间的腹杆连成桁架结构；三角形断面拱架则由三根钢筋及腹杆连成桁架结构。因此，其强度大，钢性好，耐用年限可长达10年以上。

双梁平面拱架大棚是用钢筋焊成的拱形桁架，棚内无立柱，跨度一般在10～12米，棚的脊高为2.5～3.0米，每隔1.0～1.2米设一拱形桁架，桁架上弦用直径14～16毫米的钢筋、下弦用直径12～14毫米的钢筋、其间用直径8～10毫米的钢筋作腹杆（拉花）连接。上弦与下弦之间的距离在最高点的脊部为40厘米左右，两个拱脚处逐渐缩小为15厘米左右，桁架底脚最好焊接一块带孔钢板，以便与基础上的预埋螺栓相互连接。大棚横向每隔2米用一根纵向拉杆相连，拉杆为直径12～14毫米的钢筋，在拉杆与桁架的连接处，应自上弦向下弦上的拉梁处焊一根小的斜支柱，称斜撑，以防桁架扭曲变形。单栋钢骨架大棚两端也有门，同时也应有天窗和侧窗通风。

**(3)** 镀锌钢管装配式大棚　竹木结构、钢筋结构和钢竹混合结构的大棚大多是生产者自行设计建造的。1980年以来，我国一些单位研制出了一批定型设计的装配式管架大棚。这类大棚多是采用热浸镀锌的薄壁钢管为骨架建造而成。尽管目前造价较高，但由于它具有质量轻、强度好、耐锈蚀、易于安装拆卸、中间无柱、采光好、作业方便等特点，同时其结构规范标准，可大批量工厂化生产，所以在经济条件允许的地区，可大面积推广应用。主要有GP系列和PGP系列。

① GP系列镀锌钢管装配式大棚　由中国农业工程研究设计院设计。为了适应不同地区气候条件、农艺条件等特点，使产品系列化、标准化、通用化。骨架采用内外壁热浸镀锌钢管制造，抗腐蚀能力强，使用寿命10～15年，抗风荷载31～35千克/米$^2$，抗雪荷载20～24千克/米$^2$。如GP-Y8-1型大棚，其跨度8米，高度3米，长度42米，面积336米$^2$；拱架以1.25毫米厚薄壁镀锌钢管制成，纵向拉杆也采用薄壁镀锌钢管，用卡具与拱架连接；薄膜采用卡槽及蛇形钢丝弹簧固定，为了牢固，还可外加压膜线，作辅助固定薄膜之用；该棚两侧还附有手摇式卷膜器，取代人工扒缝放风。

② PGP系列镀锌钢管装配式大棚　由中国科学院石家庄农业现代化研究所设计，其性能特点是：结构强度高，设计风荷载为

37.5～56 千克/米$^2$，棚面拱形，矢跨比为（1：4.6）～（1：5.5），因此，棚面坡度大，不易积雪。PGP 系列大棚用钢量少，防锈性好，钢管骨架及全部金属零件均采用热浸镀锌处理。薄膜用塑料压膜线和 Ω 形塑料卡及压膜扣三种方式固定，牢固可靠。装拆省工方便，易于迁移，可避免连作危害。附有侧部卷膜换气，天窗和保温幕双层覆盖保温装置，便于进行通风、换气、去湿、降温和保温等环境调节管理。

**【大棚应用】** 大棚主要用于蔬菜育苗和生产。

**(1)** 育苗　主要采取大棚内多层覆盖的方式进行。如大棚内加保温幕、小拱棚，小拱棚上再加保温覆盖物等保温措施，或采用大棚内加温床以及苗床安装电热线加温等办法，进行果菜类蔬菜育苗。

**(2)** 蔬菜栽培　利用大棚进行蔬菜栽培。如春早熟栽培，这种栽培方式是早春用温室育苗，大棚定植，一般果菜类蔬菜可比露地提早上市 20～40 天。主要栽培作物有：黄瓜、番茄、青椒等。秋延后栽培，大棚秋延后栽培也主要以果菜类蔬菜为主，一般可使果菜类蔬菜采收期延后 20～30 天。主要栽培的蔬菜作物有黄瓜、番茄等。春到秋长季节栽培，在气候冷凉的地区可以采取春到秋的长季节栽培。这种栽培方式的早春定植及采收与春茬早熟栽培相同，采收期直到 9 月末。这种栽培方式的种类主要有青椒、番茄等茄果类蔬菜。

## 49. 棚室蔬菜生产塑料膜的选择

### 49.1 错误做法 ×

棚室蔬菜栽培，要根据实际情况注意选择塑料膜，一些人错误地认为塑料薄膜的功能越多越好，增加了生产成本，如扣棚时间较短的春棚，可不必选用长寿功能，且膜的厚度也不要太厚。若棚内温度不大，可不选用具有消雾、防滴功能的无滴膜，每吨薄膜可减少成本近千元。越冬覆盖紫光膜，茄果类、豆类蔬菜植株不徒长，果实产量高。将紫光膜覆盖在瓜类作物上，华北地区在 4 月份以前产量高，长势好，但 4 月中旬以后因光照太强，会导致蔬菜秧蔓迅速衰败。

## 49.2 正确做法

**【材料】** 塑料膜的母料有聚乙烯（PE）、聚氯乙烯（PVC）、乙烯-醋酸乙烯共聚物（EVA）。

**【种类与性能】** 分为普通膜和功能膜。其性能简介如下。

**(1)** 聚乙烯普通薄膜　透光性好，耐低温性强，密度轻。

**(2)** 聚乙烯长寿膜　加入一定量的防老化剂制成，延长薄膜使用寿命。保温、透光、防老化、防病害。厚度 0.08 毫米以上的薄膜连续使用时间可达 18 个月以上。

**(3)** 聚乙烯长寿无滴膜　在聚乙烯长寿膜原料中加入防雾剂制成，不仅使用期长，成本低，且具有无滴膜优点。防流滴、保温、透光、防老化，保温效果较 EVA 膜稍差，透光率较长寿膜提高 10%～15%，0.10～0.12 毫米厚的长寿无滴膜，使用寿命不低于 18 个月，它的无滴性持效期不低于 105 天。一般使用时间累计超过 12 个月。

**(4)** 聚乙烯单防无滴膜　消雾滴、保温、透光好，保温性和透光性较普通膜优越，使用时间累计超过 6 个月。

**(5)** 消雾型聚乙烯长寿无滴膜　消滴、消雾、透光、长寿、保温、抗菌。防雾滴、消雾期大于 3 个月；透光率比长寿膜提高10%～15%，使用时间累计超过 12 月。

**(6)** 高保温聚乙烯长寿膜（多功能膜）　高保温、防老化、防病害。可将直射光转为散射光，光照均匀，夜间热量散发慢，具有良好的耐气候性、无滴性和保温性。

**(7)** 聚乙烯紫光膜　具有耐老化、无滴性能，透光率比聚氯乙烯膜高 15%～20%。

**(8)** 普通聚氯乙烯膜　制膜过程未加入耐老化助剂，使用期为 4～6 个月，可生产一季作物，正逐步被淘汰。

**(9)** 聚氯乙烯防老化膜　原料中加入耐老化助剂经压延成膜，有效使用期 8～10 个月，有良好的透光性、保温性和耐候性。

**(10)** 聚氯乙烯无滴防老化膜　具有防老化和流滴特性，透光性和保温性好，无滴性可保持 4～6 个月，安全使用寿命达 12～18 个月，应用较为广泛。

**(11)** 聚氯乙烯耐候无滴防尘膜　具有耐候流滴特性，薄膜表面经过处理，增塑剂析出量少，吸尘较少，提高了透光率，适于日光温室作为冬春栽培覆盖材料。

**(12)** EVA 高保温长寿无滴膜　防流滴、高透光、高保温、寿命长。保温效果比无滴棚膜再提高 2～5℃；透光率高于普通无滴膜 5%～10%，流滴效果大于 3 个月；使用时间累计超过 12 个月。

**(13)** 消雾型 EVA 高保温长寿无滴膜　双消（消滴、消雾）、双高（高透光、高保温）、长寿、抗菌。保温效果比无滴棚膜再提高2～5℃；透光率高于普通无滴膜 5%～10%（用照度计测）；流滴、消雾效果大于 3 个月；使用时间累计超过 12 个月。

**(14) 有色塑料薄膜**　带有各种颜色的塑料薄膜，可改变光质。透明有色薄膜的透光率在 80% 左右，主要有红、橙、黄、绿、蓝、紫等颜色，不透明的有色薄膜主要是黑色的覆盖薄膜。若选用适当，有增加产量、提高质量、减轻病虫害等效果。例如，紫色薄膜对菠菜有提高产量、推迟抽薹、延长上市季节的作用。黄色薄膜对黄瓜有明显的增产作用。

**【应用】** 温室棚膜厚 0.08～0.12 毫米，大棚膜厚 0.05～0.08 毫米，小棚膜 0.03～0.05 毫米。幅宽 1～6 米。长度与幅宽可与厂家协商确定。

选用功能塑料膜，要根据实际情况注意选择有效功能，并非功能越多越好。如扣棚时间较短的春棚，就可以不要长寿功能。根据所处的地理位置、扣棚的季节以及不同蔬菜和投入能力，科学正确地选用。例如，冬季，太阳光谱中的紫外线只有夏季的 5%～10%，白色膜、绿色膜又只能透光 57%，紫光膜可透过紫外线 88%。紫外线光谱可控制营养即叶蔓生长，防止植林徒长，促进根系深长，可促进对日照要求不严格的蔬菜发育，促进蔬菜产品器官色素的形成。棚室茄果类蔬菜、越冬豆角、豇豆等蔬菜对紫光要求较高，用紫光膜覆盖，设施内气温比采用绿色膜提高 2～4℃，茄子、番茄等蔬菜作物每 667 米$^2$ 一作可产果实 10000 千克以上，比覆盖白色膜或绿色膜增产 30%～50%。

# 50. 蔬菜细菌性病害防治技术

## 50.1 错误做法 ✕

不少人不会区分棚室蔬菜生产过程中出现的病害种类，常常错误地将细菌性病害当成真菌性病害进行防治，费钱费工，防治效果很差，造成减产。对于细菌性病害的典型症状区分不清，药剂防治无所适从。

## 50.2 正确做法

**【症状】** 由细菌引起的蔬菜病害，主要有斑点、条斑、溃疡、萎蔫及腐烂等类型。病斑多表现为急性典型的坏死斑。病斑初期呈半透明的水浸状，边缘常有油浸头及褪绿的黄色浑环，在潮湿的条件下，病部溢出乳白色或黄色的胶状物，俗称菌脓，即脓状物，这是细菌性病害特有的症状。

细菌由蔬菜植株表面上的伤口、裂口和叶缘水孔处侵入后生长、繁殖，遭受此病危害的蔬菜植株会出现腐烂、斑点、枯萎、溃疡、畸形等病变症状。蔬菜细菌性病害具有危害大、蔓延快、损失重的特点，须及时采取得力有效的防治措施。

**【蔬菜细菌病害】** 主要有软腐病、青枯病和细菌性斑点病。

**(1)** 软腐病　包括白菜、甘蓝、花椰菜、辣（甜）椒、番茄、洋葱、胡萝卜、黄瓜等多种蔬菜均可发生。病株叶萎缩，后软腐。病部腐烂发臭，溢出鼻涕状的黏液（菌脓），姜瘟属此类病害。

**(2)** 青枯病　番茄、辣椒、茄子、马铃薯、萝卜、毛豆、花生等30多科100多种植物均可受青枯病的危害。病株自上而下逐渐萎蔫、枯死，叶片仍保持绿色，不脱落。纵剖茎部可见其维管束变褐色；切取一段病茎置于盛满清水的玻璃杯中，可见有乳白色絮状物（菌脓）溢出。高温高湿环境，低洼施地、酸性、砂性土壤上的作物，易发此病。

**(3)** 细菌性斑点病　包括疮痂病、角斑病和黑斑病等。①辣（甜）椒、番茄的疮痂病：叶片上生有不规则的褐色病斑，中部稍凹陷，表面呈疮痂状；果实初生疱疹状褐色小斑点，扩大后为长圆形稍隆起的黑褐色疮痂状斑块。②黄瓜、甜瓜、苦瓜、西瓜等瓜类的角斑病，叶片上初生油渍状（霜霉病为水渍状）斑点，扩大后呈多角形，呈淡白色或灰白色，病斑有透光现象（霜霉病没有透光现象），干燥后易穿孔脱落（霜霉病不穿孔脱落），潮湿时病部叶背溢出白色黏液；病果上出现水浸状褐色凹陷斑，分泌出白色黏液。③甘蓝、花菜、白菜等蔬菜的黑斑病，叶片从叶缘呈现“V”字形扩展的黄褐色病斑，叶脉变黑呈网状。

**【综合防治方法】** 包括抗病品种选用、种子处理、消毒处理、健株栽培和化学药剂防治等。

选用抗病品种，如辣椒可选如湘研 3 号、6 号、11 号、12 号、19 号，以及新皖椒 1 号等品种。

**(1)** 种子处理　一般可采用种衣剂处理或温水浸种，先将种子放入 55℃温水中浸种 10 分钟，捞起再用 1% 硫酸铜溶液浸泡 5 分钟，洗净后催芽播种。

**(2)** 消毒处理　主要有基质消毒、土壤消毒等。

**(3)** 蒸汽消毒　将用过的土壤或基质装入消毒箱等容器内，进行蒸汽消毒，或将其堆叠一定高度，全部用防水防高温布盖严，通入蒸汽，在 70～100℃下，消毒 1～5 小时，杀死病菌。具体消毒温度和时间要根据不同基质和蔬菜作物来灵活掌握，如黄瓜病毒等需 100℃才能将其杀死。一般来说，蒸汽消毒效果良好，且比较安全，但成本较高。

**(4)** 太阳能消毒　太阳能消毒是近年来在温室栽培中应用较普遍的一种廉价、安全、简单实用的消毒方法。具体方法为：夏季高温季节在棚室放入水，使土壤或基质含水量达到 60% 以上，并用塑料薄膜盖严，或者淹水，密闭温室，暴晒 10 天以上，消毒效果很好。

**(5)** 健株栽培　加强育苗期的管理，培育健壮椒苗，实行合理密植。改善田间通风条件，降低湿度。及时清洁田园，清除枯枝落叶，收获后，病残体集中烧毁。

**(6)** 药剂防治　发病初期可用 1：1：200 的波尔多液喷雾 2～4 次进行预防。化学药剂防治，一般可选用 72% 农用链霉素可溶性粉剂 5000 倍液、新植霉素 5000 倍液、50% DT 可湿性粉剂 1000 倍液、50% 加瑞农可湿性粉剂 500～600 倍液、77% 可杀得可湿性粉剂 500 倍液、52% 丰护安可湿性粉剂 600～800 倍液等喷雾，每隔 7～10 天喷一次，连喷 2～3 次。或用农抗“401”500 倍液、25% 络氨铜水剂 500 倍液、77% 可杀得可湿性粉剂 400～500 倍液、50% 百菌通可湿性粉剂 400 倍液灌根，每株灌药液 300～500 毫升，每隔 10 天灌一次，连灌 2～3 次。

**【注意事项】** 蔬菜细菌性病害与其他病害的区别，蔬菜植株病变部位无明显附属物（如菌丝、霉、毛、粉等）；发病后期病变部位往往有菌脓出现，需认真细致地分辨和诊断；多数化学合成药剂不能防治蔬菜细菌性病害，应注意选用药剂。

# 51. 蔬菜土传菌病害防治技术

## 51.1 错误做法 ×

蔬菜作物病害的发生有三个基本条件，首先要有病原菌存在；其次，又有有利于发病的环境条件；第三，有寄主或易感病植株。因此，通过创造土壤有益菌生育的条件和有利于植物生长发育的环境以及土壤条件，达到土壤营养平衡，增强植物吸收和协调能力，平衡植株和利用生态环境协调管理来达到保健防病和高产的目的，效果显著。

棚室蔬菜生产过程中，由于环境因素如盐、粪、土、氧、水、温、虫等引起蔬菜生育和生理失衡，引起病害侵染。其中，以土传病害难防难治，危害严重。许多菜农认为棚室蔬菜的死秧是病害引起的，倾向于用高效化学农药将土壤中的病菌消灭干净，对于土传病害的防治效果差。由残存在土壤中的细菌或真菌等引起蔬菜发病的土传病害危害大且难以根治，往往在于人们忽略了其成因，将注意力集中在特效药剂的使用上，忽视了按照植物生理要求和利用生态环境管理进行综合防治。

## 51.2 正确做法 ✓

**【症状】** 真菌、细菌均可引起土传病害的发生。常见土传病害如茄果类的青枯病、生姜姜瘟病，以及枯萎病、根腐病、疮痂病等。

**(1)** 青枯病症状特点　请参照问题57。在生姜上发生为姜瘟病。

**(2)** 辣椒枯萎病症状特点　多发生在辣椒、甜椒成株期。发病初期病株下部叶片大量脱落，与地表接触的茎基部皮层呈水浸状腐烂，地上部枝叶迅速凋萎；有时植株半边凋萎（即病部只在茎的一侧发展，形成一纵向条状坏死区），后期全株枯死。剖检病株地下部根系也呈水浸状软腐，皮层极易剥落，木质部变成暗褐色至煤黑色。在湿度大的条件下，病部常产生蓝绿色或白色的霉状物。

**(3)** 根腐病症状特点　请参照问题73。

**(4)** 疮痂病症状特点　又名细菌性斑点病，属于细菌性病害，发生于辣椒幼苗与成株叶片、茎部与果实上，以叶片最常见。其典型症状是发病部位隆起疮痂状的小黑点而引起落叶。请参照问题50。

【病原及发病条件】 细菌、真菌病害发病条件不同。

(1) 青枯病病原及发病条件 请参照问题57。

(2) 辣椒枯萎病病原及发病条件 由尖镰孢菌萎蔫专化型侵染所致，属真菌病害。病的无性繁殖体有大型分生孢子、小型分生孢子、厚垣孢子3种类型：大型分生孢子有2～8个隔膜；小型分生孢子多为单细胞，细小；厚垣孢子近圆形，壁厚。主要以厚垣孢子在土中越冬，或进行较长时间的腐生。主要通过田间流水或灌水传播，还可随病土、病肥借农事操作和工具等远距离传播。病菌发育适宜温度为24～28℃，最低17℃，最高37℃。潮湿或水渍田易发生此病，尤其是雨后积水，发病重。危害辣椒、甜椒，遇适宜发病条件，病程半月即出现死株。

(3) 根腐病病原及发病条件 请参照问题73。

(4) 疮痂病病原及发病条件 请参照问题50。

【综合防治】 根据不同类型病害进行相应防治。

(1) 青枯病综合防治 请参照问题57。

(2) 辣椒枯萎病综合防治 轮作换茬，加强田间管理。实行与其他作物4年以上轮作。采取起垄定植，地膜覆盖栽培，合理灌溉，防止过湿或畦头积水。施用的有机肥料要经过高温堆肥、充分发酵腐熟灭菌。于发病初期选喷30%绿叶丹可湿性粉剂800倍液，20%甲基立枯磷400～500倍液，40%特效杀菌王乳油兑水1500～2000倍液，32%克枯星1500～2000倍液，60%百菌通（DTM）可湿性粉剂600倍液，特效杀菌促长剂400倍液，辣丰星乳剂300倍液，武夷菌素150倍液。7～8天喷淋一遍，连续喷淋2～3遍。喷淋时务必使药液布遍全株，并且从主茎淋流至茎基处。

药液灌根：可选用50%多菌灵可湿性粉剂500倍液，40%多·硫悬浮剂600倍液，97%土菌消（恶霉灵）可湿性粉剂3000～4000倍液，50%根腐灵可湿性粉剂200～300倍液，72.2%普力克水剂兑水500倍液，40%特效杀菌王乳剂1500～2000倍液，50%根病清可湿性粉剂500～600倍液，20%甲基立枯磷乳剂兑水300倍液，2%武夷菌素乳剂兑水100～150倍液。此外，也可用60%百菌通可湿性粉剂600倍液，或50%DT可湿性粉剂400倍液，或12.5%绿乳铜乳油500倍液，或14%络氨铜水剂300倍液，或32%克枯星600倍液。交替使用上述农药中的一种灌根，每株灌兑好的药液0.4～0.5升，视病情连续灌根2～3次。

(3) 根腐病综合防治　请参照问题73。

(4) 疮痂病综合防治　请参照问题50。

# 52. 蔬菜真菌性病害防治技术

## 52.1 错误做法 ×

蔬菜上真菌类病害有1000种左右，常见病害有200种左右。蔬菜病原真菌侵染力强，不但可通过伤口和自然孔口（如气孔、水孔、皮孔等）侵入寄主，而且也可通过表皮直接侵入寄主为害。因此，在蔬菜各个部位（根、茎、花、叶、果实）都可发生病害症状。

棚室蔬菜生产，一方面设施内温度湿度环境可控，便于烟雾熏蒸灭菌等，防病便利，效果亦佳；另一方面，也容易出现高温高湿或低温高湿等利于发病的环境。不少农民对于真菌性病害的防治，过分依赖施用高效杀菌剂，这种错误的做法应该纠正。

## 52.2 正确做法 ✓

**【常见病害识别】** 识别蔬菜真菌性病害的要点如下。①在病害发生部位，出现病斑，天气湿度大（如早晨）时，病斑上有病征（如粉、霉层、黑色颗粒等）出现。如黄瓜霜霉病，发病部位主要在叶片上，形成多角形病斑。潮湿时，在病斑处长出紫黑色霉（病菌的孢囊梗和孢子囊）。②病株枯萎、黄萎。枯萎病的病株表现为全株凋萎，根系腐烂，病株基部茎上有粉红色霉层，剖开茎基部，维管束呈褐色。如瓜类作物的枯萎病、黄萎病的病株，病叶由黄变褐，并自下而上逐渐凋萎、脱落，剖开病株的根和主茎，维管束变褐，如茄子黄萎病。

**(1)** 疫病　黄瓜、冬瓜等瓜类，辣椒、番茄等茄果类，豇豆、菜豆等豆类蔬菜及韭菜等均可遭受疫病危害，俗称“死藤”、“发瘟”。植株各部位均可受侵染，茎部多在分杈处（茎节上）、茎基部发病。此外，根部、叶、花、果都可受害，病部呈暗绿色或褐色水浸状湿腐，常长出灰白色霉状物。高温多雨季节、低洼地易发病，发病后若未及时防治可迅速蔓延成灾。

**(2)** 霜霉病　黄瓜、瓠瓜、西葫芦、苦瓜、冬瓜、西甜瓜、大（小）白菜、萝卜、甘蓝、芥菜、菠菜、生菜、莴笋、洋葱等蔬菜均可发生不同霜霉菌的霜霉病。苗期即可发病，主要侵染叶片，病斑因受叶脉限制而呈多角形，由黄色转至黄褐色而干枯，叶背面常因不同菌而出现白色或灰色至紫色、黑色的霜霉状物。病原物主要靠气流传播，发展传染迅速，重病田一片枯黄，俗称跑马干。

**(3)** 白粉病　黄瓜、西葫芦、南瓜、甜瓜、豌豆、菜豆、豇豆、辣椒、番茄等均可发生白粉病。主要危害叶片，叶片正、反面被白色粉状霉所覆盖，影响光合作用，后期叶片黄褐色干枯，叶柄、茎部、豆荚也可染病。

**(4)** 炭疽病　西甜瓜、黄瓜、冬瓜、瓠瓜等瓜类，菜豆、豇豆等豆类，辣（甜）椒、大（小）白菜、萝卜、菠菜、莲藕、山药、魔芋等均可发生炭疽病。危害叶片、茎、果实。在温暖（17～25℃）高湿地区易发病，叶片受害表现出近圆形的褐色斑点，常变薄如纸，易破裂穿孔。茎枝上病斑为近菱形。果实上现椭圆形或不规则形褐色凹斑，斑面上生不规则环纹，其上轮生小黑点或朱红色小点。

**(5)** 枯萎病　番茄、茄子、辣椒、西瓜、黄瓜、冬瓜、甜瓜、豇豆、菜豆、莲藕等都受枯萎病为害，苗期、成株期均可受害，共同的特点是叶片自下而上先变黄后逐渐萎蔫，纵剖病茎可见维管束变褐，茎基部呈褐色湿腐，根亦变褐腐烂。潮湿时病部可现黄白色、粉红色或淡紫色的霉层。

**(6)** 菌核病　请参照问题 66。甘蓝、白菜、萝卜、番茄、茄子、辣椒、马铃薯、莴笋、生菜、菜豆、黄瓜、胡萝卜、韭菜等均可发生菌核病，危害叶、茎和果实。受害部位呈水浸状腐烂（但无恶臭），表面密生白色絮状菌丝体，后期夹有白色到黑色鼠粪状的菌核。

**(7)** 灰霉病　番茄、茄子、辣椒、菜豆、南瓜、西葫芦、洋葱、韭菜、芹菜、莴笋等均可发生灰霉病。苗期及花、果、叶和茎都可受侵害。叶片发病一般由叶尖开始，病斑呈“V”字形，灰褐色。茎部受害后当病斑环绕 1 圈时，其上部萎蔫枯死。受害部呈水浸状腐烂，潮湿时病部密生灰色霉状物。湿度大、温度较低时易发病，冬春低温季节的苗床和棚室栽培的蔬菜常发病严重。

**(8)** 锈病　参照问题 70。菜豆、豇豆、蚕豆、毛豆、韭菜、洋葱、大葱等均可发生锈病，为害叶片、花梗、荚果。病部初呈椭圆形稍隆起的橙黄色小疱斑，后疱斑破裂散生橙黄色粉状物（夏孢子），后期病部出现黑色疱斑，疱斑破裂散出黑粉（冬孢子）。

真菌性病害还有豆类、辣椒等茄果类、瓜类等多种蔬菜的根腐病

（参照问题73），其根系及根茎部腐烂，植株萎蔫枯死；茄果类蔬菜的白绢病，受害病株茎基部和根部呈暗褐色水浸状，表面生白色绢丝状物，后期可出现菌核，病斑扩大绕茎1周后地上部萎蔫而死；茄果类及马铃薯的早疫病，叶片受害褐色病斑上有明显同轮纹；番茄斑枯病，主要为害叶片，叶的正、反面生较小（直径1.5～4.5毫米）的近圆形病斑，边缘暗绿色，中央灰白色，斑面散生黑色小点；茄子褐纹病，叶、茎和果实均可发病，病斑边缘深褐色，中央灰白，斑面有轮纹，着生许多黑色小粒点；十字花科蔬菜及瓜的根肿病，病株根部肿大呈瘤状；洋葱等葱类的紫斑病，病株叶和花梗上产生椭圆形或纺锤形紫褐色病斑，上生同心轮纹，潮湿时产生黑褐色霉状物；以及多种蔬菜苗期发生的猝倒病、立枯病（参照问题76）等。

**【综合防治】** 包括种子处理、土壤或基质处理、棚室消毒、农业措施、嫁接育苗防病、棚室环境调控和化学药剂防及生物药剂防治等。

**(1)** 种子处理　在播种前，对种子进行消毒处理，常用的方法有温汤浸种（用55～60℃的温水浸种20～30分钟）、日光暴晒、药剂浸种（例如用50%多菌灵可湿性粉剂1000倍液浸种20分钟），浸种完毕后，用清水冲净，然后播种。

**(2)** 土壤处理　棚室内土壤中土传病害如立枯病菌、枯萎病菌等菌量大。在播种前，结合整地，对土壤进行消毒处理，能有效防止病害的发生。常用消毒方法：预防蔬菜苗期病害如立枯病、猝倒病时，在播种前，每米$^2$用五氯硝基苯5克与代森锌或福美双5克加细土15千克，或五氯硝基苯9克与拌种双7克加过筛细土4～5千克，混匀配成药土，播种时，先将苗床浇足底水，然后将1/3药土填底，2/3药土覆种，出苗前，土壤温度适宜；预防蔬菜枯萎病、黄萎病时，播种前15天左右，在棚内菜地里，每隔25～30厘米，打一个20厘米深的小孔，向每个小孔内注入5毫升氯化苦溶液，立即盖上踏实并浇水及一勺粪，然后覆上薄膜，密闭15天后，再揭膜翻土，让药液挥发后再播种，可预防蔬菜枯萎病和黄萎病。苗床消毒防治辣椒疫病，播种前可用50%甲霜铜或60%霜疫克可湿性粉剂兑水800倍液，均匀喷洒苗床畦面，每米$^2$畦面喷洒药水400～500克。

**(3)** 棚室消毒处理　在高温闷棚时，向棚内喷洒100倍福尔马林或300倍菌毒清液，每667米$^2$喷洒40～50千克，可有效杀灭棚室内空气中的病菌和病毒。

**(4)** 温湿度环境管理　采取各种措施，合理控制棚室内温、湿度，既有利于作物健壮生长，又能有效防止病害发生和蔓延。例如以早春大棚黄瓜栽培时，温、湿度管理为例，在日平均最低气温稳定在10～13℃的情况下，棚内温、湿度管理分以下几个阶段进行：日出后，通过大棚温室效应，使棚内温度尽快升至28～30℃，上午10点左右，当棚内温度超过30℃时，通风散湿，使棚内空气湿度保持在60%～70%；下午，棚温保持在20～25℃，棚内湿度保持在60%，15点以后，闭棚保温；日落后与上半夜，因棚内湿度随温度降低而增加，所以棚内降温应缓慢，以避免棚内湿度过大，棚温应保持在15～20℃，湿度控制在80%左右，下半夜，棚温保持在10～15℃，湿度保持在80%～85%。采取这种变温、变湿管理，既有利于黄瓜健壮生长，又抑制了病害的发生。另外，采用高垅地膜栽培、合理密植、滴灌等措施来控制棚室内的湿度，可有效降低病害发生。再如，棚室辣椒冬季生产，每日中午前坚持适当开天窗放上风，换气排湿。即使遇到阴雪天气，也要争时间开天窗适当通上风排湿气。进入2月下旬之后，要注意逐渐加大通风量，加强排湿，使棚内维持白天20～30℃，夜间14～17℃，空气相对湿度白天不高于70%，夜间不高于80%，地表土壤以见干见湿为宜。在保持适宜温度条件下，控制湿度是栽培管理的重点。

**(5)** 农业措施　包括合理安排茬口，轮作种植，避免连作。轮作方式上，水旱轮作效果最好，枯萎病重的大棚尽量不要种植瓜类和茄科作物。

**(6)** 嫁接栽培防病　黄瓜与南瓜嫁接，是防治黄瓜枯萎病的最有效方法。

**(7)** 化学药剂防治　防治真菌病害的药剂较多，使用时，应注意选用高效、低毒、无残留杀菌剂。

**(8)** 化学药剂预防　番茄早疫病、晚疫病、灰霉病，在发病初期可用1∶1∶200倍（硫酸铜、生石灰、水）的波尔多液喷雾1～2次进行防治。黄瓜霜霉病、黄瓜蔓枯病、甜瓜蔓枯病，发病初期用1∶0.5∶240～300倍（硫酸铜、生石灰、水）的波尔多液喷雾防治。喷2%抗霉菌素（农抗120）水剂200倍液，5天喷1次，连喷2～3次。生菜白粉病，发病初期开始喷洒1∶1∶100倍的波尔多液，每10天左右喷一次，连续防治1～2次，采收前7天停止用药。

**(9)** 疫病　可危害茄科、葫芦科蔬菜。辣椒疫病病菌可借雨水、灌溉水传播。

发病初期，选用72.2%普力克水剂600～800倍液灌根，每株浇100～200毫升。或者选用72%克露可湿性粉剂800～1000倍液，58%金雷多米尔锰锌可湿性粉剂800倍液，69%安克可湿性粉剂3000倍液，80%大生、80%山德生、80%新万生可湿性粉剂800倍液，对根颈部喷洒。苗期防治猝倒症状发生，用98%恶霉灵3000倍液处理床土，或者每平方米用多菌灵和福美双各4克拌土制成药土，将1/3药土均匀撒于地面后播种，再覆盖剩余药土，保护幼苗。

发病前，用药水喷淋植株茎基部及地表，防止初侵染，如喷淋72.2%普力克水剂600～800倍液，50%丰超微可湿性粉剂1000倍液，或喷淋20%松脂酸铜乳油兑水2000倍液，或喷淋70%乙磷锰锌可湿性粉剂500倍液，或58%甲霜灵·锰锌或64%杀毒矾可湿性粉剂500倍液，或50%甲霜铜可湿性粉剂800倍液。

25%瑞毒霉可湿性粉剂800倍液，75%百菌清可湿性粉剂或80%三乙膦铝可湿性粉剂兑水700倍液，72%霜疫清或50%疫病A可湿性粉剂兑水800～1000倍液，50%倍得利或80%喷克可湿性粉剂800倍液，70%代森锰锌可湿性粉剂600～1000倍液。每7～10天喷淋灌根一次，每次用药水60～80千克，连续喷淋灌根2～3次。

**(10)** 霜霉病　可选用72%克露可湿性粉剂800～1000倍液、52.5%抑快净水分散性粒剂2000～2500倍液、64%安克锰锌可湿性粉剂1000倍液、50%安克可湿性粉剂3000倍液、58%金雷多米尔锰锌可湿性粉剂800倍液、72.2%普力克水剂800倍液，每隔7～10天防治一次，连续2～3次。上述药剂均具内吸性，有治疗作用，在发病初期或盛期施用能有效地控制病害发生。此外，在发病前选用1.5%多抗霉素200倍液或70%代森锰锌600倍液、50%大生700～800倍液、77%可杀得粉剂600倍液、70%百德富可湿性粉剂600倍液喷雾，可预防霜霉病发生。连栋大棚保护地，还可以选用45%百菌清烟剂，标准棚每棚100克，于傍晚闭棚熏烟，次日早晨通风，隔7天熏一次，视病情连续熏3～6次。

**(11)** 白粉病　包括黄瓜白粉病、辣椒白粉病等。药剂防治，可选用的保护剂有各种硫制剂，如50%硫悬浮剂500倍液、40%达科宁悬浮剂6000倍液、75%百菌清600倍液、80%山德生可湿性粉剂600倍液、80%大生M-45可湿性粉剂600倍液等。可用的内吸性杀菌剂有50%多菌灵可湿性粉剂600～800倍液、40%福星乳油6000～8000倍液、10%世高水分散性颗粒剂2000～3000倍液、25%腈菌唑乳油 5000～6000 倍液、50%托布津可湿性粉剂 1000 倍液、15%粉锈宁可湿性粉剂 1000～1200 倍液等。使用保护剂要早，若病害已盛发，应使用内吸性杀菌剂，一般 7～10 天一次，连续 3～4 次。瓜类对粉锈宁、福星等药剂比较敏感，使用时要慎重。

**(12)** 炭疽病　多雨、凉夏时发病多，秋季延后栽培时应加注意。病茎、病叶应收集烧毁，旧的支架等要消毒。炭疽病病菌寄主范围较广，主要有黄瓜、甜瓜、西瓜、辣椒、草莓及一些十字花科蔬菜。防治药剂主要有：50%多菌灵可湿性粉剂 500 倍液、70%甲基托布津可湿性粉剂 1000 倍液、65%代森锌可湿性粉剂 500～600 倍液、70%代森锰锌可湿性粉剂 400 倍液、80%大生可湿性粉剂 600～800 倍液、10%世高水分散性颗粒剂 1000～1200 倍液、75%百菌清可湿性粉剂 600 倍液、40%达科宁悬浮剂 600 倍液、25%施保功乳油 1000～1500 倍液、80%炭疽福美可湿性粉剂 800 倍液等。

**(13)** 枯萎病　附着在种子上的病菌可作为传染源，种子消毒或用南瓜作砧木嫁接栽培可防病。枯萎病病原具有很多形态特征相同、但对不同瓜类致病性不同的生理型，如黄瓜枯萎病菌可侵染甜瓜，但不侵染西瓜、丝瓜等。黄瓜枯萎病，可在播种或定植前用 25%多菌灵可湿性粉剂 500 倍液淋洒或做成药土施入播种沟或定植沟内。定植后再用 50%多菌灵可湿性粉剂 1500 倍液作定根水灌根。发病初期用 50%甲基托布津可湿性粉剂 400 倍液、农抗 120 杀菌剂 100 毫克/升灌根。还可用多菌灵或托布津稍加水，制成糊状涂抹在病部，7～10 天一次，连续 2～3 次。也可以每平方米用 98%恶霉灵1 克加水 3 千克对土壤进行喷雾处理。

**(14)** 枯萎病　请参照问题 51。

**(15)** 菌核病　请参照问题 66。

**(16)** 黑星病　重要的种传病害，选用 50%多菌灵可湿性粉剂以种子重量的 0.4%拌种，效果较好。药剂防治可选用 50%多菌灵可湿性粉剂 600 倍液、75%百菌清可湿性粉剂 600 倍液、10%世高水分散剂 3000 倍液、40%福星乳油 6000～8000 倍液、80%山德生可湿性粉剂 800 倍液、50%扑海因可湿性粉剂 800 倍液等喷雾。

**(17)** 蔓枯病　主要发生在茎、蔓、叶、果实等部位，病斑呈椭圆形或梭形，稍凹陷，后软化变色，茎蔓枯萎，易折断，病部溢出琥珀色胶质物，干燥后为红褐色，干缩纵裂。药剂防治可用 70%甲基托布津可湿性粉剂 1000 倍液、50%多菌灵可湿性粉剂 500 倍液、

40%福星乳剂 5000～6000 倍液、50%扑海因 800～1000 倍液在定植时蘸根或灌根，也可做成膏状涂在病部。

**(18)** 灰霉病　低温高湿的大棚发病多，应加强通风，及早摘除受害果，发病初期及时喷药防治。

药剂防治可选用：发病初期，可用 50%扑海因可湿性粉剂 1000～1500 倍液，或 28%灰霉克可湿性粉剂 500 倍液，或 50%万霉灵可湿性粉剂 800 倍液喷雾防治。用激素蘸花时，可在药液中加入 0.1%的 50%速克灵可湿性粉剂，或 28%灰霉克可湿性粉剂，谢花后及时摘除花冠，可减轻灰霉病的发生。或者选用 50%速克灵可湿性粉剂 1000～1200 倍液、50%农利灵可湿性粉剂 1000 倍液、40%施佳乐悬浮剂 800 倍液、65%腐霉灵可湿性粉剂 600～800 倍液、40%嘧霉胺可湿性粉剂 600 倍液、40%菌核净可湿性粉剂 500 倍液、50%苯菌灵粉剂 1500 倍液、50%扑海因可湿性粉剂 600～800 倍液喷雾，7～10 天一次，连续 3～4 次。

**(19)** 晚疫病　通气不良或灌水量过多，有利于病害发生。防治可选用 52.5%抑快净水分散剂 2000～3000 倍液、1：1：200 的波尔多液、72%普力克水剂 600～800 倍液、64%安克锰锌可湿性粉剂 1000 倍液、72%克露可湿性粉剂 800 倍液、80%山德生可湿性粉剂 800 倍液、40%特科宁悬浮剂 600 倍液、25%甲霜灵可湿性粉剂 800 倍液、80%代森锰锌可湿性粉剂 800 倍液等药剂。可选用 5%霜克粉尘剂或 5%霜霉威粉尘剂，每 667 米$^2$ 用 1 千克喷粉。

**(20)** 叶霉病　棚室温度在 20～25℃、高湿时，易发生叶霉病，密植、浇水过多、缺肥、植株生长衰弱时发病重。防治可选用 47%加瑞农可湿性粉剂 600～800 倍液，2%春雷霉素可湿性粉剂 300～400 倍液，2%加收米水剂 600～800 倍液，10%保丽安可湿性粉剂 800 倍液，50%多菌灵可湿性粉剂、40%福星乳油 8000～10000 倍液，10%世高水悬浮颗粒剂、70%代森锰锌 400 倍液，80%大生可湿性粉剂 500 倍液，75%百菌清可湿性粉剂 500 倍液，60%防霉宝超微粉剂 600～800 倍液，或 70%甲基硫菌灵可湿性粉剂 800 倍液喷雾防治。此外，还可在发病初期，每个标准棚用 45%百菌清烟剂 100 克熏蒸，或每 667 米$^2$ 用 5%百菌清粉尘剂 1 千克喷粉，每隔 7 天施用一次，连续 2～3 次。

**(21)** 锈病　请参照问题 70。

**(22)** 根腐病　请参照问题 73。

**(23)** 白绢病　黄瓜白绢病，在发病初期选用 15%粉锈宁可湿性粉剂、70%甲基托布津可湿性粉剂 1000 倍液，15%恶霉灵水剂 2000 倍液，50%福美双可湿性粉剂 800～1000 倍液喷雾或灌根。

**(24)** 早疫病　棚室栽培土壤干燥、缺肥时发生多。防治适用药有：52.5%抑快净水分散剂 2000～3000 倍液，1∶1∶200 的波尔多液，72%普力克水剂 600～800 倍液，64%安克锰锌可湿性粉剂 1000 倍液，64%杀毒矾可湿性粉剂、72%克露可湿性粉剂 800 倍液，80%山德生可湿性粉剂 800 倍液，40%特科宁悬浮剂 600 倍液，25%甲霜灵可湿性粉剂 800 倍液，80%喷克可湿性粉剂 600 倍液，或 10%世高水分散粒剂 1500～2000 倍液，或 50%扑海因可湿性粉剂 1000～1500 倍液，或 70%代森锰锌可湿性粉剂 600～800 倍液喷雾。

**(25)** 芹菜斑点病　潮湿时病斑上着生灰色霉层，发病严重时叶片干枯，植株死亡。昼夜温差大、缺肥缺水、大水漫灌、空气湿度大、植株生长不良等易发病。药剂防治可在发病初期选用 80%大生可湿性粉剂、72%克露可湿性粉剂 600～800 倍液，80%新万生可湿性粉剂、45%达科宁悬乳剂 600～800 倍液，2%春雷霉素可湿性粉剂 300～400 倍液，25%百菌清可湿性粉剂 600 倍液，50%多菌灵可湿性粉剂 800 倍液，70%代森锰锌可湿性粉剂 500 倍液喷雾，每隔 5～7 天一次，连喷 3～4 次。

**(26)** 斑枯病　包括番茄斑枯病等。棚室栽培高湿条件下及施肥不匀时易发病。番茄斑枯病防治可选用的保护性杀菌剂有：70%代森锰锌、80%大生可湿性粉剂、40%达科宁悬浮剂 600～700 倍液，64%杀毒矾可湿性粉剂、50%福美双可湿性粉剂 500 倍液，40%克菌丹可湿性粉剂 400 倍液，75%百菌清可湿性粉剂 600 倍液；内吸杀菌剂有：50%扑海因可湿性粉剂、58%甲霜灵锰锌可湿性粉剂、77%可杀得可湿性粉剂 600～800 倍液，80%新万生可湿性粉剂、50%托布津可湿性粉剂 600 倍液。用 45%百菌清烟雾剂熏烟防治，每周用药一次，连续 2～3 次。

**(27)** 芹菜斑枯病　保护地防治，每 667 米$^2$ 用 45%百菌清烟剂 200～250 克熏烟；或选用 5%百菌清粉尘剂 1000 克，80%山德生可湿性粉剂、50%百菌清、80%代森锰锌可湿性粉剂、64%杀毒矾可湿性粉剂、50%扑海因可湿性粉剂 800 倍液，40%多硫悬浮剂、2%春雷霉素水剂 400 倍液喷施，每隔 7～10 天一次，连续防治 2～3 次。

**(28)** 猝倒病、立枯病　参照问题 76。

**(29)** 黄萎病　防治，可在播种和定植前，用25%多菌灵可湿性粉剂500倍液或50%多菌灵可湿性粉剂1000倍液、50%甲基托布津可湿性粉剂400倍液、农抗120杀菌剂100毫克/升、70%敌克松可湿性粉剂（5克/米²）等处理苗床或灌根。定植后，用50%多菌灵可湿性粉剂1500倍液或25%多菌灵可湿性粉剂750倍液灌根。还可将多菌灵或托布津加水做成糊状涂抹病部。用药间隔期7～10天，连续用药2～3次。

**【生物药剂防治】**

**(1)** 2%武夷霉素水剂　防治黄瓜霜霉病、炭疽病、白粉病、黑星病。用150～200倍液喷雾；芦笋茎枯病、黄瓜灰霉病用100倍液喷施；番茄灰霉病、早疫病、晚疫病、叶霉病用150～200倍液喷施；西瓜、甜瓜炭疽病、白粉病，韭菜灰霉病用100～150倍液喷施；落葵蛇眼病用150倍液喷施。

**(2)** 2%农抗120水剂　浇灌处理防治黄瓜、甜椒、西瓜枯萎病，苗床喷洒用100～200倍液；田间灌根用150～300倍液，每株浇灌300～500毫升药液。防治大白菜黑斑病、芹菜斑枯病，番茄早疫病、灰霉病、叶霉病用150～200倍液喷雾；瓜类白粉病、炭疽病和茄果类白粉病用100～200倍液喷施。

**(3)** 2%、10%多氧霉素可湿性粉剂，0.3%多氧霉素水剂　防治番茄叶霉病、草莓灰霉病，每667米²用10%多氧霉素可湿性粉剂100～150克喷雾；黄瓜霜霉病、白粉病，番茄晚疫病、灰霉病，用10%多氧霉素可湿性粉剂500～800倍液喷施；番茄早疫病每667米²用0.3%多氧霉素水剂600～1000毫升喷雾；大葱、洋葱紫斑病用2%多氧霉素可湿性粉剂800～1000倍液；防治蔬菜猝倒病用2%多氧霉素水剂500倍液进行苗床喷洒；防治西瓜枯萎病用0.3%多氧霉素水剂80～100倍液，每株灌根250毫升。

**(4)** 5%井岗霉素水剂　浇灌处理防治茄科、瓜类蔬菜幼苗立枯病用500～1000倍液，对播种后的苗床，按每米²浇灌3～4升药液。田间瓜类立枯病、根腐病用500～1000倍液喷淋植株根部；番茄白绢病用500～1000倍液浇灌。

**(5)** 2%春雷霉素水剂　防治番茄叶霉病、芹菜早疫病、菜豆晕枯病用400～500倍液喷雾；防治黄瓜枯萎病用100倍液灌根。

**(6)** 27%高脂膜水乳剂　防治瓜类白粉病、草莓白粉病、番茄斑枯病、草莓褐斑病用80～100倍液喷雾；大白菜霜霉病用200倍液喷雾，韭菜灰霉病用 250 倍液喷药，黄瓜霜霉病用 70～140 倍液喷雾。

**(7)** 2%宁南霉素水剂　防治瓜类白粉病、豇豆白粉病、番茄白粉病用 200～400 倍液喷雾。

地衣芽孢杆菌每毫升含 1000 单位水剂。防治黄瓜霜霉病每 667 米$^2$ 用 350～700 克喷雾。

木霉菌每克含 2 亿活孢子量的可湿性粉剂。防治黄瓜霜霉病、白菜霜霉病时用 200～300 倍液喷雾；防治黄瓜灰霉病、番茄灰霉病时用 300～500 倍液喷雾。

**【注意事项】** ①病害确诊。施药前，正确诊断已发病害或可能发生的病害，一般真菌性病害发病环境是高湿适温（15～21℃）。②施用浓度。防病农药多是保护性药剂，要以防为主，应在病害发生前或刚刚发病时施药。配药前，先看准农药有效期，对新出厂的农药，可最大限度兑水；临近失效期的农药，以最低限度兑水，浓度不要过大。如普力克、乙磷铝等浓度大效果反而差，既浪费药剂，又易烧伤植株。注意分清农药的有效成分含量，勿把含有效成分 80% 的农药误按 50% 的浓度配制。农药以单一品种施用较为适宜，混用的农药用量减半，且以内吸性和触杀性混用为好。③施用时间。在晴天中午光合作用旺盛期和前半夜营养运输旺盛期尽可能少用药或不用药。棚室内温度高低悬殊，湿度大，施药时，温度应掌握在 20℃左右，叶片无露水时进行，因为药液易着叶片，水分迅速蒸发后，药液形成药膜，治病效果好，维持时间长。梅雨、连阴天或刚浇水后，勿在下午或傍晚喷雾，因此期作物叶子“吐水”多，吐水占露水 75% 左右，易冲洗药液而失效，此期可以施用粉尘剂或烟雾剂。高温季节（温度超过 30℃）不用药，否则叶片易受害老化。高温、干燥、苗弱时，用药浓度宜低。一般感病或发生病害，间隔 6～7 天喷 1 次，应连喷 2 次。阴雨天只要室温在 20℃以上，就可喷雾防治。喷雾后，结合施烟雾剂效果更好。一般喷雾以喷叶背面着药为主，钙化老叶少喷，以喷中小新叶为主。喷雾量以叶面着药为准、勿过量而使叶上流液，既浪费药，效果又差。个别株感病以涂抹病处为宜。病害严重时，应以喷、熏结合（先喷雾，再喷施粉尘剂或燃放烟雾剂）。在防病上，以降温排湿为主，尽量减少喷药用量和次数，既达到控制保护地内病虫害的发生和危害，又能节约用药。④以防为主，防重于治。例如，播种前进行种子处理、土壤消毒等。蔬菜生育中后期通风不良，多高温、温度适宜，注意真菌性病害的预防。

# 53. 蔬菜病毒病与螨虫防治技术

植物病毒对寄主的危害，素有“植物癌症”之称，防治上十分困难。病毒病种类大约有100多种，常见的有50种左右。病毒在侵染寄主后，不仅与寄主争夺生长所必需的营养成分，且破坏植物的养分输导，改变寄主植物的某些代谢平衡，使植物的光合作用受到抑制，致使植物生长困难，产生畸形、黄化等症状，严重的造成寄主植物死亡。近几年来，蔬菜病毒病呈发展趋势，几乎所有蔬菜都有病毒病。而且一种作物上有几种病毒病，一旦发病，轻者减产三至五成，重者绝产。为了有效地控制植物病毒病，人们采用了各种措施，包括轮作、种子脱毒、病毒间的弱毒株系交叉保护、抗病品种的选用、传毒介体的控制及化学农药的使用等。

螨虫，也称害螨，包括朱砂叶螨（即红蜘蛛)、茶黄螨和番茄刺皮瘿螨，是棚室蔬菜生产上常有发生危害的一种重要小型有害生物。由于它的体型较小，尤其茶黄螨和瘿螨更小，初期零星点片发生时，往往肉眼也难以观察识别，为害症状还常被误认为生理学病害或病毒病，若不关注，一旦发现已是扩散蔓延。螨虫生活周期较短，繁殖力极强，发生代数多，活动场所复杂，可在枯枝、杂草根际、土缝和根际土隙等，扩散蔓延除依靠自身爬行外，风、雨水及农事操作等也是重要的传播途径。其寄主广泛，田间危害作物种类多，在蔬菜上危害茄科、葫芦科、豆科以及百合科等几十种蔬菜和杂草等；同时，螨虫、卵主要集中在叶背面和幼嫩的凹陷处或幼芽上。螨虫适应范围广，红蜘蛛适宜生长发育温度为10～37℃，相对湿度35%～55%，高温低湿生态条件有利发生，而温暖多湿的环境利于茶黄螨的发生；在棚室内的温、湿度生态环境，十分有利于螨虫种群繁殖，尤为温室内条件更为适宜，可周年发生，危害期长。由于螨虫上述发生特点，致使棚室蔬菜上螨虫发生后难以防治，或往往一旦错过防治适期或防治不彻底，螨虫就可能会发生流行，以致猖獗危害植物。

## 53.1 错误做法 ×

蔬菜病毒病，尤其是条斑型病毒病与茶黄螨的为害症状十分相似，若分辨不清，将茶黄螨的为害症状误认为病毒病去防治，结果造成用药不当，延误了最佳防治期，以致造成大面积减产。

## 53.2 正确做法

**【病毒病症状】** 常见病毒病的主要症状有花叶、厥叶、卷叶和条斑等。

(1) 花叶病毒病 顶部嫩叶表现为：叶片皱缩、叶片上有黄绿相间的花斑。例如黄瓜花叶病毒病。

(2) 厥叶病毒病 顶部嫩叶表现为：叶片变形变厚或变细长，叶脉上冲，向上挺立，或叶片成线状。如番茄厥叶病毒病。

(3) 卷叶型病毒病 顶部嫩叶上，其表现是：叶片扭曲，向上弯卷。生理性卷叶病，是全株卷叶，叶片包卷，呈筒状；病毒病是顶部嫩叶卷缩。造成生理性卷叶病的原因是高温、干旱或一次去叶过多或老化。

(4) 条斑病毒病 主要发生在果实和嫩茎上。例如辣椒条斑型病毒病是从辣椒的尖端开始向上变黄，菜农通称为“黄尖子”。在变黄的部位上出现短的褐色条纹，凹陷。番茄条斑型病毒病，在果实的表面呈青白色，逐渐变成青褐色，不着色，菜农通称为“青皮果”。用刀横剖果实，可见皮里肉外，有褐色条纹，重者在叶片上形成茶褐色斑点，在茎蔓上出现黑褐色斑块。

**【病毒病综合防治】**

(1) 轮作与栽培管理 ①采用不同作物和品种的轮作和套种，可以减少病原积累，防止病害严重发生，铲除田间地头杂草，减少毒源。②选择适宜播种期。如大白菜苗期（六叶期）易感染孤丁病，此时如遇有翅蚜迁飞高峰，病害就会严重发生。选择适宜的播种期，苗期避开有翅蚜迁飞高峰。③加强苗期和田间管理。苗床和苗期的管理对预防和控制病毒病的发生十分重要，可减少大田发病的重要毒源。加强田间栽培管理，提高植物抗病毒病的能力，铲除田间地头杂草，拔除病株以除掉毒源，及时治虫防病，减轻病害。

(2) 选用抗病和耐病品种 采用抗病和耐病品种可有效地防治和减轻病毒病的发生。多数抗病品种可以抵抗病毒复制和扩散，如甜瓜、番茄、马铃薯、甜菜等蔬菜的抗蚜品种，由于蚜虫不喜欢这些品种，传毒概率大大降低。如中蔬4号、5号、6号，中杂4号，佳粉1号，毛粉802，东农704等番茄抗病品种。中椒2号、中椒3号、中椒4号、中椒5号等辣椒抗病、耐病品种。中农7号、中农8号、津春4号等黄瓜抗病品种。

(3) 防治传毒介体　大多数植物病毒病是通过介体传染的，防治传毒介体是防治植物病毒病的重要措施。防治传毒介体的方法，包括利用天敌，使用生物农药、物理诱杀和驱避等多种措施。

(4) 避蚜与治蚜　避蚜和治蚜对控制蚜虫传播病毒起决定性作用，特别是夏秋茬番茄苗床上方应拉银灰色薄膜条或覆盖遮阴网。

(5) 药剂防治　发病之处喷施生长调节剂或化学制剂，有控制病情发展的作用，如高锰酸钾 1000 倍溶液，或 -萘乙酸 20 毫克/千克，或增产灵 50～100 毫克/千克，以及 1%过磷酸钾、1%硝酸钾作根外施肥，调节生长，增强抗性。病毒病目前尚无理想的治疗药剂。可用病毒 A 可湿性粉剂 500 倍液，或 0.5%抗毒剂 1 号水剂 300 倍液，1.5%植病灵乳油 1000 倍液，或 20%病毒净 500 倍液，或 20%病毒 A500 倍液，或 20%病毒克星 500 倍液，或 5%菌毒清水剂 500 倍液，或 20%病毒宁 500 倍液，或抗病毒可湿性粉剂 400～600 倍液，或 1.5%的植病灵乳剂 1000 倍液等药剂喷雾。每隔 5～7 天喷 1 次，连续 2～3 次。

(6) 消灭侵染源　病毒的侵染源主要是种子、繁殖材料、带毒野生植物和栽培植物。带病毒的种子是引起病毒病发生的重要毒源，特别是豆科、葫芦科和菊科植物的种子带毒较多。避免种子带毒有几种方法：可用无病株留种，也可对可能带毒的种子用 10%磷酸三钠溶液浸种 20 分钟，然后洗净即可。带毒的繁殖材料包括一些无性繁殖的植物材料，有块根、块茎、鳞茎、插条、接穗、砧木、种苗等。从无病繁殖材料基地获得不带病毒的繁殖材料或组培脱毒，防止繁殖材料带毒。

(7) 病毒疫苗的应用　用人工诱变获得致病力较弱的病毒株系，叫弱毒疫苗。由于病毒株系间的干扰作用，弱毒株侵染植物后，能干扰强毒株的侵染，使之不表现症状或症状减轻，达到控制强病毒株系对植物的危害。如用弱毒株 N14 等防治 TMV 引起的番茄、辣椒病毒病，有较好的防治效果。防治黄瓜花叶病毒，在 2～3 片真叶期，喷洒 S32100 倍液加适量金刚砂，用高压喷枪接种。防治烟草花叶病毒人工接种弱病毒疫苗 N14 稀释 100 倍液，在幼苗 1～2 片真叶期进行，或在 2 片真叶分苗时洗净根上泥土，浸根30～60 分钟，浸过根的疫苗夜可使用 3～4 次。喷施耐病毒诱导剂 NS83 稀释 100 倍液，定植前、后各喷一次。

**(8)** 三类阻止剂的使用　病毒的钝化物质，如豆浆、牛奶等高蛋白物质，清水稀释100～200倍液，喷于芹菜植株上，可减弱病毒的侵染能力，钝化病毒。保护物质，例如褐藻酸钠等喷于植株上形成一层保护膜，阻止和减弱病毒的侵入，而不会影响蔬菜的生长，通气透光，且不会产生抗药性。增抗物质，被植株吸收后能抑制病毒在植株内的运转和增殖。可喷施NS-83增抗剂100倍液，共喷3次，定植前15天1次，定植前2天1次，定植后再喷1次，可钝化病毒。

**【螨虫综合治理】** ①虫情调查，应坚持早治、杀卵和初发幼螨的原则，控制在田间发生初期的点片发生阶段。②及时用药，据虫情（始发至盛发期间）发生情况，需要连续用药，防治数次（3～4次），间隔期7天左右。③用药种类，可选用10%除尽（虫螨腈）TS 1500～2000倍液、5%卡死克（氟虫脲）EC1500～2000倍液，15%达螨酮乳油3000倍液，或48%乐斯本1000倍液，或克螨特3000倍液，或1.8%阿维菌素（齐螨素、新科等）3000倍液喷雾，或2.2%海正三令（甲氨基阿维菌素苯甲酸盐）ME3000倍液、1.5%云除（甲氨基阿维菌素）ME1500～2000倍液，或2.2%力乐泰（吡虫啉+阿维菌素）EC2500～3000倍液、24.5%赛白净（阿维菌素+柴油）EC 3500～5000倍液，以及10%浏阳霉素EC1000～1500倍液，或50%硫悬浮剂500倍液等进行喷雾。禁用三氯杀螨醇。④营养防螨虫，幼苗期叶面喷施硅、铜制剂驱虫。⑤注意要点。由于螨虫繁殖速度快，喷药时务必均匀周到，喷湿、喷透，重点注意植株中下部叶背面和幼嫩部位。注意农药的交替使用，避免年内多次重复使用一种药剂，以免产生抗性；在螨虫多发时，也可选用两种药混合使用，如除尽（或卡死克）+海正三令（或云除、力乐泰）等，防效更好。另外，在选用浏阳霉素和硫悬浮剂初次使用于作物时，先做试验后再用，以确保作物安全。

## 54. 生理性病害防治技术

### 54.1 错误做法 ×

棚室蔬菜生产，由于高温、低温、干旱、缺素等综合因素，引起叶片卷曲等发生，往往将缺钙、缺锌、缺硼等引起的生理症状当作病毒病防治，结果劳民伤财，防治效果不佳。

## 54.2 正确做法

棚室蔬菜生产，蔬菜是否感染病毒病，首先要考虑幼苗期和生长期是否处在高温、干旱期及虫害期，土壤是否因缺有机碳而缺锌（碳肥中含有锌），如果不具备以上四个条件，那就应该按生理病害防治。在冬季，如果蔬菜生长点萎缩，叶脉皱曲、空秆，则是低温缺硼症；新叶皱缩、干枯、干烧缘，则是低温缺钙症；整株萎缩，则可能是根小或虫伤根；磷多僵秧，土壤浓度大引起植株矮化，不能按病毒病去防治。对生理病害，叶面上喷硼、锌、钙或在田间浇施生物菌肥、硫酸锌，以平衡土壤和植物营养，就可解除病症。

**(1)** 番茄卷叶　由于高温干旱，强光时易出现卷叶，打杈太早或定植时伤根出现病害，应加强通风。

**(2)** 番茄畸形果　加强肥水管理和设施内的温度等环境管理，避免生产过程中氮素用量过大、低温、管理粗放等因素引起的番茄第1穗果出现畸形果。幼苗破心后，严把温度关，促进花芽正常分化，防止连续低温，干旱时浇水，叶面适当喷水，可有效降低畸形果的出现。

**(3)** 番茄裂果、脐腐病　苗期的高温、干旱、强光，后期浇水过多，温湿度失衡造成的，应选用抗病品种，加强苗期管理，可喷洒0.3%氯化钙防治。

**(4)** 芹菜烧心、生菜干烧心　一般在植株长至11～12片叶时发生，烧心主要是由缺钙引起的。夏季栽培的芹菜易发生烧心，防治时应从管理入手，做到温度、湿度适宜，对复合基质施入适量石灰可预防。发生初期，及时补充含钙有机肥或喷施氯化钙。芹菜叶柄开裂，由于缺硼或干旱条件下，植株生长受阻所致。补充含硼有机肥，加强水分管理。

**(5)** 日烧病　在高温季节常有发生，影响产量和品质。高温、干旱，结球生菜由于嫩的叶球直接暴露在阳光下，发生日烧病，使叶球的向阳面温度过高而灼伤。番茄果实也会发生日灼病。注意保持一定密度，阳光过强时可用植株外围叶片遮住叶球，可用遮阳网等进行遮荫，避免阳光直射叶球或在番茄果穗上方保留2～3片叶片；生菜结球后要注意适时浇水，特别是在气温高时，生菜散失水分较多，需及时浇水补充土壤水分，加强植株体内水分循环，降低植株本身的温度，避免或减轻日烧病的发生；增强植株的抗病力；叶球发生轻微日烧后应及时采收，摘去外层被害叶后仍可上市销售，以减少经济损失。

**(6)** 心腐、裂茎病　在生菜栽培过程中，该病发生严重影响产量和品质。发病时，植株矮小，生长缓慢。叶片发黄，叶缘外卷，植株顶部心叶和生长点褐变、坏死。有时茎部产生龟裂。严重时，植株根系，特别是侧根生长差，植株生长停滞，直至死亡。由于硼素不足所致。生菜属于对硼素较敏感的蔬菜，植株分生组织需硼量大而且对硼敏感。缺硼症状首先表现在生长点和心叶上。石灰施用过多可引起硼素的缺乏。防治方法：改良基质 pH 值至稍偏酸性时，提高硼的有效性；增施腐熟的有机肥，特别是施用厩肥效果更好，厩肥中含硼素较多，不仅可以补充土壤中的硼素；注意不能过量施用钙素，钙过量时可引起缺硼；均匀灌溉，避免基质过干或过湿，影响对硼的吸收；田间出现因缺硼引起的心腐、裂茎症状时，应及时补充含硼丰富的有机肥。

华北地区在冬季、早春培育的幼苗，一般也不会感染病毒病，如有叶秆皱缩，应考虑是药害中毒，特别是 2,4-D 中毒。

## 55. 瓜果类蔬菜化瓜烂果防治技术

### 55.1 错误做法 ✕

引起棚室瓜果类蔬菜化瓜烂果的因素，包括温光环境条件不适、植株生长发育失调以及病害等。很多人只注重病害的防治，农民在蔬菜染病后采用化学农药防治，忽视施用营养素和进行健株栽培管理。

### 55.2 正确做法 ✓

**【成因】** 棚室中出现的化瓜烂果的因素，主要有温光环境条件、植株生长发育失调以及病害。

**(1)** 环境与营养　育苗期温度经常遇到低于 10℃ 以下的低温，导致花芽分化不正常而化瓜。幼瓜期和结瓜期遇到高温或低温、弱光、干旱、缺肥或氮肥过多等也易造成化瓜烂果。

**(2)** 生育失调　植株茎叶生长过旺，抑制了生殖生长，过早地追肥浇水，或者过分密植，通风透光性能差，光合作用效能低，引起的化瓜烂果。

**(3)** 病害　多种病害引起化瓜烂果。如瓜类霜霉病、白粉病、灰霉病等病害。绵疫病、灰霉病、炭疽病、褐纹病、早疫病、晚疫病、软腐病、疮痂病、脐腐病、日灼病等均可引起烂果。

【防治】主要有环境调控、植株营养与平衡生长和病害防治。

(1) 环境调控与营养协调　严格控制幼苗期、开花坐果期的温度、湿度、光照及肥料。避免苗期因低温光照不足出现化瓜烂果。加强温度管理，防御低温冷害。例如，大棚内上午温度黄瓜应控制在20～30℃之间，下午控制在20～25℃，晚上最低温度控制在12～13℃。加强连续阴雨天气和气温骤降天气的温度管理，发现低温冷害要及时喷施叶面肥。阴天白天适度放风等。

(2) 合理密植，及时采收，均衡营养　根据不同瓜果类作物、品种，来确定适宜的栽培密度。及时采收，减轻对上部瓜果的影响，及时补充所需养分，防止化瓜烂果。

(3) 及时防治病害　采取综合措施进行病害防治。例如，苗期用15毫升云大-120（云大芸苔素）+20克多菌灵兑水15千克叶面喷雾，5～7天一次预防病害；结瓜期发生白粉病时用10毫升全树果+10毫升云大翠丽兑水15千克叶面喷雾，5～7天一次，治疗病害多坐果。及时防治棚室蔬菜生产过程中出现的绵疫病、灰霉病、炭疽病、褐纹病、早疫病、晚疫病、软腐病、疮痂病、脐腐病、日灼病，请参照相关内容进行防治。

## 56. 茄果类蔬菜僵果防治技术

### 56.1 错误做法 ✕

对棚室茄果类蔬菜栽植过浅，致使根系受冻。或在棚室茄果类蔬菜生长过程中，受到低温干旱等不良环境的影响，引起营养失调，形成僵果、畸形果，造成减产30%以上。

### 56.2 正确做法 ✓

【症状】僵果也称石果、单性果或雌性果。早期呈小柿饼形，后期呈草莓形，直径2厘米，长1.5厘米左右，皮厚肉硬，色泽光亮，柄长，室内无籽或少籽，无辣味，果实不膨大。在环境适宜后，僵果不再发育。

【发生原因】僵果主要发生在花芽分化期和授粉受精期，即播种后35～55天左右，植株受干旱、病害、温度（13℃以下或35℃以上）的影响。由此导致雌蕊营养供应失衡而形成短柱头花，花粉不能正常生长和散发，不能正常授粉受精，而长成单性果。此类果缺乏生长素，影响对锌、硼、钾等果实膨大元素的吸收，果实不膨大，形成僵化果。

**【发生规律】** 以棚室越冬辣椒为例，结果期正值寒冷季节，设施内白天温度最高可达35～40℃，后半夜却只有6～8℃，因此，易发生僵果。同一温室内，定植深、主根长、吸收力强、距山墙近的辣椒，夜间受冻害轻。受冻害较重的整株、整枝或部分果实会因受精不完全而形成畸形果，未受精者形成僵果。

影响授粉受精的主要外界因素是温度，其次是光照、湿度、病害、药害和水分。低温是影响受精最主要的因素，应保证夜间温度在15℃以上。另外，高温高湿会造成徒长；通风不良会导致严重的落花落果，出现僵果多，且持续时间长。一般受害1次会持续15天左右出现僵果。

**【防治方法】** ①选择适宜棚室类型。例如，越冬辣椒栽培的温室跨度宜控制在7米，高度控制在2.8米以内，长度40米左右，以便于调控温度、湿度。②选用适宜品种和进行种子处理。例如冬性强的辣椒品种，如羊角王、太原22等。播种前，种子要用高锰酸钾1000倍液浸泡，以消灭病原菌。③适时分苗。如辣椒须在2～4片真叶时分苗，谨防分苗过迟破坏根系。④定植深度适宜。越冬茬茄果类定植时使营养钵土坨或基质根坨与地面持平，然后覆土3～5厘米厚。在花芽分化期，要防止受旱，其他时间要控水促根。⑤环境调控。例如，辣椒在花芽分化期和授粉受精期，白天室温严格控制在23～30℃，夜间为15～18℃，地温为17～26℃；土壤含水量为55%；pH值为5.6～6.8。⑥喷施硫酸锌。分苗时用硫酸锌700～1000倍液浇根，以增加根系长度和生长速度，提高吸收和抗逆能力。

## 57. 番茄青枯病防治技术

### 57.1 错误做法 ✕

棚室栽培茄子、辣椒和番茄时，人们习惯用甲基托布津、福美双、敌克松等化学农药灌根，防治青枯病引起的死秧，效果较差。现在，多数技术人员和菜农在防治青枯病时，将注意力集中在寻找特效杀菌剂上，忽视了按照植物生理要求和生态环境要素进行防病。

## 57.2 正确做法 ✔

**【症状】** 主要危害番茄、辣椒、茄子等茄果类蔬菜。苗期虽有侵染，但不表现症状，直到番茄坐果初期，病株顶部、下部和中部叶片相继出现萎蔫，一般中午明显，傍晚以后又恢复正常。发病后如果土壤干燥、气温偏高，数日后即枯死。病株萎蔫致死时间很短，死时植株仍保持绿色，仅叶片色泽稍变淡，故称青枯病。病株之根，特别是一些小的侧根变褐腐败而消失，切开近地表处基部，可以看到维管束变成褐色，用手指挤压，则从导管分泌出乳浊的黏液。发病初期，病株白天萎蔫，傍晚恢复，病程进展迅速，重病株7～8天即枯死。病菌在10～40℃温度条件下均可发育，最适温度为30～37℃，在微酸性土壤、高温高湿、连作、地势低洼、排水不良、缺钾肥以及根部损伤等条件下，该病容易发生。

**【病原及发病条件】** 青枯病是由青枯假单胞菌侵染维管束所致的一种细菌性病害，病菌在土壤中的病残体上越冬或直接在土壤里进行腐生生活，一般可存活14个月左右，随雨水、灌水、农具和农事操作传播。病菌由根系或茎基部伤口侵入植物体内，在维管束内繁殖，并顺导管液流上升扩散，破坏或阻塞导管，引起番茄缺水，发生萎蔫。高温高湿易诱发青枯病。此外，幼苗不壮、多年连作、中耕伤根、低洼积水，或控水过重、干湿不均，均可加重病害发生。

**【综合防治】**

**(1)** 轮作 实行与十字花科或禾本科作物4年以上轮作。一般情况下避免与茄子、辣椒、大豆、马铃薯等作物连作。

**(2)** 选用抗耐病番茄品种 如抗青19号、湘番茄1号、湘番茄2号、秋星、穗丰番茄等。

**(3)** 培育壮苗或嫁接育苗 嫁接可用野生番茄CH-Z-26作砧木。

**(4)** 加强栽培管理 选择无病地育苗，带土移栽，减少根部受伤。高畦栽培，避免大水漫灌。采用配方施肥技术，底施充分腐熟的有机肥或草木灰，改变微生物群落。每亩（667米$^2$）施石灰100～150千克，调节土壤pH值。适当增施钾肥和硼肥，提高植株抗病力。高温期间禁止施用稀粪，适当控制浇水。发现病株立即拔除烧毁，并撒生石灰消毒。采收结束后，将植株残体集中烧毁。旧苗床育苗要换土或进行药剂消毒。每平方米苗床用500倍的福尔马林液18～20千克喷洒，再用地膜覆盖 1 周，揭膜后翻耕，残留药物散发后播种。夏秋育苗采用遮阳育苗。

**(5)** 药剂防治　定植时用南京农业大学研制的青枯病拮抗菌 MA-7、NOE-104 进行大苗浸根，有较好的防病效果。发病初期选用 72% 农用硫酸链霉素可溶性粉剂 4000 倍液、农抗“401” 500 倍液、25% 络氨铜水剂 500 倍液、77% 可杀得可湿性微粒粉剂 4000 倍液（上述药液每次任选一种）灌根。每株灌药液 0.3～0.5 千克，隔 7～10 天灌一次，交替使用不同药剂，共灌 3～4 次。

## 58. 番茄溃疡病防治技术

### 58.1 错误做法 ×

棚室番茄栽培不注重环境调控管理和栽培技术落实，染病后单纯依赖化学农药防治，效果不佳。

### 58.2 正确做法 ✓

**【典型症状】** 番茄溃疡病是侵染性病害。病菌侵染幼苗、茎秆至幼果及番茄在结果盛期均可感染溃疡病。病菌通过植株的输导组织韧皮部和髓部进行传导和扩展，在主茎上形成灰白色至灰褐色病斑。剖开茎秆可见茎内褐变，向上下两边扩展。感病后期茎秆基部变粗，秆内中空，病斑下陷或裂开。潮湿条件下病茎和叶柄会有菌脓溢出，重症时全株枯死。植株上部呈萎蔫青枯状。叶片边缘褪绿、萎蔫或干枯。果实染病可见果面隆起的白色圆点，每个圆斑中央有一个微小的浅褐色木栓化凸起，称为“鸟眼斑”。几个鸟眼斑连在一起在果面形成病区。鸟眼斑是诊断番茄溃疡病的典型症状。不同季节和栽培条件下溃疡病的发生症状不尽相同。早春移栽及整枝打杈和高湿环境会造成枝茎和叶片感病。夏播多雨季节，喷灌棚室果实易感病。

**【发病原因】** 病菌可在种子内、外和病残体上越冬。可以在土壤中存活 2～3 年。病菌主要从伤口侵入，包括整枝打杈时损伤的叶片、枝干和移栽时的幼根。也可从幼嫩的果实表皮直接侵入。由于种子可以带菌，其病菌远距离传播主要靠种子、种苗和鲜果的调运；近距离传播靠雨水和灌溉。大水漫灌会使病害扩大蔓延，农事操作接触病菌、溅水也会传播。长时间结露或暴雨天气发病重。保护地、露地均可发生。

**【防治方法】** 采用高垄栽培，晴天高温条件下进行农事操作，即整枝、打杈。严禁或尽量避免阴天或带露水或潮湿条件下进行掐尖、去顶等农事操作，减少感染机会。清除病株和残体并烧毁，病穴撒入石灰消毒。采用高垄栽培，避免带露水或潮湿条件下进行整枝打杈等操作。种子消毒，可以温水浸种：55℃温水浸种30分钟或70℃干热灭菌72小时，或用硫酸链霉素200毫克/千克种子浸种2小时。预防溃疡病初期可选用47%加瑞农可湿性粉剂800倍液喷施或灌根。每667米$^2$用硫酸铜3～4千克撒施浇水处理土壤可以预防溃疡病。

## 59. 番茄晚疫病防治技术

### 59.1 错误做法 ✕

番茄晚疫病流行性强，不及时采取科学的预防措施，难以控制。当发现干叶、烂果时喷药挽救，可造成大面积危害，减产30%以上。

### 59.2 正确做法 ✓

**【症状】** 幼苗和成株均可染病。幼苗染病，叶片上出现暗绿色水渍状病斑，迅速向叶柄和茎部扩展，使之变细呈褐色坏死，幼苗萎蔫死亡。成株发病，主要侵害叶片、叶柄和茎秆，严重时也危害青果。通常先从下部叶片发病，多从叶尖或叶缘侵染，发病初期为灰绿色小点，后变成不规则形暗绿色水渍状病斑，后变褐色，坏死，逐渐扩展至半个叶片或全叶，湿度大时，叶片背面病健交界处产生稀疏的白色霉层。叶柄、茎秆和花絮染病，形成不规则形褐色大斑，稍凹陷，边缘不清晰，湿度大时表面生灰白色霉层。果实受侵，在果表面形成不规则形褐色坏死斑，边缘云纹状。

**【病害的发生】** 是一种强寄生菌，在活的寄主上寄生才能长期存活。在生产中，病菌主要在保护地西红柿、茄子上危害过冬，也可在贮藏的马铃薯块茎中越冬。条件适宜时越冬病菌在其越冬寄主上产生孢子囊，由气流或雨水传播至番茄上引起发病，最初发病的植株叫做“中心病株”，中心病株又产生大量的孢子囊借气流或雨水传播，使病害向四周迅速扩展蔓延。各病株产生的孢子囊进一步传播使病害发生越来越重，面积越来越大。及时发现中心病株和封锁其产生的病菌是控制病害的关键。凉爽、昼夜温差大、湿度高适宜发病。病菌生长温度10～25℃，形成孢子囊要求相对湿度为95%～97%。田间发病早晚、病势发展快慢与降雨早晚、雨量多少、田间小气候湿度高低直接相关。田间相对湿度长时间在75%～100%，病害将可能流行。田间植株茂密，通风透光不好，地势低洼，偏施氮肥，植株生长幼嫩，病害发生重。

**【防治措施】** 预防和控制晚疫病的发生，要在选用抗病品种和合理栽培管理的基础上，加强田间调查，及时发现中心病株并进行药剂防治。远离马铃薯、茄子和普通番茄。开沟起垄栽培，合理密植。垄背宽100厘米，沟宽45厘米，沟深25厘米，将垄背整成拱形，便于将雨水及时流至沟中，垄背上覆膜，在垄边种植2行。每亩（667米$^2$）1800～2200株。配方施肥，多施有机肥，合理浇水，忌大水漫灌，雨后及时排水。从开花前开始，随时进行田间调查，重点观察下部叶片，及时发现中心病株（或病叶），通报有关部门并立即进行药剂防治，绝不能怠慢。喷药要均匀、雾细、周到。发病初期可用1：1：200（硫酸铜、生石灰、水）的波尔多液喷雾1～2次进行防治。选用的药剂有25%阿米西达悬浮剂1500倍液，或可以使用（丁子香酚）番茄、马铃薯、芋头、茄科类晚疫病特效治疗剂加鑫盛绿源一袋20毫升兑水1000～1500倍、间隔10～15天再喷一次药。最好不同药剂交替使用。药剂选择请参照问题52。

注重施牛粪、秸秆肥、生物剂和钾肥，增强土壤透气性和增加长果壮秧营养元素。及早疏果疏叶，每穗果轮廓长成后，将果下叶全部摘掉。苗期叶面喷2次铜制剂避虫，增加植株厚度和抑菌，愈合伤口。控制浇水量和次数，保持作物在干燥环境下生长。发生机械伤和虫伤后，喷铜制剂和植物传导素愈合伤口防病。

## 60. 蔬菜低温伤害防治技术

### 60.1 错误做法 ×

很多菜农错误地认为，上冻前和冬季浇水会降低地温，影响蔬菜生长。实际上，受冻植株如不摘叶去枝，会导致作物产生乙烯，促使作物衰老和染病。

## 60.2 正确做法

当外界气温低于蔬菜生长的温度下限时，栽培的蔬菜作物就会产生冷害和冻害。北方日光温室在寒冷的冬季，如果保温不好，遇到寒流的袭击，蔬菜作物就易发生冻害。

**【低温危害类型】** 主要有叶片受害、生长点受害和花果受害。

**(1) 叶片受害** 这是轻度受害的一种表现。如果在幼苗子叶期受害，子叶叶缘失绿，有镶白边现象。温度恢复正常不会影响真叶的正常生长。秧苗定植后遇到短期低温，或冷风侵袭，植株部分叶片边缘受冻，呈暗绿色，逐渐干枯。

**(2) 根系受害** 秧苗定植后连续阴天，气温较低，同时地温低于正常生长发育的温度，就能导致蔬菜根系受害。如黄瓜、番茄等喜温作物，遇低温后不能增生新根，而且部分老根发黄，逐渐死亡，这就是沤根。当天气骤然转晴，温度上升，植株会出现萎蔫现象，以后虽然能缓慢地恢复生长，但生长速度远不如未受低温影响的植株。如果黄瓜根系严重受害，需要换新苗。

**(3) 生长点受害** 生长点受害属于较严重的冻害，往往是顶芽受冻，或者是大部分嫩叶受冻。顶芽受冻往往是定植后不久受寒流影响所致。天气转暖后植株如果不能恢复正常生长，必须拔除，另行补苗。

**(4) 花、果实受害** 蔬菜的开花期如遇低温天气，会造成落花落果。蔬菜开花、授粉、受精对温度要求严格。如番茄温度低于15℃，茄子温度低于18℃，就会影响授粉效果。有的虽然已经授粉，但温度低，花粉管不能伸长，达不到受精的目的，因此造成大量落花落果。番茄在低温条件下，有些植株虽然可以结果，但多数都长成多心皮的畸形果，降低了商品价值。这种畸形果，发现后应早摘除，以免消耗养分。

**【防治方法】** 为了棚室蔬菜在低温条件下正常生长、提早收获，可采取措施防止低温危害。

**(1) 苗期低温锻炼** 苗期低温锻炼在种子催芽期间开始，一种方法是：始温应稍低一点，逐渐提高到各类蔬菜种子的发芽适温，到幼芽萌发后再降温，这样幼芽既粗壮又获得了锻炼。另一种方法是将萌动的种子，在胚根还未露出种皮时，放在－2℃条件下处理2～5小时后，再用冷水缓冻后重新催芽。处理过程中要保证种子湿润，透气。处理后的种子出芽粗壮，出苗整齐，根系发达，茎秆粗硬，耐寒性强。秧苗生长期的温度应在正常适温下限，以防秧苗徒长。一般茄果类白天不超过25℃，夜间10℃，大温差育苗可提高秧苗的抗逆性。在分苗和定植前两天开始，苗床加强通风对秧苗进行低温锻炼。

**(2)** 适期定植　冬春季节，选择阴冷天气刚过，晴暖天气刚开始时进行定植，以利定植后经过几个好天气，就迅速缓苗，可提高抗逆性。

**(3)** 加强保温覆盖　在棚室外设置稻草或草苫子等进行防寒；在设施室内设天幕，扣小拱棚，地膜覆盖，以及在后墙挂瓜光幕或用白石灰泥抹墙等措施可提高温度。在标准温室内生产越冬蔬菜，可覆盖薄膜，垄上覆地膜保墒控湿提温，但不要封严地面，留15～20厘米宽的土面，使白天土壤所贮热能，晚上通过没覆膜的地面向空间缓慢辐射，使早晨5～7时最低温度可提高1～2℃。如在草苫外覆盖一层膜，或在第一膜20厘米处再支撑一膜，形成保温隔寒层，可增室温1～3℃。

**(4)** 足水保温防冻害　水分比空气的比热容高，散热慢，冬季室内土壤含水量适中，耕作层孔隙裂缝细密，根系不悬空，土壤保温，根系就不会受冻害。所以，秧苗冻害多系缺水所致。为此，冬前浇足水或选好天气（20℃以上）灌足水可防冻害。

**(5)** 中耕保温防寒　地面板结，白天热气进入耕作层受到限制，土壤贮热能少，加之板结土壤裂缝大而深，团粒结构差，前半夜易失热，后半夜室温低，易造成冻害。进行浅中耕可破板结、合裂缝，既可控制地下水蒸腾带走热能，又可保墒、保温、防寒、保苗。

**(6)** 叶面喷营养素抗寒　严寒冬季气温低、光照弱，根系吸收能力差，此时叶面上喷光合微肥，可补充根系因吸收营养不足而造成的缺素症。叶面喷米醋可抑菌驱虫，米醋与白糖和过磷酸钙混用，可增加叶肉含糖度及硬度，提高抗寒性。作物受冻害气害后叶面呈碱性萎缩，喷醋可缓解危害程度，醋的浓度宜用100～300倍液。少用或不用生长类激素，以防降低抗寒性。

**(7)** 补充二氧化碳　请参照问题4。

**(8)** 选用紫光膜　冬季太阳光谱中紫外线只占夏季的5%～10%。白色膜只能透过57%，玻璃不能透过紫外线，而紫光膜可透过88%。紫外线光谱可抑病杀菌，控制植株徒长，促进产品积累。选用紫光膜冬至前后室温比绿色膜高2～3℃。

**(9)** 临时加温　临时加温的设备要早有所备。如热风炉、煤球炉子、炭盆等。加温设备要有散热条件较好的较长的管道，以提高热能利用率。

## 61. 棚室蔬菜热害防治技术

### 61.1 错误做法 ×

棚室蔬菜生产的热害防治，高温季节与低温季节的热害防治相同。阴天光照弱，外界气温低，揭草苫会降低室温，使蔬菜停止生长，故不揭草苫，结果造成植株根系萎缩，等到晴天后突然揭苫，造成闪秧凋萎。白天气温高时不及时通风，待温度高达40℃以上才大通风，造成植株脱水、闪秧。

### 61.2 正确做法 ✓

**【高温季节热害防治】**

**(1)** 选用耐热抗病品种　如番茄可选用毛粉802，樱桃番茄可选用圣女等。

**(2)** 合理密植与植株调整　合理密植，使茎叶相互遮荫。与高秆作物间作，利用高秆作物为蔬菜遮荫。越夏番茄整枝时，在最上层果穗上留2～3片叶，以遮光防晒。甘蓝、花椰菜等结球后，摘取其外围叶片盖在叶球上，避免阳光直晒。瓜类作物结瓜后，可用草上边盖、下边垫，防止出现日灼和烂瓜。

**(3)** 多设通风口，散热降温　调节棚内的温度、湿度和二氧化碳的浓度，把高温、高湿和有害气体尽快排出，补充新鲜空气。

**(4)** 浇水、喷水、减少地热贮存　在异常高热的条件下，适时浇水，可使地面降温1～3℃，用清水直喷叶面，可降温1℃左右。减轻高温对花器和光合器官的直接损害。浇水后可在地面覆盖麦秸、稻草草帘等。

**(5)** 根外追肥　在高温季节，用磷酸二氢钾溶液、过磷酸钙及草木灰浸出液，连续多次进行叶面喷施，既有利于降温增湿，又能够补充蔬菜生长发育必需的水分及营养。注意气温越高，越要增加用水量，喷施浓度要低于常量。

**(6)** 喷施植物生长调节剂　甜椒用0.003%对氯苯氧乙酸喷花，对高温引起的落花有明显防效；西红柿喷洒0.02%的比久溶液，可提高植株抗热性；用 2,4-D 浸花或涂花，可防止落花。

高温天气下，对异花授粉的蔬菜做好人工辅助授粉。

**【低温季节热害防治】** 低温连阴天应揭开草苫，让蔬菜见光，以提高其抗逆性；白天遇到高温时，不要急于揭膜通风，应先遮荫，后喷水，让植株慢慢适应和恢复，谨防高温时开棚通风，使植株水分随温度蒸发，造成脱水干枯。可在定植期用植物诱导剂灌根，以增强植株抗性；结果期施足钾肥，以提高植株抗逆能力；平时常浇有益生物菌肥，以提高土壤对空气热、冷的调节能力，提高植株对营养元素及离子的活性和吸收量。

## 62. 草木灰防病避虫技术

### 62.1 错误做法 ×

草木灰中含钾 4%左右。草木灰是有机钾肥，但一些农民不知草木灰中含有丰富的硅素，因而具有防病避虫作用。多数忽视利用草木灰进行避虫与防病。

### 62.2 正确做法 ✓

棚室蔬菜生长期，可用草木灰 3～4 千克拌熟石灰 1 千克，在清晨露水未干、气温为 15～20℃时撒于蔬菜叶面上，可防治白粉病和灰霉病；撒在根茎部，可防治枯萎病、根腐病。

将新鲜草木灰研末过筛，于清晨露珠未干时或先洒水，然后再喷撒草木灰于蚜虫体上，可抑制和杀灭蚜虫，或用纱布装灰抖撒，隔 3～5 天再撒 1 次，连撒 2～3 次，防效达 90%以上。

韭菜、大蒜发现有根蛆时，每 667 米$^2$ 撒草木灰 200 千克，可以防止成虫产卵和危害蔬菜。

## 63. 棚室蔬菜重茬连作技术

### 63.1 错误做法 ×

棚室蔬菜生产，复种指数高。不可避免地出现同科或同种蔬菜植物的重茬生产。通常菜农主要采用化学杀菌剂处理土壤后进行连作，结果是成本高，效果差，蔬菜产品得不到保障。

## 63.2 正确做法 ✓

**(1)** 增施有机肥　增施有机肥对解决几乎所有蔬菜作物的连作障碍均有效，在生产上被普遍采用。其机理主要是不仅通过解决土壤次生盐渍化来缓解连作障碍，而且有机肥改善了土壤微生态环境，提高了土壤中有益微生物的数量和活力，增强土壤活性，促进植物根系生长发育。例如，增施有机肥可以解决连作黄瓜自毒作用，提高黄瓜根系活性和增强根系对N、P、K等养分的吸收能力。

**(2)** 抗重茬品种的选用　不同作物及同一作物的不同品种对重茬的抗性和耐性差异较大，所以，选育、选择抗（耐）重茬的品种是解决蔬菜作物重茬障碍的一个重要途径。辣椒、西瓜等蔬菜作物的抗重茬品种已经在生产上发挥了很大的作用。

**(3)** 嫁接栽培　利用砧木，通过解决土传病害问题和蔬菜根系分泌物、残体分解物自毒问题来解决连作障碍。利用嫁接技术，如西瓜与葫芦、南瓜或野生西瓜的嫁接，黄瓜与黑籽南瓜的嫁接，茄子与野生茄子的嫁接等已经在蔬菜生产上发挥了重要的作用。

**(4)** 生物防治　通过接种有益微生物来分解连作土壤中存在的有害物质，或通过与特定的病原菌竞争营养和空间来减少病原菌的数量和对根系的感染，从而减少根部病害发生，其中包括接种一些有益的菌根菌或其他有益菌群以便在根际形成生物屏障；接种致病菌弱毒菌株以促进幼苗产生免疫机能，也可用于解决蔬菜作物连作障碍问题；使用含有有益微生物种群的生物有机肥抑制土壤致病菌的生长也是生物防治的途径之一。

利用自制生物菌肥（请参照第三章问题28和问题29）或商品生物菌肥。施入自制生物菌肥或商品生物菌肥，既能以菌克菌，又能平衡土壤和植物营养，实现棚室蔬菜连作生产。定植时可在植株根部穴施，每667米$^2$用量为EM菌肥10～20千克，苗期和定植后随水浇施，每667米$^2$用量为EM菌液2千克。

**(5)** 其他措施　如环境管理、叶面喷施、高温期淹水闷棚等。

# 64. 棚室蔬菜地下害虫防治技术

## 64.1 错误做法 ✕

不了解棚室蔬菜生产过程中地下害虫的来源和发生规律，片面采用化学农药杀虫，造成投入大，效果差，且污染土壤和蔬菜产品。

## 64.2 正确做法

**【种类与识别要点】** 地下害虫很多，包括地老虎、蛴螬、蝼蛄、根蛆、根结线虫、金针虫、根蚜、根象甲、根叶甲、根天牛、蟋蟀等。其寄主种类复杂，多在春秋两季为害，主要危害棚室蔬菜作物的种子、地下部及近地面的根茎部。前5种最为常见。

**(1)** 地老虎　鳞翅目、夜蛾科。以小地老虎危害最重。小地老虎成虫褐色，前翅由内横线、外横线将全翅分为三段，有显著的肾状纹、环状纹、棒状纹和2个黑色剑状纹；后翅灰色无斑纹。卵馒头形，表面有纵横隆线，初产时乳白色，孵化前为灰褐色，顶端呈现黑点。幼虫暗褐色，体表粗糙，密布大小不一的黑色颗粒。蛹红褐色或暗褐色，有光泽。

**(2)** 蝼蛄　属直翅目、蝼蛄科。以非洲蝼蛄的发生最为普遍。非洲蝼蛄成虫灰褐色，密生细毛。头圆锥形，暗黑色，前翅黄褐色，较短，仅达腹部中部。后翅扇形，伸出腹端。前足为开掘足，后足胫节背面内侧有1裂缝为听器。卵椭圆形，初产时乳白色，孵化前暗紫色。若虫初孵时乳白色，后变为暗褐色。

**(3)** 蛴螬　鞘翅目、金龟甲幼虫的总称。主要种类中危害最重的是黯黑鳃金龟。成虫长椭圆形，黑褐色，光泽不明显，被黑色或黄褐色绒毛和蓝灰色闪光粉层。鞘翅两侧缘几乎平行，近后部稍膨大。卵白色稍带黄绿色光泽。孵化前可透见幼虫体节。幼虫头部顶毛每侧一根，胸腹部乳白色。蛹尾节三角形，二尾角呈锐角岔开。

**(4)** 种蝇　成虫灰黄色，雄虫两复眼在单眼三角区的前方几乎相接，前翅基背毛极短小，不及盾间沟后的背中毛的一半，后足胫节的内下方，生有稠密、末端弯曲而等长的短毛。雌虫复眼间的距离约为头宽的1/3，中足胫节的外上方有1根刚毛。卵长椭圆形，透明。幼虫乳白色略带黄色，头部极小。蛹圆筒形，黄褐色，前端稍扁平，后端圆形。

**(5)** 根结线虫　请参照问题77。

**【来源】** 主要有三方面。①残枝败叶。包括棚室周围在内的残枝败叶产生虫卵，久之泛滥成灾，产生虫源。②土壤。土壤未能及时翻耙，或翻耙深度不够，使地下虫卵长年繁殖，产生大量幼虫。③肥料。施用未腐熟的肥料中带有虫卵，产生虫源。

**【综合防治技术】** 包括农业防治、药剂防治、物理防治等。

**(1)** 农业防治　主要有深翻土壤、清园除草、适时灌水和施用腐熟有机肥等措施。

① 初冬深翻土壤　例如，在蛴螬大量发生的地块，冬初翻耕土壤，不仅能直接消灭一部分蛴螬，并且将大量蛴螬暴露地表（或浅土层中），使其被冻死、风干或被天敌啄食。可降低蛴螬虫的数量15%～30%。

② 清园除草　在整个生育期要及时除去地边、沟渠边和空荒地的杂草，减少地下害虫的中间寄主和产卵场所。

③ 适时灌水　土壤中的温湿环境对地下害虫的生长和活动有着重要而直接的影响，试验证明，地下害虫最适的土湿度在15%～20%。当土壤含水量达到35%～40%时，它们就停止为害，潜入20厘米以下深土层中躲藏。所以，在不影响蔬菜生长的情况下（如秧苗定植后和产品快速生长期等），通过浇水来控制地下害虫的危害。

④ 施用腐熟有机肥　用秸秆和牲畜粪堆沤的肥料吸引蛴螬、蝼蛄等地下害虫进入活动期并产卵，如不腐熟，其中含有的大量虫卵将被带到土壤中。一定要施用经过高温腐熟的有机肥，从而掐断此种传播途径。

**(2)** 药剂防治　分为人工药剂诱杀和化学药剂防治。其中，人工药剂诱杀主要有糖醋液诱杀和毒饵诱杀。化学药剂防治，常见有毒土法、药剂灌施、喷药防治和石灰氮防治等。

① 糖醋液诱杀　金龟子、小地老虎对糖醋液有趋性，可在3月底开始，用糖醋液诱杀。糖醋液的配制是白糖6份、醋3份、白酒1份、水9份、90%的敌百虫1份调匀，放在盆内。每667米$^2$放两面盆，每盆2升，盆高度为1.2米，每天需要补充适量的醋。

② 毒饵诱杀　小地老虎成虫和蝼蛄可用毒饵诱杀。先将秕谷（或麦麸或棉籽饼）5千克用文火炒香，再用40%乐果乳油10倍液拌潮，在无风闷热的傍晚撒施到棚室中进行诱杀，每667米$^2$用毒饵2.5千克，诱杀蝼蛄效果很好。

③ 毒土法　用50%的辛硫磷250克，加水2500克，喷于25千克的细土上拌匀成毒土，于播种时撒于播种沟内，既杀虫又起到保护种子的作用。

④ 药剂灌施　在害虫大量发生时（5月中旬）可随水灌施50%辛硫磷，每667米$^2$用量1000毫升左右。由于灌施用药量大，对棚室

蔬菜污染严重，故不提倡用此法。

⑤ 喷药防治　在蔬菜出苗期，用50%的辛硫磷800倍液或2.5%的溴氰菊酯3000倍液喷幼苗根部土壤，间隔7天连喷2次。以防治白天躲藏在浅土层中的小地老虎以及预防其他地下害虫的危害，确保全苗。

⑥ 石灰氮防治　石灰氮，又名碳氮化钙，含碳、氮各22%左右，含钙30%左右，因其在水、温、光的作用下，能分解出单氰胺和双氰胺，故又叫氰胺化钙。氰胺气体对地下害虫，如蝼蛄、地老虎、蜗牛、田螺、蛴螬等有高效杀伤力。在黄瓜、番茄、芦笋等根结线虫危害严重的地块，在高温期扣棚，每667米$^2$撒施石灰氮200千克，深翻土壤热闷2～3天，可彻底灭虫净地。韭菜地在蝇虫产卵期（9月份）撒施石灰氮熏蒸，可驱赶消灭成虫；蛆虫危害期，在韭菜根处挖沟埋施石灰氮熏蒸，还有消毒灭菌、除草作用。

**(3)** 物理防治　例如，采用频振式杀虫灯诱杀。蛴螬成虫、金龟子、蝼蛄和小地老虎成虫都有很强的趋光性。在3、4月份开始，用黑光灯诱杀小地老虎的成虫，在夏秋季节用黑光灯诱杀金龟子和蝼蛄，都能显著降低虫口密度。

## 65. 茄子绵疫病烂果防治技术

### 65.1 错误做法 ×

棚室茄子生产，不注意及时摘叶改善通风透光、降低湿度；不及时清理病叶、病果和病株；不注意绵疫病的预防，发病严重才用药剂防治，不可避免造成损失，且效果不明显。

### 65.2 正确做法 ✓

茄子绵疫病又称为烂茄子、掉蛋，主要危害果实，叶片也可发病，棚室栽培偏施氮肥，密度过大，排湿降温不及时等，易发病造成危害，严重时产量损失可达50%以上。

**【症状】** 幼苗期即开始发病，在近地面处的嫩茎上出现水渍状缢缩，引起植株猝倒，失水后干枯死亡。成株期主要危害果实，位于植株下部的果实先发病。最初果面产生水浸状的圆形病斑，病部稍凹陷，呈黄褐色或暗褐色。温湿度条件适宜，病斑会迅速扩展，至整个果实受害，病部果肉变黑腐烂，表面生有白色絮状菌丝。重病果容易脱落，在潮湿的地面上继续腐烂，长满白霉并与地表相连。未脱落的病果腐烂后，在环境干燥时，逐渐干缩并呈黑褐色挂在植株上。叶部发病病斑水渍状，褐色，形状不规则，轮纹较为明显。潮湿时病斑扩展很快，边缘不清晰，表面生有稀疏的白霉。干燥时病健组织界限明显，并容易干枯破裂。茎部受害产生水浸状的暗绿色病斑，病斑环切茎部后发生缢缩，上部枝叶逐渐萎蔫干枯，湿度大时病部生长稀疏的白霉。

**【病原】** 为鞭毛菌亚门的疫霉菌，菌丝白色棉絮状，无隔，多分枝，气生菌丝发达。

**【侵染途径】** 病菌主要以卵孢子在落于土中的病残体上越冬，翌年遇适宜条件，卵孢子经雨水或灌溉水，溅到茄子下部的果实、叶和茎上，萌发芽管由表皮组织直接侵染。植株表皮有伤口，可促进侵染。用带有卵孢子的田园土育苗，卵孢子萌发芽管接触寄主，可造成直接侵染，危害幼苗。寄主病部生长的菌丝体，产生大量的孢子囊，随风雨或流动水传播，进行再侵染，使病害得以扩大蔓延。

**【发病条件】** 茄子绵疫病病菌发育适宜温度为8～30℃，最适温度30℃。菌丝发育适宜相对湿度要求95%以上，相对湿度85%左右有利于孢子囊的形成。田间气温25～30℃，空气相对湿度80%以上，绵疫病最容易流行。

**【防治措施】** 选用抗病品种。可以根据当地习惯，因地制宜地选用适宜的抗病品种。避免与番茄、辣椒等茄科作物连作或接茬，重病地应与非茄科蔬菜实行间隔3年以上的轮作。实行高垄栽培，合理稀植。精耕细作促进植株健壮生长，增强抗病性。定植时施足腐熟农家肥，并按生育期配方追肥。平整耕地，便利排灌，及时中耕，破除土壤板结。结果期控制氮肥，降低夜温，防止叶大株高，通风不良。病害流行期间降雨前，抢摘茄果，减少田间烂果。发现病果、叶，随时摘除。尽量在病前喷药进行保护。常用的药有：75%百菌清可湿性粉剂600倍液，或50%甲基硫菌灵可湿性粉剂600倍液，或70%乙膦锰锌可湿性粉剂500倍液，或58%甲霜锰锌可湿性粉剂500倍液，或64%杀毒矾可湿性粉剂500倍液，或65%代森锌可湿性粉剂500倍液，或72.2%普力克水剂800倍液，14%络氨铜水剂300倍液，或1：1：200波尔多液等。上述药剂交替使用，每7天左右喷1次，连喷2～3次。

# 66. 蔬菜菌核病防治技术

随着棚室蔬菜生产的发展，菌核病为害日益加重，除可为害黄瓜外，还为害番茄、茄子、莴苣、菜豆、芹菜、青椒、生菜等多种蔬菜。

## 66.1 错误做法 ×

不重视土壤消毒、种子处理以及栽培管理等措施预防菌核病发生；发生后，易与灰霉病相混淆；习惯于用化学农药做叶面喷洒或随水冲施防治菌核病，效果不佳。

## 66.2 正确做法 ✓

**【症状与识别】** 先在植株下面衰老的叶片或开败的花瓣上发生，引起大型叶病斑和花腐烂，其表面长有白色菌丝体，后来瓜条内产生黑色的菌核。茎秆被害，开始产生水渍状、淡褐色的病斑，病茎软腐，并长出白色菌丝体，茎体最后形成有黑色鼠粪状的菌核，病部以上茎叶萎蔫枯死。苗期被害，在靠近地面的幼茎基部，产生水渍状的病斑，很快环绕茎的周围，形成环腐，幼苗猝死。该病的发生与灰霉病类似，从老的花瓣、水分易积存的部位发生，花瓣落下附着的部分最易发病，与灰霉病的区别在于有白色棉絮状霉和菌核。

**【发生条件】** 病菌以菌核留在土中或混杂在种子中越冬。菌核在适宜条件下萌发，长出子囊盘和子囊孢子。子囊孢子随气流传播，侵染开败的花瓣，并进一步为害柱头和幼瓜条。带菌的花凋落在叶片或者茎上，通过菌丝侵染发病。植株发病以后，又可形成菌核落入土中或混杂在种子中，所以土壤、种子可以带菌。此外，病菌还可通过易感染的杂草，如灰灰菜等，再传到蔬菜上（如黄瓜、番茄等）。菌丝生长最适温度为20℃，孢子萌发的适温为5～10℃，而菌核萌发的最适温度是15℃左右。高湿环境，相对湿度大于85%时，则有利于病菌的发育。另外，连作发病重。

**【防治技术】** 菌核病的防治，应采取以农业措施为主，结合药剂防治。

实行轮作或采用太阳热能进行土壤消毒。在三夏期间，病地拉秧后，每667米$^2$施石灰100千克加碎稻草500千克，深翻66厘米，起高垄33厘米，垄沟里灌水，直至饱和。处理期间沟里始终装满水，铺盖地膜，密闭棚室7～10天，对土传病害均有效果。

选用无病种子或进行种子处理。可用10%盐水淘除浮上来的菌核，然后用清水反复冲洗种子；也可用55℃温水浸种15分钟，可杀死菌核，然后在冷水中浸3小时，再催芽播种。

用无病土育苗或进行苗床消毒。可用50%速克灵或50%腐霉灵或25%万霉灵可湿性粉剂，每米$^2$苗床用量8克加上10千克细土拌匀后施入床内。

加强栽培管理。对病地要进行深翻，使菌核深埋土中不能萌发出土；采用高畦或半高畦铺盖地膜栽培，以防止子囊盘出土；地面用不能透过紫外线的黑色薄膜或老化地膜覆盖栽培，可阻止病菌孢子萌发；发现子囊盘，可进行中耕，及时铲除子囊盘，带出田外深埋或烧毁；加强放风，降低湿度，减轻发病。

药剂防治技术。定植前半个月每667米$^2$冲施2千克硫酸铜可杀灭杂菌，可维持3茬作物不染菌核病。早春多雨天气保护地内提倡每667米$^2$用45%乙熏灵250克或50%百菌清粉尘剂1000克防治，每周一次，连续2～3次。还可选用50%速克灵可湿性粉剂1000～1200倍液、50%农利灵可湿性粉剂1000倍液、40%施佳乐悬浮剂800倍液、65%腐霉灵可湿性粉剂600～800倍液、40%嘧霉胺可湿性粉剂600倍液、40%菌核净可湿性粉剂500倍液、50%苯菌灵粉剂1500倍液、50%扑海因可湿性粉剂600～800倍液喷雾防治，7～10天一次，连续3～4次。

## 67. 棚室蔬菜常见虫害及其防治技术

### 67.1 错误做法 ✕

不注意棚室生产虫害的监测，等到发生后才施用化学药剂进行防治；采用药剂种类偏少，施用方法不当或使用浓度高，造成害虫耐药性增加，防治效果差。

### 67.2 正确做法 ✓

据不完全统计，蔬菜害虫种类约有300多种，以十字花科蔬菜的害虫种类最多。棚室蔬菜生产特别是育苗阶段，要特别注意虫害的防治。棚室蔬菜生产虫害以春秋两季为发生高峰。常见有小菜蛾、菜青虫、菜螟、短额负蝗、黄曲条跳甲、猿叶甲、蚜虫、红蜘蛛、甜菜夜蛾、斜纹夜蛾、白粉虱、斑潜蝇和蓟马等。

**【为害特点】**

(1) 小菜蛾　幼虫主要在叶背为害，典型症状为“开天窗”。初龄幼虫仅取食叶肉，留下表皮，在菜叶上形成一个个透明的斑，严重时全叶被吃成网状。在留种菜上，危害嫩茎、幼荚和籽粒，影响结实。

(2) 菜青虫　成虫称菜粉蝶，以幼虫啃食叶肉、空洞和缺刻为其症状，严重时仅剩下叶柄和叶脉，造成减产，甚至绝产。同时，幼虫排出粪便污染菜叶，影响蔬菜品质。

(3) 菜螟　钻蛀性害虫，初孵幼虫潜叶为害，隧道宽短；2龄后穿出叶面，在叶上活动；3龄吐丝缀合心叶，在内取食，使心叶枯死抽不出新叶；4～5龄幼虫可由心叶或叶柄蛀入茎髓或根部，形成粗短的袋状隧道，蛀孔显著，孔外缀有细丝，并排出潮湿的虫粪。幼虫可转株为害4～5株。被害蔬菜由于中心生长点被破坏而停止生长，形成多头生、小叶丛生、无心苗等现象，致使植株停滞生长，或根部不能加粗生长，最后全株枯萎，整株蔬菜失去利用价值。

(4) 短额负蝗　以成虫、若虫啃食植株，造成孔洞与缺刻，严重时只留下叶柄与叶脉。

(5) 黄曲条跳甲　以成虫、幼虫危害萝卜、小白菜、芥菜等，苗期危害最重，将叶面咬食成许多小孔。

(6) 猿叶甲　主要危害十字花科蔬菜，其成虫和幼虫均可危害叶片，初孵幼虫仅啃叶肉形成许多小凹斑痕，幼虫和成虫食叶呈孔洞或缺刻。

菜蚜。俗名腻虫，主要包括桃蚜、萝卜蚜和甘蓝蚜三种。菜蚜主要以成虫或若虫在十字花科蔬菜，如甘蓝、大白菜、小白菜、萝卜、花椰菜等叶背或嫩梢、嫩叶上吸取汁液。造成植株叶片变黄、卷缩变形、生长不良、幼叶畸形、植株矮小，影响包心或结球，造成减产。留种菜受害节间变短、弯曲，不能正常抽薹、开花和结籽。因大量排泄蜜露、蜕皮而污染叶面，降低蔬菜商品价值。可传播病毒病。

(7) 红蜘蛛　危害茄果类、瓜类、豆类以及葱蒜类等，是棚室蔬菜上的重要害螨，世代重叠现象严重，常群集叶片背面刺吸蔬菜汁液。被害叶片、叶色褪绿变黄白色，严重时叶片卷缩发红，干枯脱落，甚至植株枯死。

**(8)** 甜菜夜蛾　食性杂，危害几乎所有蔬菜。初孵幼虫群集叶背，吐丝结网，啃食叶肉，留下表皮。2、3龄幼虫开始逐渐四处漾散或吐丝下坠分散转移危害，取食叶片的危害状成透明小孔。4龄后食量骤增，生活习性改变为昼伏夜出，可将叶片吃光，并危害幼嫩茎秆或取食植株生长点等，3龄以上幼虫可钻蛀青椒、番茄果实，造成落果、烂果。

**(9)** 斜纹夜蛾　主要危害十字花科、茄科、葫芦科等多种蔬菜。幼虫食叶、花蕾、花及果实，在甘蓝、白菜上可蛀入叶球、心叶等从而造成污染和腐烂。初孵的幼虫先在卵块附近昼夜取食叶肉，留下叶片的表皮，将叶食害成不规则的透明白斑。2～3龄开始逐渐四处爬散或吐丝下坠分散转移危害，取食叶片的危害状成小孔，4龄后食量骤增，生活习性改变为昼伏夜出。

**(10)** 白粉虱　请参照问题78。

**(11)** 斑潜蝇　请参照问题79。

**(12)** 蓟马　请参照问题80。

**【生活习性】**

**(1)** 小菜蛾　在棚室内一年发生多代，终年可见各虫态，成虫昼伏夜出，具有趋光性。幼虫很活泼，一遇到惊动就扭动身体、倒退、吐丝下坠，故有"吊丝虫、吊死鬼"之称。

**(2)** 菜青虫　在棚室内一年发生多代，成虫只在白天活动，尤其以晴天中午为盛，幼虫行动迟缓，多附着于叶面。

**(3)** 菜螟　棚室内一年发生后多代。卵期2～5天，幼虫期一般9～16天，蛹期4～9天，成虫寿命5～7天。成虫昼伏夜出，趋光性不强，飞翔力弱。卵多散产于嫩叶正、反面靠近主脉处。幼虫有转株为害的习性，当一植株被害枯萎后即转害附近菜株。当幼虫老熟后即爬到植株的根部附近的土中或地面结茧化蛹，有时直接在被害株的心叶中化蛹。越冬幼虫于第二年春暖时多在土内作茧化蛹，也有部分在残株落叶中化蛹。喜高温低湿的环境。

**(4)** 短额负蝗　危害蔬菜种类较杂，以成虫、若虫啃食植株，成虫多在植被多、湿度大的环境中栖息。

**(5)** 黄曲条跳甲　成虫善于跳跃，中午前后活动最盛，有趋光性。卵散产于植株周围湿润的土隙中或细根上，也可在植株基部咬一小孔产卵于内。幼虫孵化后，爬至根部，取食根部表皮。老熟后在土中化蛹。

**(6)** 猿叶甲　春、秋两季蔬菜被害严重。成虫与幼虫都有假死性，受惊即缩足落地，成虫有趋光性。大猿叶甲成虫能飞翔，卵成堆产于根际地表、土缝或植株心叶。小猿叶甲成虫不能飞翔，卵单产，多产于叶组织内，幼虫喜群集在心叶里取食，昼夜均能活动。

**(7)** 菜蚜　在棚室内一年发生数十代。世代重叠极为严重。可终年胎生繁殖为害。田间一般在春、秋有两个发生高峰期。菜蚜对黄色、橙色有强烈的趋性。对银灰色有负趋性。

**(8)** 红蜘蛛　生活周期较短，繁殖力极强，应特别重视早期防治。

**(9)** 甜菜夜蛾　成虫夜出活动，对黑光灯有趋光性，趋化性较弱。4龄后食量骤增，生活习性改变为昼伏夜出。

**(10)** 斜纹夜蛾　成虫夜间活动，对黑光灯有趋光性，还对糖、醋、酒液等有趋化性。卵多产于植株中、下部叶片的反面。4龄后食量骤增，生活习性改变为昼伏夜出。幼虫老后，入土1～3厘米，作土室化蛹。

**(11)** 白粉虱　请参照问题78。

**(12)** 斑潜蝇　请参照问题79。

**(13)** 蓟马　请参照问题80。

**【防治方法】** 采取预防为主的综合防治措施，包括农业防治、物理防治、生物防治和化学防治。推荐使用生物防治，科学合理进行化学防治，严禁使用高毒、高残农药。

**(1)** 农业防治　蔬菜收获后，清除残株落叶，并进行深耕，消灭幼虫和蛹。适当调节播种期，将受害最重的幼苗期与害虫产卵及幼虫为害盛期错开，以减轻危害。适当灌水，增加土壤湿度。菜田深耕，减少害虫数量。结合早春地膜覆盖，进行避蚜，并可防治部分害虫如跳甲在土中产卵，减轻地下危害。移栽前进行秧苗处理，避免将害虫带入大田。

**(2)** 物理防治　结合间苗、定苗，拔除虫苗进行处理，幼虫发生不多时，还可以进行人工捕杀。例如根据菜螟幼虫吐丝结网和群集为害的习性，及时人工捏杀心叶中的幼虫，起到省工、省时、收效大的效果。用防虫网对害虫进行隔离防治。利用频振式杀虫灯、黑光灯对蛾类进行诱杀。采用黑光灯、性诱剂等诱杀斜纹夜蛾和甜菜夜蛾。利用黄板诱蚜。在菜地内间隔铺设银灰色膜或挂银灰色膜条驱避蚜虫。

**(3)** 生物防治　在小菜蛾成虫羽化始期，利用人工合成性诱剂诱杀成虫，把雌蛾每1～2头装入60目的纱网中，网下设药水盆，引诱雄虫进行捕杀；还可以利用芥菜汁液或异硫氰酸酯丙烯诱雌蛾产卵，集中销毁卵块。

防治菜青虫可采用以虫治虫的方法。做法为：按1.5千克/公顷取菜青虫捣烂，兑水3.75升，加洗衣粉0.75千克拌匀，再兑水750千克喷雾，防效达90%以上。

可利用赤眼蜂防治菜螟等蔬菜害虫。放蜂时应选择晴天上午8:00～9:00，露水已干，日照不烈时进行。

**(4)** 化学防治　要勤查早治，把幼虫消灭在低龄期，做到早发现、早预防。化学药剂防治应优先使用生物农药，适当使用化学农药，严禁使用高毒高残留农药。

小菜蛾单独防治或小菜蛾与菜青虫混合发生，以小菜蛾防治为主时，可选择5%抑太保或卡死克悬浮液1000倍液，1.8%阿维菌素乳油1500倍液，16000单位Bt可湿性粉剂750倍液，0.5%农哈哈（阿维菌素）可湿性粉剂1000～2000倍液，52.25%农地乐乳油1000～1500倍液，20%杀灭菊酯3000倍液。在小菜蛾成虫期时，用克蛾宝1000倍液喷施。

若菜青虫单独防治，可选择拟除虫菊酯类农药、植物源农药或生物农药等，52.25%农地乐乳油2000倍液，16000单位Bt可湿性粉剂1000倍液，18%施必得乳油1000倍液。

菜螟如需用药，应在菜苗出土后掌握幼虫初孵期和蛀心前进行施药。喷药时要特别注意中心生长点着药，施药1～2次。可供选择农药种类有48%乐斯本乳油1000倍液、80%敌敌畏乳油800倍液、90%敌百虫1000倍液、50%辛硫磷乳油1000倍液、52.25%农地乐乳油1500倍液、5%抑太保乳油1500倍液、5%锐劲特悬浮剂2000倍液、10%溴虫腈悬浮剂2000倍液、20%甲氰菊酯乳油1000倍液、2.5%敌杀死乳油1000倍液、20%杀灭菊酯乳油1000倍液、5%菊乐合剂1000倍液、0.36%苦参碱乳油1000倍液。

猿叶甲、短额负蝗，一般不需单独防治，如需防治则可选择常规性农药，如52.25%农地乐乳油1000倍液、2.5%溴氰菊酯乳油1000倍液、4.5%高效氯氰菊酯乳油1500倍液、48%乐斯本乳油1500倍液、20%丁硫克百威乳油1000倍液、75%拉维因可湿性粉剂1500倍液等。

蚜虫，可用10%吡虫啉可湿性粉剂3000～5000倍液、25%阿克泰水分散粒剂4000～6000倍液、50%抗蚜威可湿性粉剂2000倍液、5%烯啶虫胺水剂3000倍液、3%啶虫脒乳油2000倍液、25%唑蚜威乳油2000倍液、1%印楝素水剂800倍液、0.65%茴蒿素水剂500倍液、25%吡虫啉·机油乳油1500倍液、5%凯速达乳油1500倍液、17.5%蚜螨净可湿性粉剂1500倍液、30%新绿状元可湿性粉剂1000倍液。

红蜘蛛，可选用0.5%绿卡1000～1200倍液、1.5%云除1500～2000倍液、2.2%海正三令2000～2500倍液喷雾防治。

斜纹夜蛾、甜菜夜蛾的防治，宜在幼虫3龄前，可选用0.5%绿卡1000～1200倍液、2.2%海正三令2000～2500倍液、1.5%云除1500～2000倍液、奥绿1号600～800倍液、5%抑太保乳油2000倍液喷雾防治。高龄幼虫可用15%安打悬乳剂3000倍液喷雾防治。

白粉虱、斑潜蝇、蓟马。请参照问题78～80。

使用Bt等细菌性农药及卡死克、抑太保等昆虫生长调节剂须在危害高峰期前2～3天或在害虫低龄期施药，使用生物农药须避开强光照、低温、暴雨等不良天气。为了延长农药使用寿命，防止虫害产生抗药性，提高防治效果，各类农药最好交替使用。

## 68. 棚室蔬菜有害气体防治

### 68.1 错误做法 ×

由于棚室环境相对密闭，在高温干旱环境下，一次施含氨有机物较多，含氨量超过4%，产生氨气中毒。棚室内生煤炭炉加温，可能引起一氧化碳和二氧化硫伤害蔬菜植株。选用质量不合格的薄膜，土壤熏蒸剂、除草剂使用不当，也可导致蔬菜发生气害。

### 68.2 正确做法 ✓

**【常见类型】**

**(1)** 氨气中毒　使用未经充分腐熟的有机肥（如堆肥、圈肥、饼肥等）或者使用大量的尿素、碳铵等无机肥料后，肥料在发酵过程中会产生高温，进而产生氨气，氨气会从蔬菜叶片气孔侵入细胞，破坏叶绿素，使受害叶端发生水渍状斑，叶缘变黄变褐，最后叶片干枯。高浓度的氨还会使蔬菜的叶绿素分解，叶脉间出现点、块状黑褐色伤斑，与正常组织间的界线较为分明；严重时叶片下垂，表现萎蔫状态。

**(2)** 亚硝酸气体中毒　棚内使用过多的硝酸铵阻碍了土壤的硝化作用，使亚硝酸气体大量积累，积累到一定程度后，植株出现中毒症状，受害叶片发生不规则的绿白色斑点。

**(3)** 二氧化硫中毒　加温时产生二氧化硫气体，从叶子背面气孔侵入，破坏蔬菜叶绿体组织，产生脱水，部分形成白斑、干枯，严重时整株叶子变成绿色网状，叶脉干枯变褐色。

**(4)** 一氧化碳中毒　采用煤火加热时，燃烧不彻底或通风不畅而产生大量一氧化碳，当浓度达到一定程度，受害叶片开始褪色，叶表面叶脉组织变成水渍状，后变白变黄，变成不规则的坏死斑。

**(5)** 亚硫酸中毒　大量施用硫酸铵、硫酸钾及未腐熟饼肥，分解产生二氧化硫气体，遇水气会变成亚硫酸，不但破坏蔬菜叶片中的叶绿素，且使土壤酸化，降低土壤肥力。中毒叶片气孔附近的细胞坏死后，呈圆形或菱形白色斑，逐渐枯萎脱落。

**(6)** 二氧化碳中毒　棚室内空气中二氧化碳浓度过高，常引起蔬菜叶片卷曲，叶片细胞内的叶绿体由于淀粉积累过多而严重变形，影响光合作用的正常进行，严重时出现凋萎。二氧化碳浓度过高还会影响作物对氧气的吸收，不能进行正常的呼吸代谢作用而影响正常的生长发育，促进衰老过程。另外，当棚内二氧化碳浓度过高时，如不及时换气，则使棚内温度迅速升高，引起蔬菜的高温危害。

**(7)** 薄膜毒气中毒　以邻苯二甲酸二异丁酯或正丁酯作为增塑剂的塑料薄膜，高温下易挥发出乙烯、丙烷、三氯甲烷、四戊烯醇等有毒气体，积累到一定程度使叶片失绿黄化、变白干枯、皱缩。

**【诊断】** 棚室内有害气体的检测一般以检测棚室露滴作出判断。二氧化碳形成的露滴呈酸性，氨气形成的露滴呈碱性。露滴酸碱度的检测通常在早晨换气前取样进行，检测方法可用精密 pH 试纸，根据露滴 pH 值的检测结果，判断气体的种类及伤害程度。如 pH 值为 4.6 以下，氨气、二氧化硫、二氧化碳等气体危害严重。

**【综合防治】** ①合理施肥。棚室蔬菜施基肥要以优质腐熟的土杂肥、绿肥为主，适当增施磷钾肥，尽量少施或不施氮肥。氨态氮肥的施入以底肥为主，追肥为辅，追肥的浓度尽量降低。不要使用含氯和硫化物的化肥。需要施化肥时，应严格按照“少量多次，薄肥勤施”

的追肥原则，最好结合浇水进行。②及时通风。在保证棚室内的温度的前提下，寒冷季节也尽可能增加通风换气的时间，以排除温室内有毒有害气体和吸入新鲜空气。春季上午 10:00～12:00 开门通风。随着气温的回升，通风时间逐渐延长，晴天尽量在中午温度较高时通风，即使雨雪天，也要在中午进行短时间通风换气，以尽量减少棚内有害气体，降低空气湿度。③减少毒源。采用煤火、天然气等加温时，应注意让燃料充分燃烧，并在火炉上安装烟囱，将有害气体导出棚外，同时注意通风换气，防止一氧化碳、二氧化碳造成危害。④精心选膜。尽量不使用加入增塑剂或稳定剂的有毒塑料薄膜，以减少毒源，防止危害。

# 69. 蔬菜茎蔓徒长防治技术

## 69.1 错误做法 ✕

棚室蔬菜茎蔓徒长，通常被认为因温度高、湿度大、光照弱引起。不少菜农偏施氮肥、浇水多，致使植株徒长，增加消耗营养20%以上，且棚室蔬菜生产管理难度大，易染病减产。

## 69.2 正确做法 ✓

**【症状】** 徒长导致植株营养生长与生殖生长失调，大量的营养物质运送到茎叶中去，营养生长过盛，影响花芽分化、雌花数量减少、果实营养不良而停止生长。黄瓜一般表现为节间很长，叶片大而薄，叶片与主蔓夹角小于45°，卷须发白；番茄表现为底部叶片叶缘下卷，顶部茎秆扁平、叶脉扭曲，坐果率下降，果实不膨大，畸形果数量增加。豆类蔬菜茎蔓满架而花果稀；茄果类蔬菜植株徒长，落花落果，易形成僵果；瓜类蔬菜结瓜节位升高变稀，落花落果，易出现畸形瓜。

**【成因】** 一是苗期浇水多而足，根系少而浅，吸收土壤营养能力弱。二是栽植过密，植株争光而纵长。三是夜温高，特别是后半夜棚室温度高，白天光合作用制造的营养会通过呼吸作用流向叶蔓而不长果实。

**【防治措施】**

① 定植后蹲苗处理。关键是做到控水控肥和中耕。在营养生长阶段土壤不宜过湿。若底肥充足，提苗宜用生物菌肥；底肥不足每次追肥施肥量不宜过大。中耕改善根际环境，促进生根。一般可在下列

情况下结束蹲苗：黄瓜、苦瓜在第一雌花开花后；茄子、番茄根果长到核桃大时；西葫芦在根瓜长到10厘米时。

② 增强光照，保持昼夜温差。擦拭薄膜或更换新膜，提高薄膜透光性，抑制徒长。保持昼夜温差为10%左右。

③ 植株管理。将植株放倒或让植株暂时匍匐生长。如将番茄徒长苗卧倒，可以抑制顶端优势，预防植株徒长，并增加茎蔓营养的积累，使茎粗蔓壮，提高抗病性。

④ 喷用植物生长调节剂。一旦植株徒长，用助壮素1000倍或爱多收2000倍液，可有效抑制植株徒长。喷用一次后，若发现效果不佳，可在5天后再喷一次，直到植株生长比较正常。

## 70. 斑枯病与锈病防治技术

### 70.1 错误做法 ✕

棚室生产，一些农民重视害虫危害引起的叶片斑枯防治，忽视对棚室番茄、菜豆等蔬菜上发生的斑枯病和锈病进行防治，导致植株落叶减产。

### 70.2 正确做法 ✓

**【症状】**

**(1)** 番茄斑枯病　又称白星病、鱼目斑病，可引起植株落叶，影响产量。地上部分各部位都会出现症状，但以开花结果期的叶部发病最重。叶背面产生水渍状小病斑，很快正反两面都相继出现病斑，直径1.5～4.5毫米，呈圆形或近圆形，中央灰白色，稍凹陷，边缘深褐色，其上生有黑色小粒点。病斑多时相互连接成大型枯斑，有时病斑组织脱落，形成穿孔。一般植株下部叶片先发病，并自下而上蔓延，严重时中、下部叶片枯黄脱落，仅上部留存少数叶片。茎和果实上的病斑褐色，圆形或椭圆形，稍凹陷，散生小黑粒。高湿条件下及施肥不匀时易发病。

**(2)** 芹菜斑枯病　又名叶枯病，主要侵害叶片，其次是叶柄和茎。在叶片上病斑初为淡褐色油渍状小斑点，扩大后，病斑外缘黄褐色，中间黄白色至灰白色，边缘明显，病斑上有许多黑色小粒点（分生孢子器），病斑外常有一圈黄色晕环。在叶柄和茎上，病斑长圆形，稍凹陷。分布很广，此病在贮运期还能继续发生。芹菜斑枯病仅危害芹菜。

**(3) 锈病** 主要危害叶片，严重时也可危害茎和荚果。叶片染病，叶面初现边缘不清楚的褪绿小黄斑，后中央稍凸起，成黄白色小疱斑，此即为病菌未发育成熟的夏孢子堆。其后，随着病菌的发育，疱斑明显隆起，颜色逐渐变深，终致表皮破裂，散出近锈色粉状物，严重时锈粉覆满叶面。在植株生长后期，在夏孢子堆及其四周出现黑色冬孢子堆，散出黑色粉状物。

**【防治方法】** 预防为主，综合防治。

选用抗病品种，如浦红1号番茄、碧丰菜豆等品种。

**(1) 种子处理** 在无病植株上选留种子，并在播前消毒。用52℃温水浸种30分钟，然后捞起晾干催芽播种。

**(2) 农业防治** 清洁田园，加强肥水管理，适当密植，棚室栽培尤应注意通风降温。

**(3) 药剂防治** 斑枯病、锈病药剂防治如下。

斑枯病，在发病初期，用50%多菌灵可湿性粉剂500倍液；或70%甲基托布津可湿性粉剂1000倍液，或58%甲霜灵·锰锌可湿性粉剂500倍液喷雾，每7～10天喷1次，连续2～3次。70%代森锰锌、80%大生可湿性粉剂、40%达科宁悬浮剂600～700倍液，64%杀毒矾可湿性粉剂、50%福美双可湿性粉剂500倍液，40%克菌丹可湿性粉剂400倍液，75%百菌清可湿性粉剂600倍液；内吸杀菌剂有：50%扑海因可湿性粉剂、58%甲霜灵锰锌可湿性粉剂、77%可杀得可湿性粉剂600～800倍液，80%新万生可湿性粉剂、50%托布津可湿性粉剂600倍液，1∶1∶200～240波尔多液。此外，可用45%百菌清烟雾剂熏烟防治。每周用药1次，连续2～3次。

锈病，可选用25%粉锈宁（三唑酮）可湿粉2000倍液，或20%三唑酮硫黄悬浮剂1000倍液，或75%百菌清+70%代森锰锌800～1000倍液，或40%多硫悬浮剂400倍液，或40%三唑酮多菌灵可湿粉1000倍液，施3～4次，隔7～10天1次，交替喷施。

## 71. 蔬菜2，4-D使用技术

### 71.1 错误做法 ×

低温期或高温条件下，棚室蔬菜生产常用2,4-D涂抹茄果类花蕾以促进坐果，一些农民低温期加大使用浓度，导致畸形果、果形不正发生。

### 71.2 正确做法 ✓

2,4-D 作为一种常用植物生长调节剂，低毒、低成本，可有效防止蔬菜作物落花落果，改善茄果品质和风味等。

**【用途与方法】**

防止落花落果。在番茄每一花穗有 2～3 朵花开放时，用一手持盛有 10～20 毫克/升的药液容器，一手将花压入药液中，使药液没至开花花穗的花梗。也可用小喷雾器对准花穗喷洒。防止甜椒落花落蕾，可用 20 毫克/升的 2,4-D 溶液，于甜椒开花时，用毛笔涂抹花柄或浸花。

防治化瓜。防止冬瓜化瓜，每天上午 9 时左右，用毛笔蘸30～40 毫克/升的 2,4-D 涂雌花基部。防止西葫芦、西瓜化瓜，用 15～20 毫克/升的 2,4-D 溶液，于花半开或初开时浸花、喷花或涂抹。

促进甘蓝早熟和延长贮藏期。在甘蓝收获前喷洒 30～50 毫克/升浓度的 2,4-D 溶液。在大白菜收获前 3～5 天，用 40～50 毫克/升的 2,4-D 喷洒叶片，防止贮藏期间大白菜脱帮。立冬前贮藏花椰菜时，用 50 毫克/升的 2,4-D 溶液喷洒叶片，可促进花球在贮藏期间继续生长。

**【注意事项】** ①配制 2,4-D 溶液时，应使用玻璃、搪瓷、陶瓷容器，不能用金属容器。容器、药具用完后应清洗干净。②喷洒 2,4-D 时，严防药液淋洒在嫩茎叶上，以免发生药害。若发生药害时，应浇大水和适量追肥，以减轻药害。③严防花朵重复处理，用药时间以晴天早晨或上午为好，阴雨前、傍晚不宜用药。④浓度不要过高，药量不要过大，以防产生药害而形成畸形果，使用时可随季节的变化而有所差异，在要求的浓度范围内，低温季节浓度可稍高些，高温季节浓度可稍低些。使用效果易受温度、湿度、pH 值等外界因素的影响，在适当的浓度范围内，温度高时浓度低些；湿度大时浓度低些。⑤勿用碱性水配制，以免影响使用效果。

## 72. 早熟春甘蓝未熟抽薹防治技术

### 72.1 错误做法 ✗

棚室春甘蓝早熟栽培，一味盲目早播种育苗，管理跟不上，施氮肥偏多，导致甘蓝通过春化，引起抽薹开花。

### 72.2 正确做法 ✓

① 选择适宜品种。宜选早熟、耐寒、冬性强的品种，定植后40～50天即可收获。品种主要有8398、中甘12号、中甘11号、皖甘1号、鲁甘蓝2号、东农607等品种。

② 适期播种。播种期大体为11月下旬至12月下旬。如采用电热温床播种，在阳畦内分苗，苗龄为60天左右；如播种畦和分苗畦均为阳畦，苗龄为70～80天。为培育适龄壮苗和避免发生先期抽薹，播种畦和分苗畦可利用温床，苗床温度不能过低。

③ 加强苗期管理。甘蓝为绿体春化类型，通过春化阶段需要两个条件，一是当秧苗达4～6片叶，茎粗超过0.5厘米时才能感受春化；二是要有低于10℃的较长时间，2～5℃时天数短些，才能通过春化。因此春甘蓝育苗期间要控制肥、水用量，抑制叶片旺长，保持一定的温度。一般白天25℃左右，夜间12℃左右。缓苗后白天17～20℃，夜间不低于10℃。移栽前一周，可降温锻炼，白天维持在15～18℃，夜间不低于8℃，使幼苗在苗床上难以达到春化所需的低温或时间。

④ 适期定植。在山东及黄淮海地区，甘蓝春早熟栽培，定植期为2月中下旬。不盖草苫的小拱棚，定植期为3月上中旬；中、小拱棚，地膜覆盖并加盖草苫的，定植期为1月下旬至2月上旬。上市时间为3月下旬至5月上旬。

## 73. 蔬菜根腐病防治技术

### 73.1 错误做法 ✕

不少菜农不知根腐死秧原因，不知道根腐病的综合防治方法，单用杀菌剂防治，效果差。

### 73.2 正确做法 ✓

棚室蔬菜由于连年种植，不便腾茬和倒茬，一旦根腐病发生，常造成蔬菜绝收，带来很大损失。

【症状识别】

(1) 黄瓜　主要浸染根和近根茎部，初期症状呈水渍状，到最后发展为腐烂。病部维管束变成褐色，茎被浸后缢缩不明显。病株初期症状不明显，往往一块田中只有几株，似因“干旱”所致，中午叶片萎蔫，早晚能恢复。后借雨水、灌溉等农技措施很快传遍全田，病株干枯而死。

(2) 辣椒　一般发生于大棚辣椒定植后，辣椒采果盛期。往往是一株或一株的几个枝子发生萎蔫，初期被认为是因缺水导致，浇水后用不了几天，很快传遍全田。病株白天枝叶萎蔫，傍晚至次日晨时枝叶稍恢复，这样反复几日后枯死。发现萎蔫植株，取植株剖茎基部及根部，维管束变褐，腐烂，病部易剥离。

(3) 茄子　多发生于茄子定植后。初病时，叶片白天表现萎蔫，早晚可恢复，几日后，叶片干枯变黄，整株死亡。检查根部或根茎部，表皮呈褐色腐烂，容易剥开。致使木质部外露。剖开茎基部，微管束也变成褐色腐烂。以上症状特点，是真菌性根腐病危害各种蔬菜后的症状共性。

(4) 番茄　发病根及根茎部产生褐斑，逐渐扩大凹陷，严重的病斑绕茎基部或根部 1 周，纵切根部及根茎部，导管变成褐色，腐烂，不长新根，植株萎蔫而死。植株新叶在晴天中午萎蔫，早、晚能恢复。横切病茎，变褐的导管手挤不出菌脓，此点，可与细菌性青枯病相区别。

(5) 菜豆　主要症状表现在根和茎基部。叶出现后即发病，植株生产不良，矮小。成株期根和茎基部变黑褐色，稍凹陷，纵剖、维管束变深褐色，病株不发新根，或腐烂死亡，当主根全部染病后，地上茎叶枯死。湿度过大，在病部产生粉红色霉状物。

【病原及发病条件】　由腐皮镰孢霉菌侵染所致，属半知菌亚门真菌。病菌以菌丝体、厚垣孢子或菌核在土壤中及病残体上越冬。厚垣孢子可在土中存活 5～6 年或长达 10 年，成为主要侵染源，病菌从根部伤口侵入，后在病部产生分生孢子。借灌水或雨水传播蔓延，进行再侵染。高温高湿有利于此病的发生蔓延，连作地、低洼地、黏土地、下水头地处发病重。

【综合防治】

(1) 合理轮作换茬　根据分子孢子在土壤中存活时间长，必须合理安排轮作，在茬口安排上，要与大白菜、甘蓝、大蒜、大葱等作物实行3年以上的轮作换茬，是减轻或杜绝根腐病发生的重要栽培条件。

**(2)** 杜绝初侵染源　棚室栽培往往要进行育苗，如因条件限制来不及育苗，因抢时早栽，又常常到外地购买苗子，因此，在购买苗子的过程中，一定不要到老菜区或发病区购买菜苗。这样，可有效地减少初侵染源。特别是新菜区，在购买、引进苗子时更应注意。

**(3)** 种子处理　浸种前先用0.2%～0.5%的碱液清洗种子。然后，再用清水浸种8～12小时，捞出后放入配好的1%次氯酸钠溶液中浸5～10分钟，冲洗干净后催芽播种。

**(4)** 科学管理　土地要平整。深翻地，起15～20厘米高的垄脊定植。采用地膜覆盖、滴灌或膜下沟里浇水，浸湿垄脊。防止菜田积水和土壤湿度过大。浇水时要适时，不可大小漫灌。缩短灌水时间，避免存水过多，使水分快速渗入土中。整地时一头要挖好排水沟采用垄栽，既有利于提早封垄，又有利于通风透光和田间管理，做好棚内温湿度及地温管理，湿度升高时及时放风排湿，地温低时及时松土保温。施用充分腐熟的有机质或施用“5406”三号菌粉500倍液。中后期追肥，施用配制好的复合肥液随浇水时浇施，或顺垄撒施后浇水，防止人为的管理给根及根基部造成伤害。

**(5)** 做好发病田的隔离　对于一些新菜区，根腐病发病率低或基本没发病，造成的损失也不大。如果在大田中发现一株或少数几株被确认为根腐病，就应及时采用隔离病区的办法，控制根腐病的蔓延，对发现的病株及时拔除烧毁；在病株周围撒上石灰消毒。

**(6)** 药剂防治　发病初期选喷50%多菌灵可湿性粉剂600倍液，40%多硫悬浮剂600倍液，50%甲基硫菌灵可湿性粉剂500倍液；70%甲基托布津可湿性粉剂500倍液，50%福美双可湿性粉剂500倍液，14%络氨铜水剂300倍液或用50%多菌灵可湿性粉剂1000倍液+70%代森锰锌可湿性粉剂100倍混合用药，50%利得可湿性粉剂800倍液，25%地菌灵（高效土壤杀菌剂）可湿性粉剂600～800倍液，40%特效杀菌王乳油兑水1500～2000倍液，20%甲基立枯磷乳剂兑水500倍液，77%可杀得可湿性粉剂500倍液，50%根病清或50%根腐灵可湿性粉剂500倍液。用25%强力苯菌灵乳油兑水1500倍液加“克旱寒”增产剂（黄腐殖酸锌复合微肥）500倍液或菜大丰400倍液灌根，均防治效果良好。采用上述药剂的一种，隔7～8天喷淋灌根一次，交替轮换采用不同的农药连续灌根3次，每次每株灌药水200～300毫升。

# 74. 黄瓜嫁接育苗技术

黄瓜嫁接苗较自根苗能增强抗病性、抗逆性和肥水吸收性能，从而提高作物产量和质量。应用嫁接苗成为瓜类和茄果类蔬菜高产稳产的重要措施，成为克服蔬菜连作障碍的主要手段。

## 74.1 错误做法 ×

将接穗和砧木同时播种，两者苗子大小不匹配或者达不到嫁接的要求。插接过程中，用力过猛，戳穿砧木，影响嫁接成活。嫁接后前期不注意遮光保湿，嫁接成活率低。

## 74.2 正确做法 ✓

黄瓜嫁接苗较自根苗能增强抗病性、抗逆性和肥水吸收性能，从而提高作物产量和质量。应用嫁接苗成为瓜类和茄果类蔬菜高产稳产的重要措施，成为克服蔬菜连作障碍的主要手段。

**【嫁接方法】** 主要有靠接和插接。

以插接为例，说明其嫁接过程与技术要点如下：①喷湿接穗苗，取出待用。②砧木苗无需挖出，摆放操作台，用竹签除去其真叶和生长点；除去干净，不损伤子叶。③竹签斜插。左手轻捏砧木苗子叶，右手持一个宽度与接穗下胚轴粗细相近、前端削尖略扁的光滑竹签，紧贴砧木叶片子叶基部内侧向另一子叶下方斜插，深度0.5～0.8厘米，竹签在子叶节下0.3～0.5厘米出现，但不要穿破胚轴表皮，以手指感受到其尖端压力为度。插孔时，要避开砧木胚轴中心髓腔，插入迅速准确，竹签暂不拔出。④接穗切削处理。左手拇指和无名指将接穗两片子叶合拢捏住，食指和中指夹住其根部，右手持刀片，在子叶节以下0.5厘米处呈30°向前斜切，切口长度0.5～0.8厘米，接着从背后再切一刀，角度小于前者，以划破胚轴表皮、切除根部为目的，使下胚轴呈不对称楔形。切削时要快，刀口要平直，并且切口方向与子叶伸展方向平行。⑤拔竹签、插接穗。拔出砧木上的竹签，将削好的接穗插入砧木小孔中，使两者密接。砧穗子叶伸展方向呈十字形，利于见光。插入接穗后，用手稍晃动，以感觉比较紧实、不晃动为宜。

**【特点】**

靠接苗易管理，成活率高，生长整齐，操作容易。嫁接速度慢，接口需固定，成活后需断（接穗）茎去根；接口位置低，易受土壤污染和发生不定根，接口部位易脱落。

插接嫁接时，砧木苗不用取出，减少嫁接苗栽植和嫁接夹等工序，不用断茎去根，嫁接速度快，操作方便，省工省力；嫁接部位紧靠子叶，细胞分裂旺盛，维管束集中，愈合速度快，接口牢固，砧穗不易脱落折断，成活率高；接口位置高，不易再度污染和感染，防病效果好。

**【注意事项】**

**(1)** 靠接　黄瓜比南瓜早播 2～5 天，黄瓜播种后 10～12 天嫁接。砧木南瓜幼苗下胚轴中空，苗龄不宜太大，切口要靠近上胚轴；接口和断根部位不能太低，以免栽植时掩埋产生不定根或髓腔中产生不定根入土，失去嫁接意义。

**(2)** 插接　嫁接适期：砧木子叶平展、第一片真叶显露至初展；接穗子叶全展。砧木胚轴过细时，可提前 2～3 天摘除其生长点使其增粗。嫁接后，加强光温湿度等管理。嫁接愈合过程中，前期避免直射光。嫁接后 2～3 天适当遮阳，光强以 4000～5000 勒克斯为宜；3 天后早晚不要遮阳，只在中午遮阳，以后逐渐缩短遮阳时间；7～8 天后除去遮阳，全日见光。温度比常规育苗稍高，加速愈合。前 3 天保持相对湿度 90%～95%，高湿；4～6 天内湿度可降至 85%～90%；嫁接 1 周后，进入正常管理。嫁接后，前 3 天不通风，保温保湿，每天可进行 2 次换气；3 天后，早晚通小风，逐渐加大通风量和通风时间；10 天后幼苗成活，进入常规管理。

# 75. 延秋番茄高产技术

## 75.1 错误做法 ×

秋延番茄的秧苗期正处于高温季节，不注意高温、干旱、蚜虫的危害，导致病毒病发生严重；生长后期遇到低温、霜冻，棚室内湿度过高，各种病害容易发生。

## 75.2 正确做法 ✓

番茄秋延后栽培，须在选择适宜品种的基础上，前期重点防雨、降温、预防病毒病、培育适龄的壮苗；中期充分利用气候条件，加强管理，促进植株和果实的生长发育，打下丰产基础；后期加强防寒保温，尽量延迟拔秧，以提高产量和产值。

**【品种选择】** 要选择耐热、抗病性强（高抗病毒病）、适应性强、丰产、优质、大果型的早、中熟品种以及成熟期集中、果实耐运的优良品种。如中杂102、佳粉16号、皖粉1号等。

**【培育壮苗】** 苗龄不宜过长，一般25～30天，最长不要超过40天。根据当地早霜来临时间确定播种期，一般单层覆盖棚以霜前110天左右为播种适期。播种时间：北方常在7月播种育苗，8月定植，9月下旬开始采收。如山东省7月初播种，长江流域在6月下旬至7月中旬播种。可进行温汤浸种、恒温催芽、营养钵或穴盘育苗。每667米$^2$需种子50克左右。

**【适时定植】** 一般定植株行距40厘米×40厘米。苗高18～20厘米，叶龄7～8片真叶时定植。由于定植时太阳光仍较强，高温多雨，要做好遮阳防雨工作，扣好塑料棚膜，形成遮阳棚，及时粘补大棚膜破损处，平时保持棚顶遮阳，四周通风，降雨天把薄膜盖严防雨，形成一个比露地凉爽优越的小气候环境。

**【定植后的管理】**

定植后2～3周，秧苗已充分生长，适时搭架绑蔓吊绳。第一花序开花时开始打杈、绑蔓，并及时蘸花。

通常采用单干整枝。第一花序果实长到鸡蛋黄大小时，要疏花疏果，留2～3穗果摘心，每穗果留4～5个果。大棚秋番茄进入结果期要加强肥水管理，未施底肥的地块，尤其需要加强追肥。第一花序开花时可浇一次小水，促使开花结果整齐。第一穗果长到核桃大小时，追施复合肥10～15千克，并灌水，促使果实迅速膨大。随着气温下降，灌水次数要逐渐减少。

在温度管理上，白天保持25～28℃，夜间15～18℃。当外界最低气温降到12～15℃时，将棚室底脚薄膜放下，白天也减少通风，夜间只开侧风口通风，擦净棚膜增加光照。当外界最低气温降到5～8℃时，夜间不再通风，大棚四周要围草苫防寒。随着外界温度降低，放风时间缩短，放风量减小，最后密闭保温。

及时防治病虫害。防治方法请参照相关内容。

每穗果轮廓长成后，将下部叶枝摘掉，让果实慢慢后熟。因果实成熟后自然着色，果实丰满，品质好、产量高，及时采收上市。进入10月份室外温度下降，棚内以保温防寒为主，未熟果尽量延迟采收。

到接近霜冻时，一次采收完毕。

## 76. 棚室蔬菜幼苗病害防治技术

### 76.1 错误做法 ×

一些菜农不注意苗期病害的防治，导致苗期病害严重，引起缺秧、秧苗质量差；一些人片面地认为蔬菜苗期病害由土壤有菌或种子带菌引起，常用杀菌剂拌土覆盖，造成烧伤苗和不健康苗。

### 76.2 正确做法 ✓

蔬菜苗期发生的病害有猝倒病、立枯病、灰霉病、枯萎病、疫病和炭疽病。其中前 2 种是苗期发生的重要病害，需掌握其识别与防治。

**【症状】**

**(1)** 猝倒病　主要危害刚出土的茄果类、瓜类、豆类等蔬菜的幼苗。发病初期，幼茎基部呈水浸状淡黄褐色污斑，病部很快溢缩成线状，并突然倒伏。倒伏的幼苗短期仍为绿色。此病开始是点片发生，很快蔓延，使成片幼苗猝倒，高温高湿下病苗附近地面出现白色绵毛状菌丝。病原菌是一种腐霉菌，属真菌病害，游动孢子借助水进行侵染。

**(2)** 立枯病　被害苗茎基部一侧产生椭圆形褐色稀疏丝状体，即菌丝体。大苗成株发病，使茎部呈溃疡状，地上部变黄，萎蔫死亡。立枯病为土传病害，菌丝及菌核在土中可存活 4～5 年，病菌借风、雨、流水、施肥等传播。

**【发病条件】**

**(1)** 猝倒病　病原菌是一种真菌病害，游动孢子借助水进行侵染。病菌在温度 5～41℃均可发病，18～20℃发展最快。土壤湿度过大、温度过低，夜凉昼阴，植株生长弱时易发病。此外，播种量过大、幼苗太密、间苗不及时或喷水过多、通风不良、施肥不当的情况下，均可引起发病。

**(2)** 立枯病　发病温度为 15～20℃，12℃以下或 30℃以上受抑制。高湿下发病快。立枯病为土传病害，菌丝及菌核在土中可存活 4～5 年，病菌借风、雨、流水、施肥等传播。土壤湿度大，低温弱光或秧苗过密、徒长，易发病。低温及阴冷天气时，可采取补充加温措施提高温度。注意检查，发现病苗立刻拔除，撒草木灰，有一定防治效果。

**【防治措施】**

**(1)** 育苗地选择　地势高燥，水源方便，旱能浇，涝能排，前茬未种过瓜类蔬菜的地块作育苗床，选用无病新土作床土。使用旧苗床时，应进行床土消毒。施用的肥要腐熟，均匀，床面要平，无大土粒，播种前早覆盖，提高苗床温度到20℃以上。

**(2)** 苗床消毒及种子处理　土壤消毒，可用70%五氯硝基苯与50%福美双，以1∶1的比例混合，1米$^2$用此混合粉8～10克，加适量细土，播种时先用1/3药土铺底，播种后用余下的2/3药土覆在种子上。或用50%多菌灵与50%福美双，以1∶1的比例混用，用量及方法与上述相同。对防治枯萎病、炭疽病有一定的效果。

种子在播种前用温汤浸泡，辣椒种子用52℃温水浸30分钟。

**(3)** 药剂防治　当幼苗已发病后，为控制其蔓延，可用铜铵合剂防治，即用硫酸铜1份，碳酸铵2份，磨成粉末混合，放在密闭容器内封存24小时，每次取出铜铵合剂5克兑清水12.5升，喷洒床面。也可用硫酸铜2份，硫酸铵（化肥）15份，石灰3份，混合后密闭24小时，使用时每50克兑水20升，喷洒畦面。发现猝倒病、疫病类的病害，可选用下列一种药剂：幼苗在定植前与定植后一周左右用普力克或甲基托布津或多菌灵等500～700倍液进行灌根，3天一次，连喷2～3次。如发生各种灰霉病、菌核病、立枯病等，可选用50%扑海因可湿性粉剂，或50%速克灵可湿性粉剂，或50%农利灵可湿性粉剂，均为1500倍液；或75%百菌清粉剂600倍液，或70%代森锰锌可湿性粉剂500倍液防治。

## 77. 根结线虫防治技术

### 77.1 错误做法 ×

蔬菜根结线虫引起根部发病后，根部的基本功能受阻，组织结构被破坏，直接影响地上部的茎叶生长，叶片黄化，晴天中午前后，特别是在干旱的气候条件下，叶片萎蔫，一些农民误认为因水分不足引起。不了解根结线虫的传入渠道，通过秧苗、农机农具和鞋子将线虫传入。

## 77.2 正确做法

**【症状】** 根结线虫病主要危害根部，形成根瘤或根结。根瘤的形状大小因蔬菜种类不同而异。茄子和辣椒的根瘤多发生在侧根上，形似天冬根或手指状肿大。丝瓜和扁豆根结线虫病多发生在主根上，被害部分发生比根的直径还大数倍至十数倍的肿瘤。胡萝卜根结线虫病一般肉质根不发病，只危害由肉质根长出的须根或从其根尖延长的细根上，发生极微小的根瘤。也有一些根结线虫病常在其发病上方形成很多的短支根或密集在一起的须根，有时这些须根发展到根颈部，如甘蓝根结线虫病。如果将根瘤或根结剖开检查，可见有很小的乳白色鸭梨状雌成虫，这是最准确的诊断手法。蔬菜根部发病后，根部的基本功能受阻，组织结构被破坏。

**【成因】** 根结线虫病的病原物为根结线虫属，主要有南方根结线虫、爪哇根结线虫、花生根结线虫和北方根结线虫，其中以南方根结线虫和爪哇根结线虫两种发生较普遍。线虫的一生分三个发育阶段:卵、幼虫、成虫。线虫幼虫为细长蠕虫状。成虫雌雄异型，雄成虫线状，似蚯蚓，无色透明，雌成虫头部尖，腹部膨大，鸭梨形或柠檬形，乳白色。定居在寄主根部根瘤或根结内的雌雄成虫交配后，雄成虫离开寄主在土中活动，不久死亡。雌成虫开始产卵，卵产生于尾端分泌出的胶质卵囊内，卵囊长期留在衰亡的小根上，卵在卵囊内或在根瘤中的雌虫体内可以长期存活。每个雌虫平均产卵500个。卵在卵囊内经胚胎发育后为1龄幼虫，1龄幼虫在卵内经立蜕皮后破壳而出成为2龄幼虫。2龄幼虫在土中栖息并伺机侵入寄主根内。由于植物根系分泌出一些诱导物质，使线虫朝着根尖移动，最后将其前端靠近寄主幼根根端的伸长区，用口针穿透进入根内，由食道分泌出吲哚乙酸等生长激素，刺激寄主细胞分裂，最后形成巨型细胞，同时线虫头部周围的细胞大量增生，导致被害部分膨大形成根瘤或根结。侵入的线虫在根组织内连续吸食，虫体蜕皮3次，最后发育为成虫。

根结线虫主要以幼虫在土中或成虫和卵在病根的根瘤内越冬，次年气温升到10℃左右时，越冬卵开始孵化为幼虫。土中线虫95%在表层20厘米内的土壤中。线虫的传播途径主要是病土和灌溉水，还有人、畜、农具等作近距离传播，带病幼苗作远距离传播。根结线虫喜较高温度，但不喜土壤过湿，一般土壤温度20～30℃，土壤湿度

40%～70%，适合线虫生长发育。土壤温度超过 40℃，线虫大量死亡。致死温度 55℃，10 分钟。由卵孵化为幼虫直到成虫再产卵的整个过程一般需 25～30 天。

根结线虫是好气性线虫，一般地势高燥，土壤结构疏松的砂质土壤，透气性强的，适于线虫活动，发病较为严重。土质黏重潮湿、结构板结、易渍水、不利于线虫活动的发病轻。在一块斜坡地，低地发病轻，高地发病重。发病地连作又不进行药物防治的，病情会逐年扩大蔓延。

**【防治】**

选用无线虫的床面育苗。不能从发生过线虫病的菜地取土，最好选用塘泥土或稻田土育苗，晒干后细碎，在播种前在阳光下暴晒 2～3 周，作培养土用。床土也可用烤土、烘土等方法进行土壤消毒。有条件的可进行水旱轮作，期限 1 年，效果明显。

选用抗根结线虫病的品种，如番茄抗病品种有 1420、千禧等。或采用抗根结线虫病的砧木进行嫁接育苗。

已发生病害的棚室，可利用夏季休闲期间，将表土翻耕，大水漫灌，或在地面上覆盖薄膜，提高土壤温度在 60℃以上，杀死在土中的线虫。也可以采用石灰氮进行土壤消毒。

药剂防治可用 10%或 5%粒满库颗粒剂、米乐尔颗粒剂穴施或沟施，定植前每 667 米$^2$ 穴施 5～10 千克。一般密植蔬菜如白菜、胡萝卜、落葵、芹菜、菠菜等，采用撒施方法，将颗粒剂均匀撒在地面上，结合整地均匀分布于土中，然后播种，药效一般可维持 2 年。在发病期间，番茄、茄子、辣椒、黄瓜、甜瓜等，可用 50%辛硫磷乳油 1500 倍液；90%敌百虫 800 倍液；80%敌敌畏乳油 1000 倍液灌根，每株 200～500 毫升药液，一般灌药 1 次即可。1.8%阿维菌素 1000 倍液，定植后灌根，每株药液 300 毫升；坐果初期再灌一次，每株 500 毫升，可基本控制危害。

## 78. 白粉虱防治技术

### 78.1 错误做法 ✕

白粉虱和烟粉虱很小，繁殖速度快，但一些菜农错误地认为喷药一次就可消灭，防治效果差。

## 78.2 正确做法

**【危害特点】**

白粉虱和烟粉虱，主要以成虫和幼虫群聚于叶背吸食组织汁液，使叶片褪绿、变黄、白化、萎蔫，植株生长衰弱，严重时可使全株枯死。具有趋黄性和趋嫩性。成虫分泌蜜露，还可诱发霉污病，不仅影响叶片光合作用，还可导致蔬菜品质下降。可传播病毒病，造成病毒病等病害传播流行。一般受害蔬菜可减产 15%～30%。烟粉虱是近几年棚室蔬菜的重要虫害，也是暴发性害虫，寄主涉及除葱蒜类的大部分蔬菜种类。

**【防治措施】**

(1) 农业防治　清洁田园，培育壮苗和无虫苗。合理安排茬口，注意十字花科、茄科、豆科、葫芦科等易感蔬菜与葱、蒜等抗性蔬菜进行轮作换茬。冬季种植其不嗜好的寄主植物，可起到拆桥断代的作用。根据白粉虱和烟粉虱在植株上的分布特点，适当摘除植株底部老叶，携出室外进行销毁，可减少室内虫口基数。

(2) 物理防治　应在大棚温室通风口设置防虫网，高度可与作物持平或略低于植株。严防粉虱类进入。白粉虱和烟粉虱具有趋黄习性，可在棚室内设置黄色诱虫板诱杀成虫。

(3) 生物防治　有条件的可利用设施相对独立的密闭环境，释放寄生蜂、瓢虫、草蛉等有效的防控天敌，抑制白粉虱和烟粉虱发生危害。

(4) 药剂防治　选用 25% 阿克泰 3000 倍液、80% 锐劲特 15000 倍液、50% 普惠 1000 倍液、烯啶虫胺 2000～3000 倍液喷雾防治。25% 扑虱灵可湿性粉剂，1000～1500 倍喷洒，对若虫具有较强的选择性，对卵和 4 龄若虫（伪蛹）防效差，对成虫无效，喷洒药液时尽量做到喷雾全面、均匀。

在棚室生产中，当成虫密度较低时是防治的适期。成虫密度稍高(每株 5～10 头)，喷雾量和浓度可适当提高。2.5% 联苯菊酯乳油(天王星) 1500～2000 倍液对成虫有较好的防治效果。吡虫啉 2000～3000 倍液；每 667 米$^2$ 用毙虱狂烟剂 200 克烟熏或蚜虫清烟剂 200 克烟熏；2.5% 溴氰菊酯 1000～1500 倍液；25% 灭螨猛乳油 1000 倍液；2.5% 功夫菊酯乳油，20% 灭扫利乳油 2000 倍液；90% 万灵可湿性粉剂 2000～2500 倍液喷施都有较好的防治效果。而在连阴天及多雨季节，虫口基数大时可选用烟熏剂进行防治。

## 79. 斑潜蝇防治技术

### 79.1 错误做法 ×

一般杀虫剂可有效杀飞虫，但杀不死叶内卵，棚室蔬菜生产忽视防治，在黄瓜、豆角及十字花科蔬菜上为害严重，造成减产或毁灭性为害甚至绝收。

### 79.2 正确做法 ✓

蔬菜斑潜蝇是一种极小的蝇类，成虫灰黑色，幼虫为无头蛆，最大的长3毫米，初期无色，渐变为淡橙黄色和橙黄色。成虫用产卵器刺伤叶片产卵于叶表皮下，幼虫在叶片上表皮下蛀食叶肉组织，形成极明显的蛇形潜道，严重时虫道布满叶面，使叶片的功能丧失，最后干枯。幼虫成熟后脱叶化蛹。

**【种类】** 包括美洲斑潜蝇、南美斑潜蝇、番茄斑潜蝇、三叶草斑潜蝇等，寄主植物广，以豆科、葫芦科和茄科蔬菜受害最为严重。

**【为害特点】** 蔬菜斑潜蝇生活隐蔽，生活周期短，繁殖力强，世代重叠，寄生范围广，抗药性增长快，且成虫具一定迁飞能力，在局部地区扩散快，因此，成虫期防治对于压低下一代田间虫口基数具有十分重要的意义。

**【防治方法】**

**(1)** 农业措施　注意田间清洁，对受害蔬菜田中的枯残叶、茎，要集中堆沤或深埋，以消灭虫源。在发生代数少、虫量少或保护地内，及时摘除虫叶（株），并将这些虫叶带出田块或大棚，集中销毁。利用夏季高温闷棚和冬季低温冷冻，可有效降低虫口基数。在化蛹高峰期，适量浇水和深耕，创造不适合其羽化的环境。作物收获后立即深翻，将落地虫蛹翻入土中，使其不能羽化。

**(2)** 物理防治　前茬收获后下茬种植前，及早设置防虫网。根据斑潜蝇成虫具有趋黄习性，可在棚室内用灭蝇纸或黄板诱杀成虫。或利用盛夏换茬季节选晴天高温闷棚，将棚室温度控制在60～70℃，闷1周左右能起到杀虫杀卵的作用。

**(3)** 药剂防治　防治蔬菜斑潜蝇，一定要选用高效、低毒、低残留的药剂，一般要连用 2～3 天。如速灭杀丁、灭扫利、氯氰菊酯、来福灵、绿色功夫、辛硫磷、喹硫磷、爱福丁、阿巴丁、害极灭等，这些农药防治效果均较理想。如用 1.8%阿巴丁乳油 2500～3000 倍液喷雾，药后 10 天防效达 85%～99%，药后 15 天防效达 91%～100%。爱福丁的防效与阿巴丁基本一致。用 5%来福灵乳油 2000 倍液喷雾防效达 88%。可选用 75%潜克 2500～3000 倍液、10%吡虫啉 1000 倍液、0.5%绿卡 1000～1200 倍液、1.5%云除 1500～2000 倍液、2.2%海正三令 2000～2500 倍液喷雾防治。用药剂防治斑潜蝇，提倡轮换交替用药，以防止抗药性的产生。防治适期在低龄幼虫盛发期。

## 80. 蓟马防治技术

### 80.1 错误做法 ✕

蓟马虫体小，棚室蔬菜生产过程中，菜农早期往往疏于防治，造成植株幼叶受害后卷曲，叶片虫眼，影响叶片光合能力。

### 80.2 正确做法 ✓

**【为害症状】** 蓟马主要危害瓜类、茄子、豆科等蔬菜。以成虫和若虫吸取嫩梢、嫩叶、花和幼果的汁液造成危害，叶面上出现灰白色长形的失绿点，受害严重可导致花器早落，叶片干枯，新梢无顶芽被害叶片叶缘卷曲不能伸展，呈波纹状，叶脉淡黄绿色，叶肉出现黄色锉伤点，似花叶状，最后被害叶变黄、变脆、易脱落。新梢顶芽受害，生长点受抑制，出现枝叶丛生现象或顶芽萎缩。

**【防治措施】** 根据蓟马繁殖快、易成灾的特点，应以预防为主，综合防治。

**(1)** 农业防治　采用营养土育苗，定期清除田间杂草和残株、虫叶，集中烧毁，消灭越冬成虫或若虫。做到勤灌水、勤除草，减轻危害。7～8 月蔬菜拉秧后高温闷棚，杀灭残留蓟马，延迟下茬蔬菜上蓟马的发生。

**(2)** 天敌利用　蓟马的天敌有小花蝽、猎蝽、捕食螨、寄生蜂和微生物等。

**(3)** 物理防治　蓟马具有趋蓝色的习性，可用蓝色诱杀板悬挂或插在大棚内，一般高于作物10～30厘米，可减少成虫产卵和危害。

**(4)** 药剂防治　此虫繁殖快，应立足于早期防治，可选择10%吡虫啉可湿粉1500倍液，也可使用菊酯类农药等。还可用美除1000倍液加阿克泰2000倍液等药剂防治效果比较好。用5%锐劲特悬浮剂1500倍液、70%艾美乐10000～15000倍液、5%美除1000倍液加25%阿克泰2000倍液喷雾防治。还可喷施2.5%菜喜悬浮剂1000～1500倍液，或1.8%阿维菌素乳油3000倍液，或25%阿克泰水分散粒剂1500倍液，或20%康福多可溶剂2000倍液等进行防治，每隔5～7天喷1次，重点喷施花、嫩叶和幼果等幼嫩组织，连喷3次可获得良好防治效果。

# 参考文献


[1] 李式军．设施园艺学．北京：中国农业出版社，2002.

[2] 孙小镭，张卫华，曹齐卫编著．出口黄瓜安全生产技术．济南：山东科学技术出版社，2007.

[3] 杨力，张民，万连步主编．茄子优质高效栽培．济南：山东科学技术出版社，2006.

[4] 刘建萍编著．出口辣椒安全生产技术．济南：山东科学技术出版社，2007.

[5] 马新立．温室种菜技术正误100题．北京：金盾出版社，2008.

[6] 孙培博．温室种菜技术问答．北京：中国农业出版社，2006.

[7] 裴孝伯．有机蔬菜无土栽培技术大全．北京：化学工业出版社，2010.

[8] 程永安主编．特种南瓜栽培新技术．杨凌：西北农林科技大学出版社，2007.

[9] 尹守恒，刘宏敏主编．韭菜．郑州：河南科学技术出版社，2007.

[10] 王福，李文丽编著．出口番茄安全生产技术．济南：山东科学技术出版社，2007.

[11] 汪炳良主编．高山无公害蔬菜生产关键技术．北京：中国三峡出版社，2006.

[12] 王礼，喻景权．石灰氮在设施园艺中应用研究进展．北方园艺，2006，6：57-59.

[13] 孟瑶，徐凤花，孟庆有等．中国微生物肥料研究及应用进展．中国农学通报，2008，24（6）：276-282.

[14] 李德舜，刘炳明，任素芳等．香菇与双孢菇优质高效栽培．济南：山东科学技术出版社，2009.